# 天気と海の関係について わかっていること いないこと

ようこそ、そらの研究室へ

筆保弘徳 編　和田章義 編著
杉本周作／万田敦昌／小田僚子／猪上 淳
飯塚 聡／川合義美／吉岡真由美 著

# はじめに

２０１５年冬。気象庁によると、12月の月平均気温は日本各地で上昇。東日本では、平年より３・３度も気温が高く、１９６１年の統計開始以来の最高値を記録しました。ニュースでは、山梨でヒマワリが満開になり、各地のゲレンデでは雪不足による休業が報じられました。そして、この異常な暖冬はエル・ニーニョ現象によりもたらされているという解説が巷をにぎわせました。

エル・ニーニョ現象は、太平洋赤道付近の中央から東部の海域で、海面水温がいつもよりも高くなる現象です。特に２０１５年のエル・ニーニョ現象はこれまでのものと比べて最大級の高温となり、「スーパー・エル・ニーニョ」「ゴジラ・エル・ニーニョ」などと伝えるメディアも出てきました。でも、読者のみなさんは疑問に思うかもしれません。どうして、日本から遠く離れた海の水温が日本に暖冬をもたらすのでしょうか？

海は地球の表面の約7割を占めています。そして、海面のすぐ上の大気と密接につながっています。43億年前に遡る海の誕生から今この瞬間まで、ほとんど気づかれることがないけれども、海は大気に影響を与えつづけているのです。空と海の研究者はこの密かな関係を見つけ、もっとそのカラクリを詳しく知りたいと考えるようになりました。近年、いくつかの大型研究プロジェクトが実施され、国内外で空と海の関係を探るさまざまな研究が行なわれています。そして、それらの研究が実を結び、興味深い研究成果がどんどん出はじめてきました。

そこで、「空の研究室」の出番です。『天気と気象についてわかっていることいないこと』（2013年出版、本文中で紹介するときは「第1弾」と表記）『異常気象と気候変動についてわかっていることいないこと』（2014年出版、第2弾）に続くシリーズ第3弾では、気象学や海洋学の分野で活躍する新進気鋭の研究者に、空と海の間に秘められたミステリーについて、それぞれの研究分野を切り口に、解き明かしてもらうことにしました。

まずは日本近海から。日本の海といえば黒潮です。比較的温暖な日本の気候は、本州の南方を雄大に流れる黒潮によりもたらされます。日本の天気と黒潮の関係から本書はスタートします。日本の生活に密接に関わっている天気、それは梅雨です。梅雨空をもたらしているその裏にも、実は海が強く関係していました。その話は第2章です。第3章は、梅雨とともに日本に大きなインパクトを与える台風。甚大な災害にもつながる台風と海の関係を紹介します。海の近くに住んでいる読者は、身近にある空と海の関係を無意識に体感しているのかもしれません。東京湾を舞台とした海と空の物語は第4章です。

日本から離れた海は、日本の空にどのような影響を与えているのでしょうか？　そこで第5章と第6章では、日本の空と離れた海の関係を紹介します。まず第5章は北極海にスポットを当てます。北極海で海氷面積がどんどん減少していく姿はよく報じられています。気候変動や地球温暖化、そして日本の天候に、海氷の変化はどのような影響を与えているのでしょう？　第6章は熱帯の海の登場です。エル・ニーニョ現象を含む、熱帯で見られるさまざまな大気と海の関係を紹介します。

最後を飾る第7章と第8章は、シリーズ初の試み、研究者がどのような道具や方法を用いて研究しているのかを紹介します。まず第7章は、観測を取り上げました。近年は、最新の人工衛星が打ち上がり、宇宙からの目で、地球上の海のすみからすみまで観測できるようになりました。まさに、新しい観測時代の到来です。しかし、やはり現場に行って、観測船から直接観測することも重要です。天気図に描かれた海の観測データがどのように得られているのかをご紹介します。そして第8章は数値シミュレーションです。数値シミュレーション研究はこのシリーズにおいて、何度も登場している話題です。本書では、コンピュータの中の空や海がどうやってつくられるのか？　その中身や種類、利用の仕方についてわかりやすく紹介します。

各章はテーマに沿った基本的な解説だけでなく、先進的な研究成果もどんどん登場します。各章は独立して読めるようになっているので、好きなところから読みすすめても構いません。難しく感じるところもあるかもしれませんが、立ち止まらずに気楽に読み流していただきたいと思います。さらに各章の合間に、本章とは別の短いコラムを用意しました。研究者が空と海の世界に飛び込んだ動機、海上での観測の様子、研究と生活の両立、そして国際舞台など、さまざまな話題が盛りだくさんとなっています。本書を読んでいただき、いつか自分も空や海の研究者になりたい！　と夢を持ってくれる読者や、今からでももっと知りたい、勉強したいと思ってくれる読者が出てくることを、執筆者一同願っています。

前作では「空の以心伝心」、日本の空は世界中の空とつながっていることを伝えました。今回はいよいよ謎に包まれた空と海の関係、空企画第3弾「空と海が織りなすミステリー」にご招待いたします。

筆保弘徳
和田章義

2016年2月

天気と海の関係についてわかっていることいないこと　目次

## 第4章　東京湾と空の研究——小田僚子

第1章

杉本周作

# 黒潮と空の研究

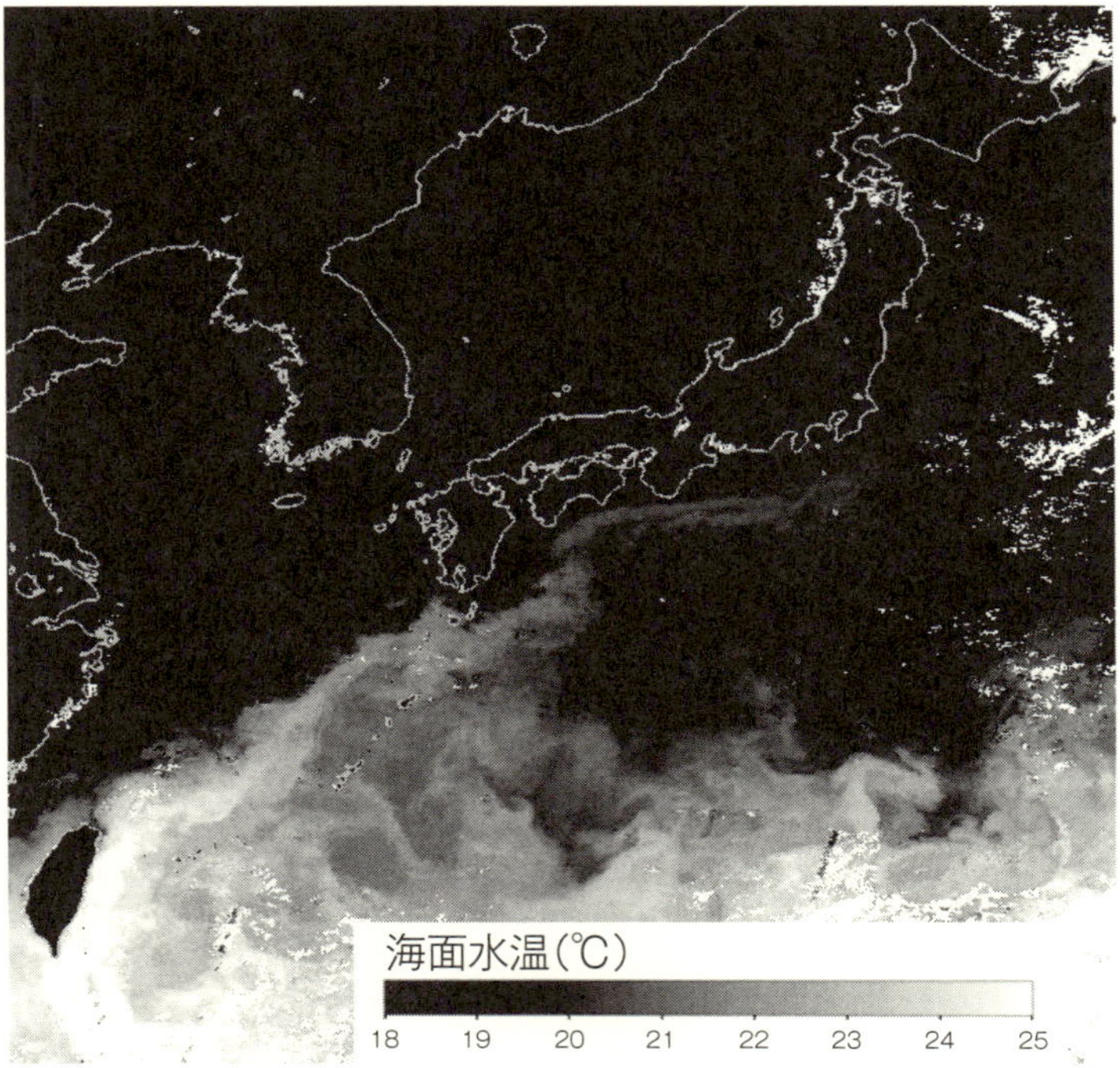


図1・1　人工衛星（Terra/MODIS）から観察された2002年3月上旬の海面の水温。

台湾東岸から日本南岸にのびる白い1本の道筋（図1・1）。これは何を表わしていると思いますか？　これが暖流「黒潮」です。この図は人工衛星がとらえた「海面の水温」を示しています。そう、黒潮は、宇宙から見てもその存在がはっきりととらえられるのです。

さて、この黒潮ですが、名前に「色（黒）」が入っています。これは黒潮が、周囲の海に比べて青黒いことに由来します。黒潮が青黒いのは、黒潮域ではプランクトンが少ないため透明度が高くなり、海に入った太陽光が反射されることなく海中で吸収されるからです。

また、この黒潮という名前は、古くにつけられていたことをご存じでしょうか？　なんと、17世紀半ば（1650年）に執筆された外国の書物に、「黒潮（The Kuroshio）」が登場しているのです（ベルンハルドゥス・ヴァレニウス(Bernhard Varenius、ドイツ人地理学者）著の『Geographia Generalis（和訳：一般地理学）』）。当時、日本は江戸時代で、鎖国中だったにもかかわらず、世界に黒潮の名が知れ渡っていたことに驚きを覚えます。

300年以上も前に、世界から注目されていたこの黒潮、実は「世界最強」の海流です。そして最近になり、この黒潮が日々の天気に大きく影響することが発見されつつあります。そこで第1章では、この黒潮を話題の中心に据え、その壮大さや役割についてお話ししたいと思います。

## 1・1　世界最強の海流、黒潮！

漆黒の宇宙空間に浮かぶ、青と緑に彩られた美しい惑星。それが、私たちの地球です。ご存じのとおり、地球が青いのは「海」があるからであり、その豊富な水により、植物が生い茂る緑豊かな惑星になったのです。

では、この海にはいったい、どれくらいの量の水があるのでしょうか？　その量、なんと13億5000万立方キロメートル（135京[1]トン）です！　といわれてもイメージしづらいですよね。そこで、2リットル（長さ30センチメートル）のペットボトルに海水をつめたらどうなるか考えてみましょう。すると、全海水を入れるのに必要なペットボトルは、6垓《がい》7500京《けい》本におよびます。そして、この莫大な数のペットボトルを積み重ねると、その高さ実に20京キロメートルになります。これは太陽系をはるかに飛び出し（地球から海王星までの距離が約4億キロメートル）、2万5000光年[2]先にある銀河系の中心にまで達する勢いです（ペットボトルタワーの高さは約2万1000光年におよびます）。文字どおり「果てしない」量の水が海にはあるのです。

海にはかくも膨大な水があるわけですが、その水はじっととどまっているわけではありません。南に流れることもあれば、東に向かうこともあります。そのなかでも、同じ場所を決まった向きに流れつづけているものを「海流」とよびます。

世界には多くの海流が存在します。そのなかでも「世界最強の海流」とよばれるのが黒潮なのです。そして、この黒潮には、他の海流にはない「唯一無二」の特徴があります。本節では、世界最強にして世界唯一の黒潮、その魅力に触れてみましょう。

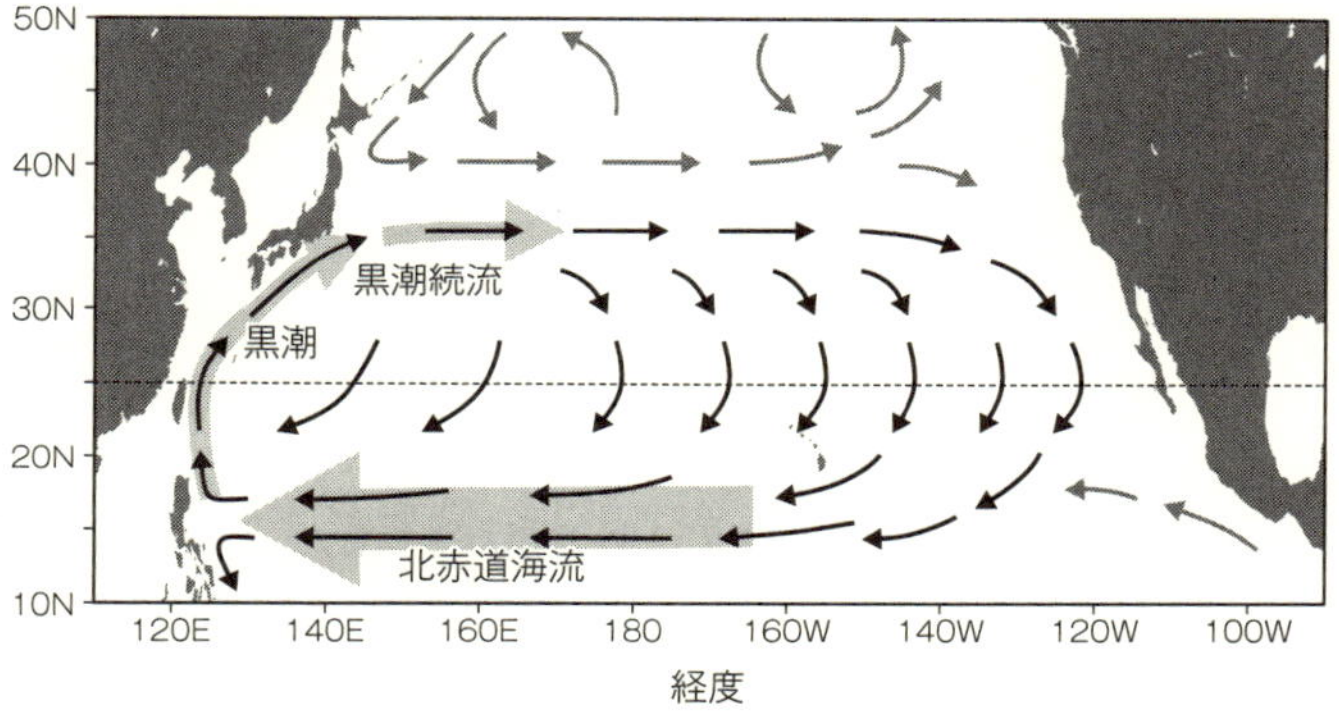


図1・2　北太平洋での海水の流れ。

## ・速くて、厚くて、スリムな黒潮

まずは日本にとって身近な北太平洋の海流を見てみましょう。図1・2は、表層（海面から深さ1000メートル程度まで）の主な海流を表わしています。例えば北緯15度付近には、フィリピン海に流れ込む西向きの海流、北赤道海流があります。この北赤道海流は、フィリピンの沖合で流れの向きを北に変え、台湾東岸沖を通過し、日本にまでやってきます。この北向きの海流が「黒潮」です。つまり、黒潮とは、遥か南のフィリピン沖から3000キロメートル以上の旅路の果てに日本に到達する海流なのです。そして黒潮は、千葉県銚子沖で日

1　一、十、百、千、万、億、兆、京、垓、…無量大数（10の68乗）（塵劫記（1643））。

2　1光年は光が1年の間に進む距離で、約9・5兆キロメートルです。

本から離れ、東へ流れ去っていきます。この流れは北太平洋を横断し、その後、北米大陸西岸沖を南下します。このように、北太平洋の中緯度（北緯10度から北緯40度の間）では、海水は大きく時計回りに循環しており、これは亜熱帯循環とよばれています。すなわち、黒潮とは、亜熱帯循環のなかの海流のひとつともいえるのです。

黒潮は、その幅が１００キロメートルと広く、深さ１０００メートルにおよびます。そして、その流れは速く、最も速い場所で秒速２・５メートルを超えます。世界の海流のなかでも飛び抜けて速く、「世界最速」です。余談ですが、執筆時点（２０１６年２月）での水泳１００メートル自由形の世界記録は、セザール・シエロフィリョ選手（ブラジル人）の46秒91です。これは秒速２・１メートルであり、とても速いのですが、黒潮には劣ります。すなわち、私たち人類はその身ひとつで激流である黒潮を遡上《そじょう》することはできないのです。

ところで、秒速２・５メートルと聞いてどう感じましたか？　地球最速とはいえ意外と遅い？と感じた方もいるかもしれません。実際、秒速２・５メートルとは、ジョギング程度の速さです。では、この程度の速さならば、身に危険は及ばないと感じますか？　そこで、身近な川を例に考えてみましょう。多くの方が、子供の頃には川に入って水遊びをし、小魚をとって遊んだ経験があるかと思います。このときの川の流れは、せいぜい秒速20センチメートル程度です。ところが、このそんな穏やかな川も、大雨のときには様子が一変し、茶色く濁り、流れの勢いが増します。このとき、川は秒速2メートルを超えるような速い流れになります。

この濁流の中でも同じように遊べますか？　想像するだけでも恐怖を感じ、近づくことすらためらわれますよね。そして、ひとたび川が氾濫すれば、私たちはなすすべもなく流され、家までもが押し流されてしまいます。２０１５年9月上旬の「平成27年9月関東・東北豪雨」、およびそれによってもたらされた鬼怒川洪水は記憶に新しいでしょう。このように、水の流れはとても強烈なのです。

ところが、空気の流れ、つまり風の場合では、状況が大きく変わります。風が強くても、そう簡単には飛ばされないですよね？　私たちは、風速が秒速25メートルを超えるまでは立っていられるといわれています。このように、水と空気では、身体に受ける影響が大きく違うのです。この原因は、質量の違いにあります（単位体積（1立方メートル）で比べると、水の質量は空気の約１０００倍もあります）。すなわち、海流が風の10分の1の速さでゆっくり流れていたとしても、その質量は１０００倍もあるため、海流の運動量（質量×速さ）は風の１００倍になります！

黒潮では、この重い水が、幅１００キロメートル、厚さ１０００メートルという広大な範囲にわたり、世界最速の速さで押し寄せてきます。それゆえに、黒潮は「世界最強」の海流なのです。

では、黒潮はどれくらいの量の水を運んでいるのでしょうか？　なんと、1秒間で

5000万トンにもおよびます。これは、東京ドームを柄杓《ひしゃく》にして、1秒間で50回すくう量に相当します。

さて、改めて北太平洋の海流を眺めてみましょう（図1・2）。ここでは、北緯25度（図1・2の点線の位置）に着目してみます。すると、ひとつの面白い特徴が目にとまります。それは、黒潮以外の場所では、海水は南に向かって流れていることです。言い換えれば、北向きに流れているのは黒潮だけです。つまり、広大な北太平洋で東西1万キロメートルの広範囲にわたり南へ流された水を、たった100キロメートル幅（北太平洋幅の1パーセント程度）しかもたない黒潮が北に送り返しているのです。この事実からも、黒潮の流れがいかに強烈であるかがわかりますよね。

昔は、この黒潮の速い流れを海の中の川にたとえ、その海色を斟酌《しんしゃく》することで「黒瀬川」とよんでいたこともあるようです。そこで、この黒潮の規模を、日本国内の川と比較してみましょう。日本一長い川は信濃川で、その全長は約367キロメートルです。そして、日本一広い川幅は2537メートル（荒川）です。いずれも全長3000キロメートル以上、幅100キロメートルの黒潮には大きく劣ります。また、日本最大の流量を誇る石狩川は、1秒間で560トンの水を運んでいます。しかし、これは黒潮の10万分の1にすぎません。日本の陸を流れる川と比較すると、海を流れる黒潮のスケールの大きさに圧倒されます。

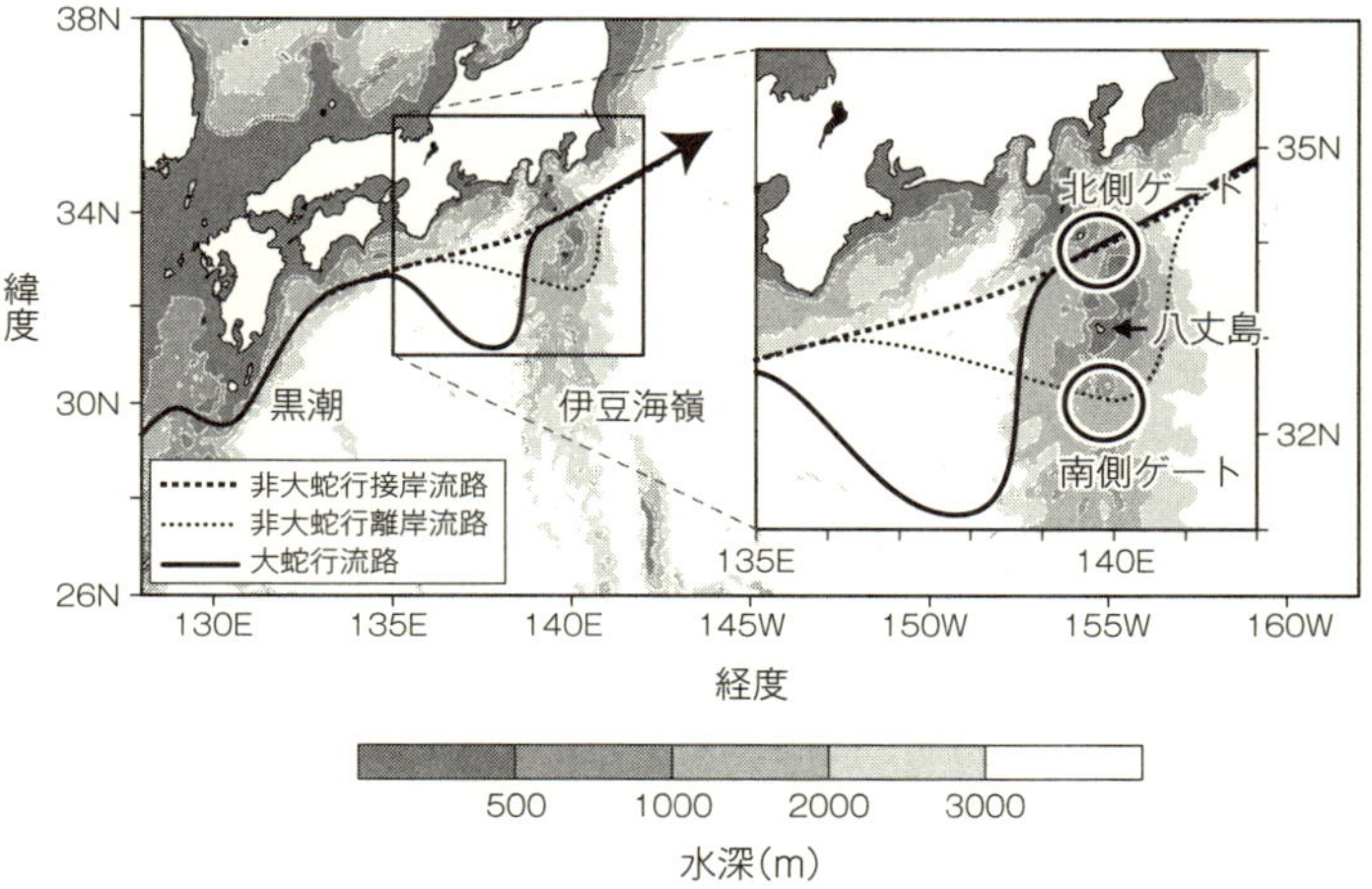


図1・3　黒潮の典型的な3つの流路：非大蛇行接岸流路（破線）、非大蛇行離岸流路（点線）、大蛇行流路（実線）。灰色陰影は海の深さを表わします。

## ●黒潮が突然南に舵をきる
### ――世界で唯一の大蛇行現象

普段、黒潮は日本の南岸に沿って直進しています。ところが、ときおり本州南方でその向きを大きく南に変え、「蛇行」することがあります。実際に、「今、黒潮が東海沖で南に大きくうねっています。今後、大蛇行に発展する可能性があります」といった情報を、新聞やテレビなどで見聞きしたことがあるかもしれません。このように黒潮は日本の南方で複数の流路をとり、3種類に大別されています（図1・3）。

1つ目は四国・本州の南岸沿いの直進流路、「非大蛇行接岸流路」です。2つ目は紀伊半島・遠州灘沖で200キロメートル以上も南下する「大蛇行流路」です。この大蛇行流路は、ひとたび起こると長期（1年以上）にわたり継続するのが特徴です。また、この大蛇行にともない海水の流れが大きく変わると沿岸域で水位が上昇し、満潮時には水害により被害に遭う地域が出てきたりします。さらに、魚の種類によっては獲れる量が大きく変化するなど、私たちの暮らしに大きく影響します。

余談ですが、この大蛇行の科学調査が初めて行なわれたのは約150年前（江戸時代末期）といわれており、江戸幕府に開国を求めるために来航したペリー率いる米国海軍が実施したとされています。

最後の3つ目は、「非大蛇行離岸流路」です。このときにも黒潮は南に蛇行しているのですが、その南下距離は短く、蛇行の開始は下流側（東側）にあり、八丈島の南を回りこむことが大蛇行流路との大きな違いです。

黒潮のように大きく進行を変える（大蛇行する）海流は他にもあるのでしょうか？　いいえ、大蛇行が起こるのは、世界の海を見わたしても黒潮だけです。では、なぜ黒潮だけなのでしょうか？　この謎を解き明かすために世界中で研究が行なわれており、多くの仮説が提案されています。しかしながら、いまだ定説は得られていません。そこでここでは、有力な仮説のひとつである海の深さの影響について紹介します。

図1・3の等値線は、海底地形を表わしています。この図より、黒潮は水深が4000メー

トルを超えるような深い場所を流れていることがわかります。ところが、日本南岸沿いを東進する黒潮は伊豆半島沖で、南北500キロメートル以上にわたりそびえ立つ海底山脈・伊豆海嶺に遭遇します。伊豆海嶺は水深がとても浅く、1000メートル程度しかありません。しかしながら、注意深く観察すると、八丈島の北と南にやや深い海嶺の切れ目（北側ゲートと南側ゲート：図1・3丸印）があることがわかります。このことから、厚い黒潮は八丈島の南北に位置する水深の深い北側ゲートか南側ゲートを通過しようとし、その結果、黒潮は複数の流路をとるのだろうと考えられています。事実として、大蛇行流路と非大蛇行接岸流路は北側ゲートを通過し、非大蛇行離岸流路は南側ゲートを通る傾向にあり、こうした傾向は海底地形説と合っています。ただし、繰り返しますが、これは仮説の域を出ておらず、科学的に解明されるまでにはもう少し時間がかかりそうです。

## 1・2　黒潮が冬の天気に影響する？——新しい大気海洋研究時代の到来

海の上には大気があります。そして、大気と海は海面を通して熱や運動量を交換し、互いに影響を及ぼし合いながら変動しています（熱と運動量の交換の詳細は第8章を参照してください）。

こうした空と海の関係を「大気海洋相互作用」とよびます。

さて、この大気と海の関係は、海域（緯度）によって違うと考えられていました。例えば、台風予報に際し、「海水温が高いので、台風は今後も勢力を維持するでしょう」といった報道を見聞きしたことがあるかと思います（台風と海水温の関係の詳細は第3章参照）。このように、熱帯（低緯度帯）では、海は台風などの大気擾乱《じょうらん》にとって欠かせない存在です。一方で、赤道から離れた海域（中緯度帯）では、大気が海に影響を与えることはあっても、その逆（海が大気に影響を与えること）はほとんどないと考えられていました。

ところが、21世紀になり、この考えとは大きく異なる大気と海の関係が発見されつつあります。そして、この発見の中心にあるのが「黒潮」です。そこで本節では、黒潮が切り拓く新しい大気海洋像についてお話ししたいと思います。

### ●黒潮が出す熱は世界最大！

大気と海の関係を理解する大きな手がかりは、その間で交わされる「熱」にあります。図1・4を見てください。この図は、冬に、大気と海の間で交換される熱の量を表わしています。広大な北太平洋を見わたすと、海から大気への熱放出が多い海域が一か所に限定されることがわかります。それは、日本の南方海域です。この熱放出海域は東西に、筋状に分布し、黒潮の流

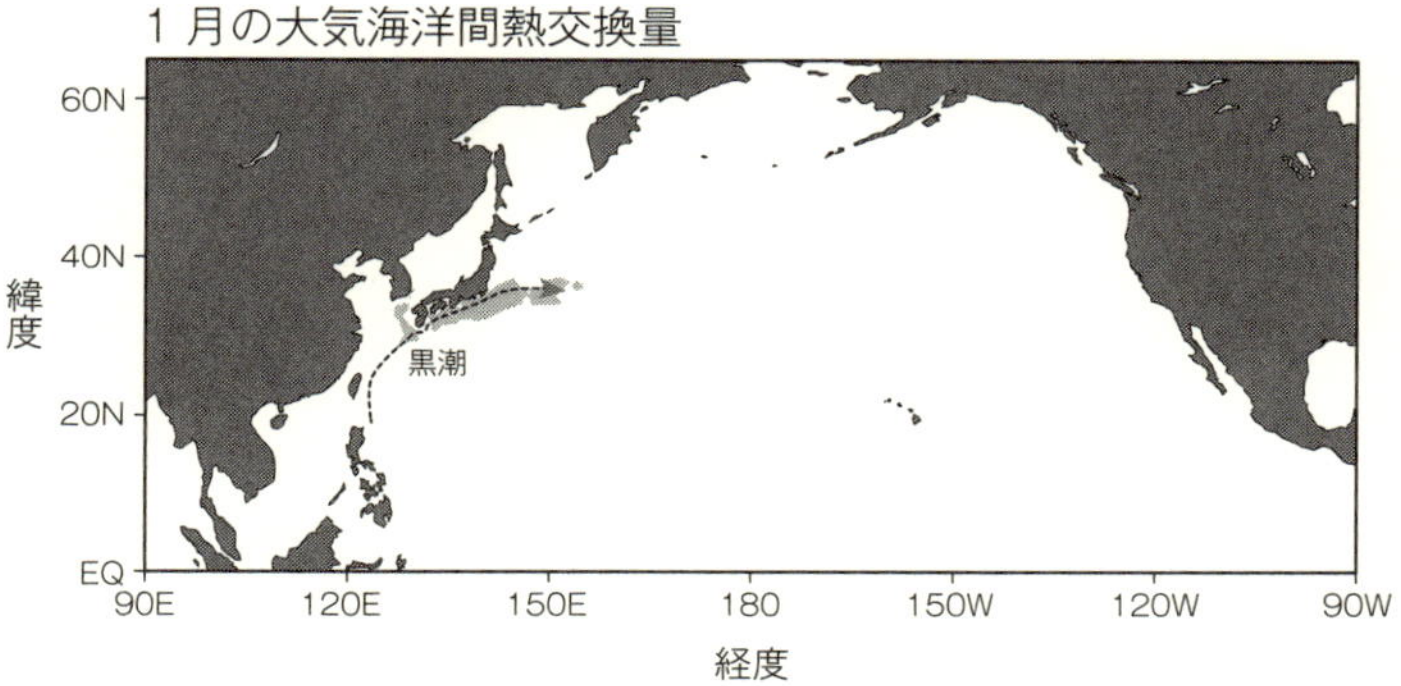


図 1・4　冬（1 月）に海から大気へ放出される熱量。灰色は、1m$^2$ あたり 400W 以上の熱が出ていることを表わします。

れている場所と一致します。つまり、黒潮が大気に向けて膨大な熱を放出しているのです。この黒潮からの熱放出量は月平均で単位面積（1平方メートル）あたり４００ワットを超え、多い日には１０００ワット以上になることもあります。世界の海を見わたしても、これほど膨大な熱を放出する海域はありません。世界最強の黒潮は、大気に放出する熱も世界最大なのです。

　では、黒潮から放出される熱の規模を考えてみましょう。ここでは南北幅１００キロメートルの黒潮が、鹿児島県沖（東経１３０度）から千葉県沖（東経１４０度）まで単位面積（1平方メートル）あたり４００ワットの熱を放出しているとします。この場合、黒潮から大気に向けて放出される熱の総量は約３８０億キロワットです。この量、なんと一般的な原子力発電所（熱出力３００万キロワット）1万基以上に相当します。２０１４年1月1日時点で、世界中の原子力発電所の数は３５９基（経済産業省、２０１５）ですから、黒潮が放出する熱が桁違いに多いことに驚かされます。

## ●黒潮上では風が強い!? ── 今始まる黒潮と風の物語

従来、赤道から離れた海域（中緯度帯）では、熱交換の主役は大気であり、大気の温度や風により海水温は決定されると考えられていました。すなわち、「風が吹くことで、海から熱が奪われ、結果、海が冷える」という関係です。これは「熱い紅茶にフーフーと息を吹きかけて冷ます」のと同じカラクリであり、読者のみなさんも経験したことがあるでしょう。ただ、この大気と海の関係は、主に20世紀に描かれたものです。では、20世紀には大気と海の関係はどのように知られていたのでしょうか？　そこで、当時の海洋観測について少しお話ししたいと思います。

20世紀には、海面水温や海上気象要素（気温・海上風など）は、主に航行中の船舶で観測していました。ただ、この観測の成否は、天候に大きく影響されます。特に冬は風が強く、海が大荒れになるので、航海に出るのが困難になります。それゆえに、冬ほど観測の機会が制限されていました。

この観測事情を知ったうえで、１９９８年3月の観測状況を見てください（図１・５）。この1か月間、日本近海での観測は充実していますが、２００キロメートル以上沖合での観測はほ

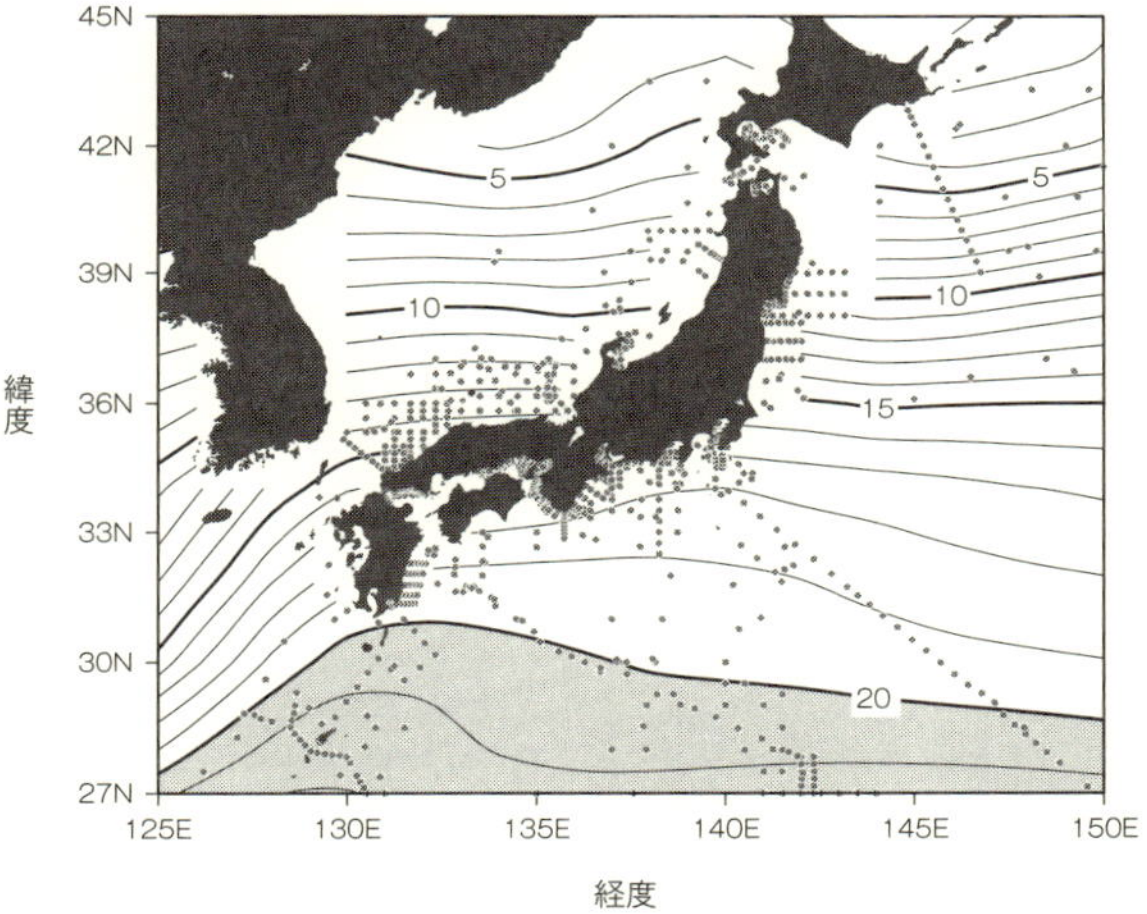


図1・5　1998年3月に実施された、船による観測点（丸印）。等値線は、この観測にもとづいてつくられた海面の水温分布を表わします（単位は℃）。

とんど実施されていないことがわかります。

また、図1・5の等値線は、このとき採取されたデータにもとづいてつくられた海面水温を表わしています。この海面水温分布を見ると、赤道に向かうほど水温が高くなることはわかりますが、黒潮がどこを流れているかはわかりません。このように20世紀の大気と海の関係は、観測が制限されたなかで描かれていたのです。

ただ、外洋での観測機会は少ないものの、いずれの観測点も、強風が吹き荒れ、船を飲み込まんとする大波のなか、「観測点に向かう！」「絶対にデータをとる！」という強い決意と覚悟のもとに観測を敢行した船員・観測員の足跡であること、そして、どれをとってもその「瞬間」の海をとらえた世界で唯一の貴重なデータであることは知っておいてください。

時は流れ、21世紀になり、海洋学は飛躍的に進展しました。その駆動力は、人工衛星による観測の実現です。海洋観測衛星が打ち上げられたことで、世界中の海（海面）をリアルタイムで監視できるようになりました。また、人工衛星に搭載された高感度センサーにより、海面の細かい構造までわかるようになりました（図1・1）。船舶観測結果（図1・5）と比較すると、その違いは一目瞭然です。そして、この人工衛星データにより、黒潮が大気におよぼす影響を可視化することに成功したのです（Nonaka and Xie, 2003）！

ここではこの新発見の概要を、2001年晩冬季を例に紹介します（図1・6）。海面水温の分布から、2001年晩冬季には、黒潮は八丈島の南を迂回する非大蛇行離岸流路をとっていたことがわかります(図1・6矢印参照)。そして、驚くことに、黒潮上ほど風が強いことがはっきりとわかります。先ほど、この黒潮は大気に向けて膨大な熱を放出していることを紹介しました(図1・4)。では熱が出てしまったことで、黒潮は冷たい海流になってしまうのでしょうか？いいえ、そうはなりません。もちろん、多少は冷えるのですが、それでも黒潮は周囲よりも暖かいですよね（図1・1）。これは、大気に放出した熱を補うように、南の海から暖かい水が絶えず運ばれてくるからです。つまり、黒潮では「暖かい海上で多くの熱が出て、風が強い」関係となっているのです。これは20世紀に考えられていた大気と海の関係（強い風が海から多くの熱を奪うことにより海が冷える）とは大きく異なっています。

では、なぜ水温が高い黒潮上で風が強くなるのでしょうか？　ここでは、日本の研究グループが提案した仮説を紹介したいと思います。通常、風は海面付近ほど弱くなります。これは海面

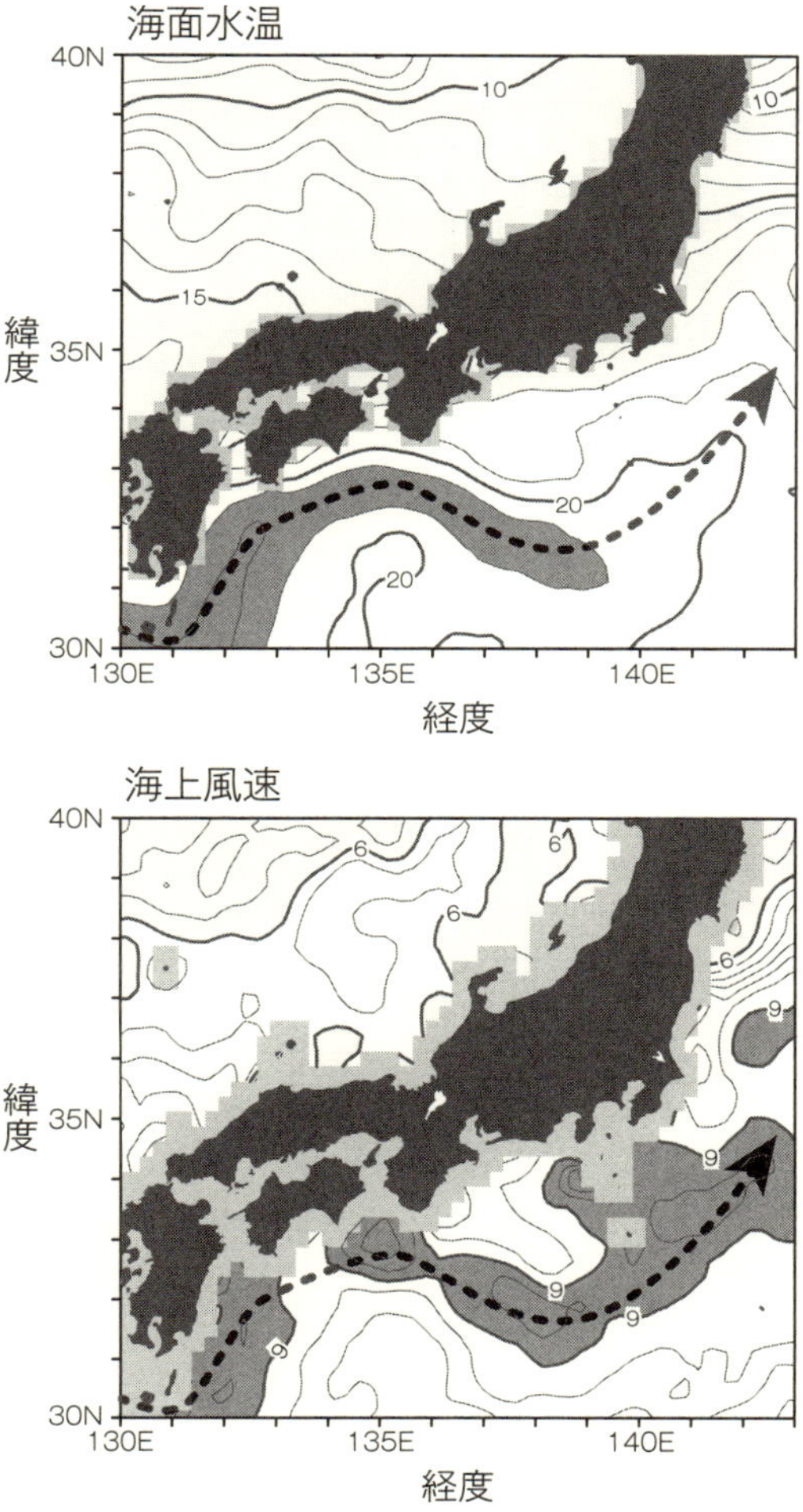


図1・6　2001年晩冬季（4月）の人工衛星観測結果：（上）海面水温（濃灰色は21℃以上の高温域）、（下）海上風速（濃灰色は秒速9m以上の強風域）。点線矢印はこのときの黒潮の位置を表わします。

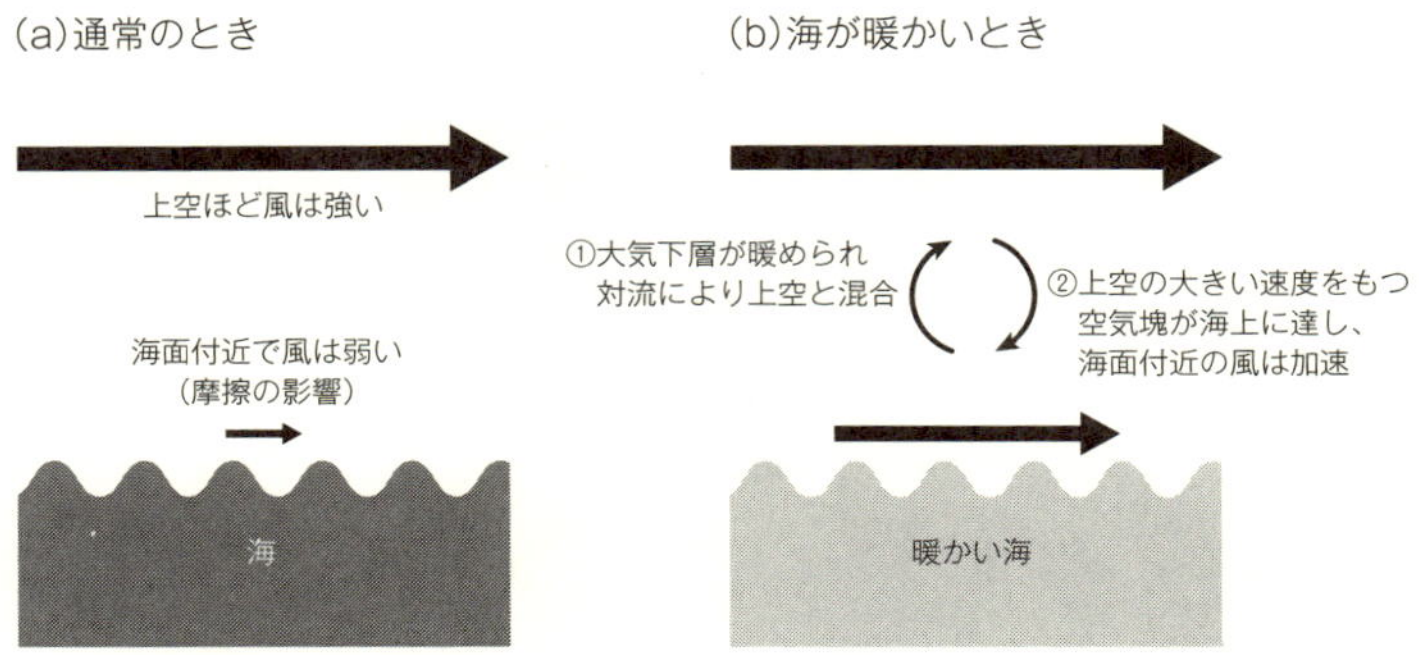


図１・７　海面水温が高いときに海上風が強くなるメカニズムの模式図。

に近づくほど海面での摩擦の影響が大きくなるためです（図１・７ａ）。言い換えれば、摩擦に影響されない上空ほど強い風が吹いています。さて、ここで海面水温が高い場合を考えます。このとき、暖かい海から放出される熱により大気の最下層が暖められます。すると、対流が盛んになり、上と下の空気がかき混ぜられます（図１・７ｂ）。この結果、上空の強い風がおりてきて、黒潮上（暖かい海上）で風が強くなると考えられています。

21世紀になり、その全容が見えはじめた黒潮と大気の関係。人工衛星観測の登場は、海が主役になる新時代の幕開けを告げたのです。

## ・南岸低気圧は黒潮を追跡する!?
### ――黒潮が蛇行すると関東地方に雪が降る

「南岸低気圧」や「台湾坊主」という言葉を聞いた

ことがありますか？　南岸低気圧とは冬によく発生する温帯低気圧のことで、四国沖や東海沖、東シナ海などで発生し、その後、日本の南岸に沿うように東へ移動します。このとき、東京をはじめ太平洋側の都市に大雨や大雪を降らせ、日本各地に大きな被害をもたらします。最近では２０１３年1月14日に、日本南岸沿いを東進した南岸低気圧によって、死者5名、負傷者１６００名超、６００便以上の航空便欠航など、首都圏を含む東日本に甚大な被害をもたらしました。このとき、横浜で13センチメートル、東京で8センチメートルの積雪となり、大雪のなかでの成人式となりました。

南岸低気圧の進路の真下には黒潮が流れています。この南岸低気圧は黒潮の影響を受けているのでしょうか？　どうやら黒潮が南岸低気圧の行き先を決めているようです（Nakamura *et al.*, 2012)。図1・8を見てください。この図は黒潮が日本列島沿いに直進するとき（非大蛇行接岸流路）と、日本南方で蛇行するとき（大蛇行流路と非大蛇行離岸流路）の南岸低気圧の平均的な進路を示しています。この2つの流路と南岸低気圧の関係を見比べると、流路によって南岸低気圧の進路が大きく異なることがわかります。南岸低気圧は黒潮直進期には本州南岸に張りつくように東進しているのですが、蛇行期には日本から２００キロメートル以上離れた南の海上を通過しています。この蛇行期での南岸低気圧の進路は、東海沖で南に向きを変えた黒潮をあたかも追跡しているようにも見えますよね。

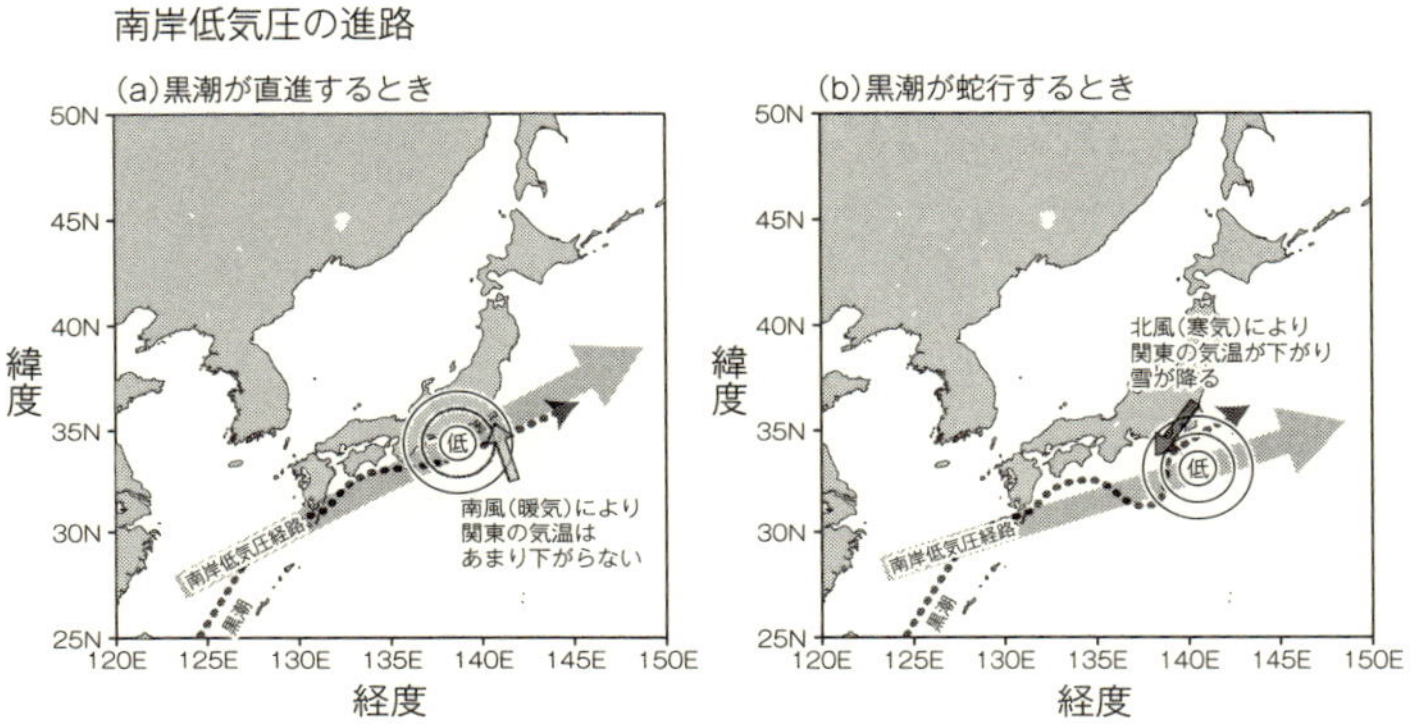


図１・８　黒潮が直進するときと蛇行するときの南岸低気圧の主な進路を示しています。点線矢印は、それぞれの黒潮の流路です。この図は、過去約 40 年分の気象庁天気図を分析することで得られた発見。Nakamura *et al*. (2012) にもとづいて描いています。

それでは関東近郊に雪を降らせるのは、どちらの南岸低気圧でしょうか？　黒潮直進期の北方進路？　それとも蛇行期の南方進路？　一般的に低気圧が近づくと、私たちは大きな被害を受けます。それゆえに、黒潮直進期（北方進路）の南岸低気圧が関東近郊に雪を降らせると考えるかもしれません。しかし、そうではありません。関東近郊に雪をもたらすのは、日本から数百キロメートル以上も離れた南の海上を通過する南岸低気圧なのです。

大切なポイントは「風向き」です。ご存じのように、北半球にみられる低気圧の周りには反時計回りの風が吹いています。ここで東進する低気圧を考えると、その低気圧の東側（進行方向の前面）では南風が吹き、南の暖かい空気を北に運ぶ役割をします。逆に、低気圧の西側

（進行方向の後面）では冷たい北風が吹いています。

そこで、あらためて図1・8を見てみましょう。黒潮直進期では、南岸低気圧は本州南岸に張りつくようにやってきますが、その前面には暖気をともなっています。このため、関東近郊では気温がほとんど下がりません。逆に黒潮蛇行期には、南岸低気圧の進路がやや南になり、関東近郊では北風にともなう寒気が流入し、気温が下がり、降雪がもたらされるのです。

「明日は南岸低気圧が通過するでしょう」と予報されると、寒く荒れた天気を想像しがちです。でも、南岸低気圧の進路が「ちょっと」ずれるだけで、天気は大きく変わってしまいます。そして黒潮がそのちょっとのずれに関わっているのです。つまり、日々の天気を完全に理解するためには、黒潮をはじめとした海の影響を解明することが大切になります。

## 1・3　変わりつつある黒潮

北太平洋を雄大に流れている黒潮は、いったいいつから流れているのでしょうか？　その起源を特定するのは容易ではありませんが、少なくとも1万年前には今と同じように流れていたようです。そして、はるか昔の縄文時代には、南方の島々に暮らすポリネシア人が黒潮に乗り、大航海の果てに日本列島にやってきていたといわれています。

このように黒潮は悠久《ゆうきゅう》のときを流れており、今日まで天気や漁業、海上交通などさまざまな面で私たちと関わりつづけています。そして明日以降の未来でも、黒潮は変わらずに流れつづけ、私たちと多くの時間を共有するに違いありません。

ところが、最近、黒潮の様子が変わりつつあるようです。ここでは、変わりつつある黒潮についてお話しします。

## ●黒潮が大蛇行しない⁉——最後の大蛇行から10年が経過

黒潮がひとたび大きく蛇行すると、漁場や天気に大きく影響します（1・2節参照）。この大蛇行は世界で黒潮にしかない唯一の現象なので（1・1節参照）、社会的・科学的にとても重要な現象と位置づけられています。そこで、過去50年以上におよぶ黒潮大蛇行を振り返ってみましょう。

図1・9は、東海沖での黒潮流路の最南下位置の時間変動を表わしていて、黒潮が大蛇行した時期を灰色で示しています。この図から、大蛇行の発生頻度が1990年頃を境に大きく変わったことがわかります。それまでは黒潮大蛇行が頻繁に起こっていて、いずれも数年以上の長期間にわたり持続していました。例えば1975年8月に発生した大蛇行は、その後5年間も

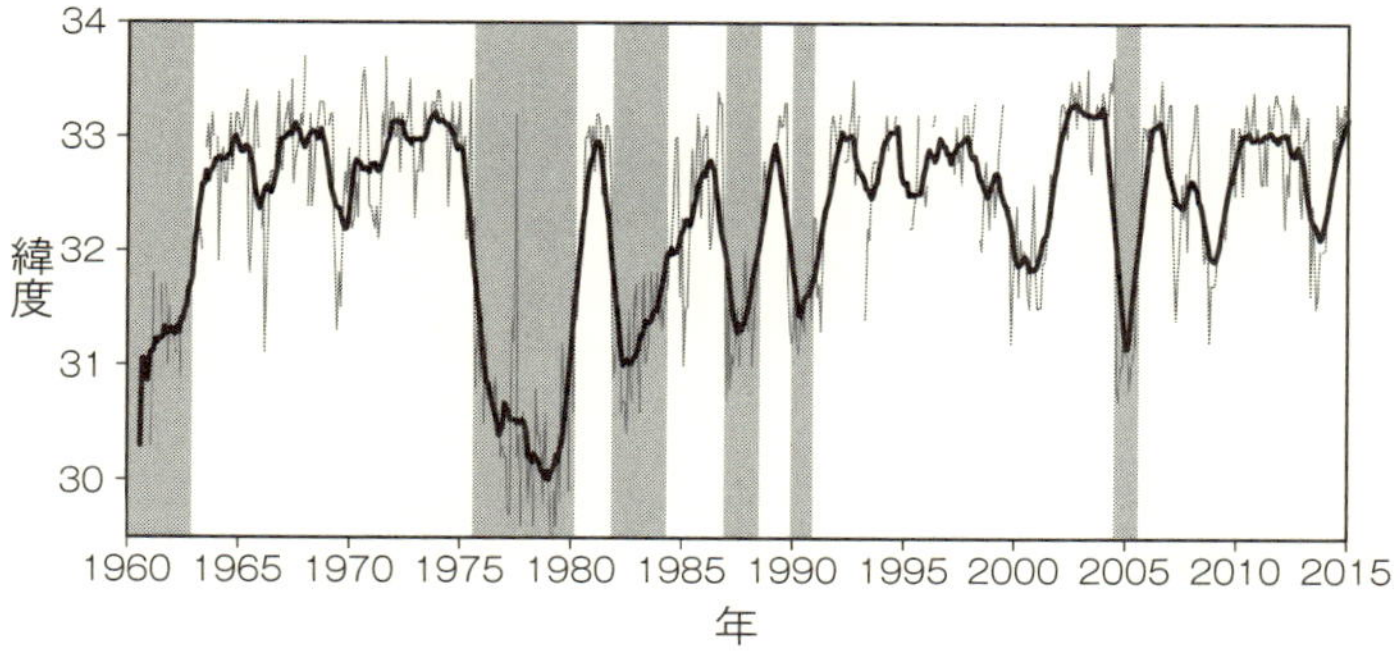


図1・9　東海沖（東経136度から140度）での黒潮流路の最南下緯度。灰色は気象庁が定義した黒潮大蛇行期間を表わします。

継続していたのです。

ところが、1990年以降、黒潮大蛇行はほとんど起こっていません。最近20年間（1996年から2015年まで）に起こった大蛇行は1度きりで、それも2004年7月から2005年8月までと、わずか1年で終息したのです。この最後の大蛇行から10年の月日が経過しましたが、いまだ大蛇行は起こっていません。いったい、黒潮に何が起こっているのでしょうか？

この謎について触れる前に、まず、黒潮大蛇行の判定基準についてお話ししておきます。気象庁では、「黒潮が東海沖（東経136度から140度）で北緯32度以南まで南下し、その状態が『長期にわたり継続』している状態」を大蛇行と判断しています。つまり大蛇行とは、ただ大きくうねるだけではなく、「持続」することがその判定の肝となっ

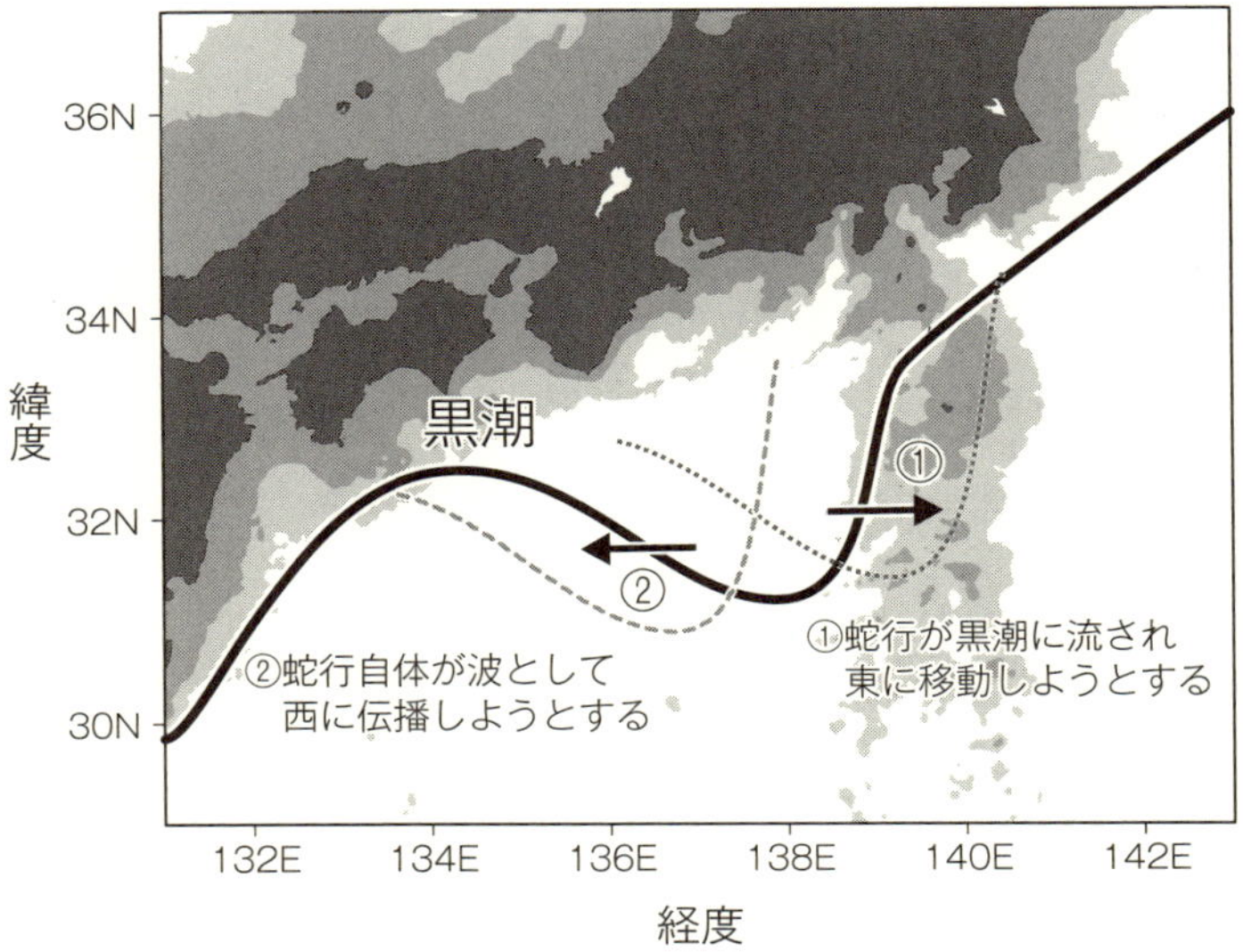


図1・10　黒潮蛇行の振る舞い。薄灰色は水深が2000mより浅い場所、濃灰色は1000mより浅い場所を表わしています。

ています。そこで本書では、近年大蛇行が起こらない要因について、「持続」に焦点をしぼってお話ししたいと思います。

黒潮は東海沖でひとたび蛇行すると、その状態のまま（蛇行したまま）動こうとする作用が2通り働きます。ひとつは黒潮自身の流れにより蛇行を東に移動させようとする作用（東進作用）で、もうひとつは蛇行が波として西に進もうとする作用（西進作用）です（図1・10）。黒潮は世界最強であり（1・2節参照）、流れが強いため、東進作用のほうが大きくなります。このため黒潮の蛇行は、いずれは東進を開始し、伊豆海嶺（図1・3参照）にさ

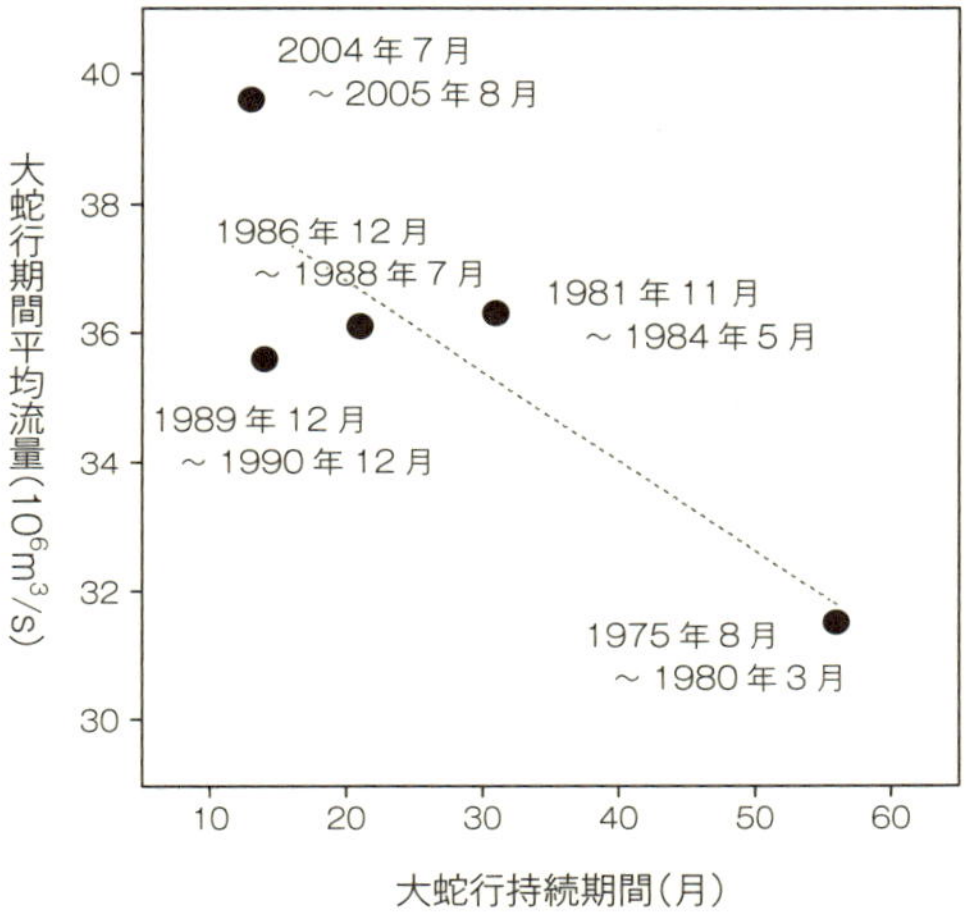


図1・11　黒潮の大蛇行持続期間と、その間の黒潮の平均流量の関係。気象庁による東経137度定線観測データにもとづいて求められています。点線は2変数間の線形関係を示す直線です。

しかかり、海底地形の影響を受けることで、蛇行は徐々に弱まります。つまり、蛇行が長期にわたり持続するためには、蛇行の東進作用が大きくならず、西進作用とバランスすることが重要です。

ここで東進作用が大きくならないというのは、黒潮の流れが強くならないことを意味します。そこで、この関係が実際に成り立っているかを見てみましょう。

図1・11は、各黒潮大蛇行期間での黒潮の強さ（流量）とその持続期間の関係を表わしています。たしかに、黒潮が弱いときほど大蛇行が長期にわたって持続していることがわかります。

この状況をふまえたうえで、次に日本南方を流れる黒潮流量の長期的な振る舞いを

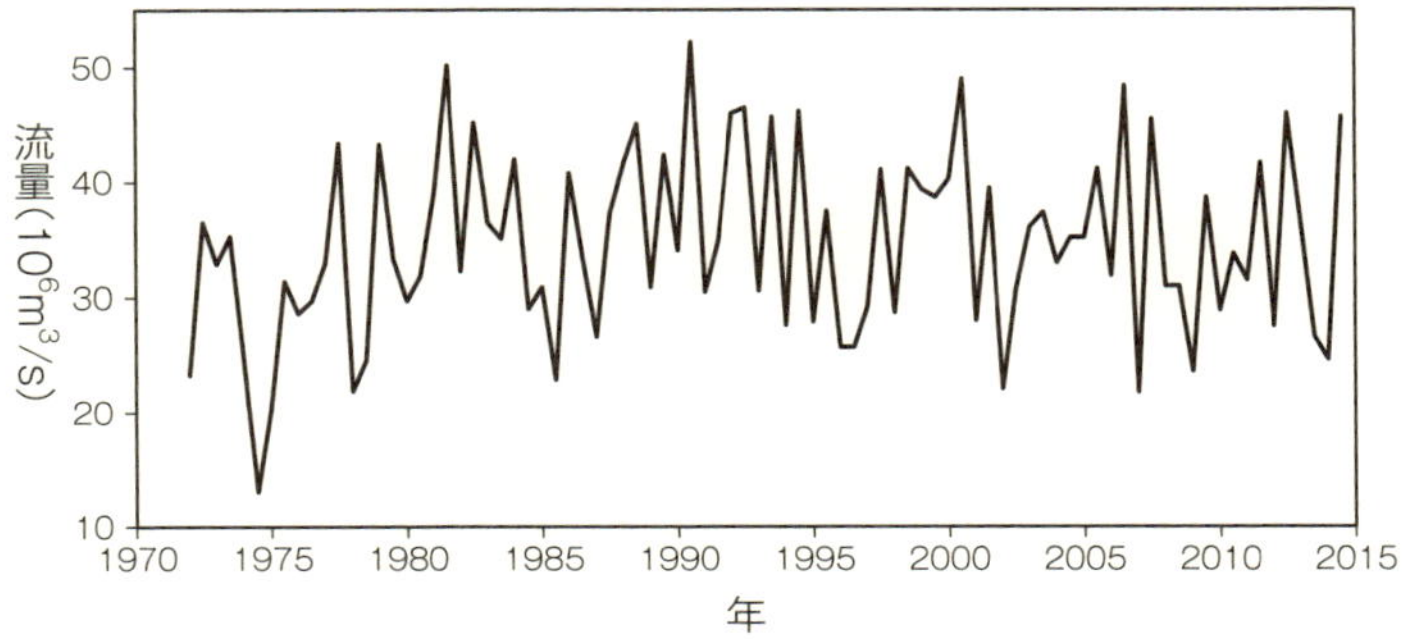


図1・12　東経137度線を横切る冬・夏の黒潮の流量。気象庁実施の観測にもとづいて求めています。

見てみましょう（図1・12）。この図から、黒潮は近年になるほど徐々に強くなっているように見えます。例えば当初の10年間（1972年から1981年）に比べると、最近10年間（2005年から2014年）の流量は10パーセント以上も増加しています。こうした結果から、この10年間に大蛇行が起こらないのは、黒潮の流れが強くなってしまったからではないかといわれています。

それでは将来はどうなるのでしょうか？　地球温暖化の警鐘が鳴らされている現在、その未来を予見すべく、多くの将来予測実験（温暖化実験）が行なわれています。その実験により、黒潮について驚くべき予測結果が出ています。それは、黒潮は今後も加速を続け、21世紀後半には現在より30パーセント以上も速くなるという予測です（Sakamoto *et al.* 2005）。仮にこれが現実になれば、将来、黒潮の大蛇行はほとんど見られなくなるでしょう。果たして22世紀の海でも現代と同様に黒潮はその流れを雄大に変え、大蛇行しているのでしょうか？　それとも、予測どおりの未来が訪れ、大蛇行は起こらなくなり、文献に記載されただけの過去の現象になってしまうのでしょうか？　変わりつつある黒潮に目を向けなければいけません。

## ●黒潮が熱い!?――2倍のペースで進行する黒潮の水温上昇

いま私たちは気候の大きな変化に直面しています。そう、地球温暖化です。2013年にまとめられた国連気候変動に関する政府間パネル（IPCC）第5次評価報告書（IPCC、2013）によると、世界の地上気温は過去約130年間（1880年から2012年まで）で0・85度上昇しました。そして、海水温も上昇しており、海面平均水温は過去約110年間（1900年から2014年）で約0・6度上昇しました。

それでは、世界の海はどこも同じようなペースで暖まっているのでしょうか？　北太平洋の水温上昇率を見てみましょう（図1・13）。この図より、温暖化のペースは決して一定ではなく、海域によって異なることがわかります。そのなかでも日本南岸ではそのペースがきわめて早いことがわかります。そう、黒潮流域です。北太平洋のなかでは黒潮の水温上昇は他の海域に比べて最も大きく、過去110年間で約1・5度も暖かくなっています。これは世界平均の海水温上

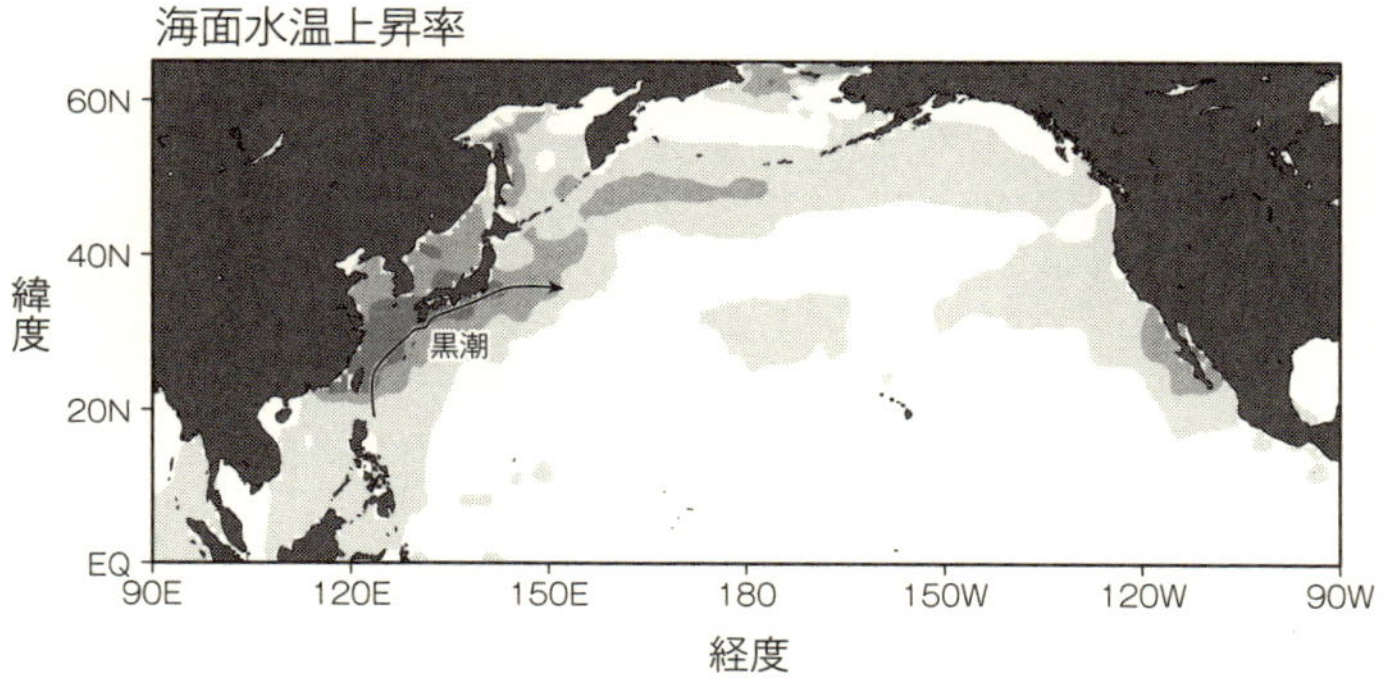


図1・13　1900年から2014年までの海面水温上昇率。薄灰色は100年あたり0.6℃以上、灰色は1.0℃以上、濃灰色は1.5℃以上の上昇海域を表わしています。

昇率（約0・6度）よりもはるかに大きく、2倍以上のペースで高温化していることを表わしています。

また興味深いことに、このような大きな水温上昇は、ガルフストリーム（北大西洋西部）や東オーストラリア海流（南太平洋西部）、ブラジル海流（南大西洋西部）、アガラス海流（インド洋西部）など、世界の主要な暖流で起こっていることがわかりつつあります（*Wu et al.*, 2012）。

なぜ、暖流では温暖化の傾向が強く表われるのでしょうか？　この問いに対する明確な答えはいまだ出ていませんが、おそらく海流が強まったことによるのだろうと考えられています。

黒潮域では水温上昇が大きいことを紹介しました。この水温上昇により、上空大気への熱放出量が増加することになり、結果、その上空を通過する低気圧（台風や南岸低気圧など）に膨大な熱エネルギーが供給され、私たちの生活におよぼす影響は深刻になると考えられています。すなわち、地道な黒潮観測（海洋観測）こそが、温暖化の予見や、変わりゆく気候の予測に必要不可欠なのです。

## 1・4　そして、黒潮の先へ……

世界最強の海流である黒潮は日本南岸沿いを東進した後、千葉県銚子沖で日本から離れ、東へ流れ去っていきます。日本から離れて東に向かう流れを「黒潮に続く流れ」という意味で、「黒潮続流」とよんでいます（図1・2）。この黒潮続流は日本沿岸から離れていることもあり、船舶観測だけではその実態を把握できませんでした。しかしながら、21世紀になり、人工衛星観測が充実したことで、黒潮続流の全貌が見えつつあります。そして、この黒潮続流もまた、黒潮と同様に冬の大気に大きく影響を与えることがわかってきました。さらに、最新の海洋数値シミュレーション結果から、海は大規模な海流だけではなく、大小さまざまな渦（直径数キロ～数百キロメートルの渦）で満たされていることが明らかになりつつあります。そこで本節では、「黒潮の先」に見えはじめた未来についてお話ししたいと思います。

## ・日本東岸沖でも多くの熱放出！──その原因は黒潮続流から千切れた暖水渦にあり

1・2節で、黒潮こそが世界最大の熱放出源であるとお話ししました。そのことを念頭において1999年冬の海から大気への熱放出の様子を見てみましょう（図1・14a）。このとき黒潮上では、単位面積（1平方メートル）あたり約400ワットの熱が出ていました。ただ、黒潮よりも多くの熱が出ている海域に気がつきませんか？　そう、日本東岸沖です。ここでは単位面積あたり500ワットを超える膨大な熱が出ています。でも、図1・4では、日本東岸沖で目立った熱放出は見られませんでしたよね。これは、日本東岸沖での熱放出が多い年もあれば少ない年もあるからです。例えば2003年は、日本東岸沖の熱放出がきわめて小さくなっています（図1・14b）。このように、黒潮が流れている日本南岸では冬になるたびに多くの熱が大気へ放出されているのに対し、日本東岸沖での熱放出量は年によって大きく変わっているのです(Sugimoto and Hanawa 2011; Sugimoto 2014)。

ではなぜ日本東岸沖で、冬の間にかくも膨大な熱が大気へ放出されることがあるのでしょうか？20世紀までは、大陸から吹き出す冷たく乾いた北西季節風が要因と考えられていました。北西季節風が海から熱を奪うことにより、海が冷やされるというシナリオです。この大気と海の関係は、船舶観測をもとに得られたものでした（詳細は1・2節を参照）。

現在は人工衛星観測網が整備され、多くの海洋観測データが利用可能な時代になりました。そ

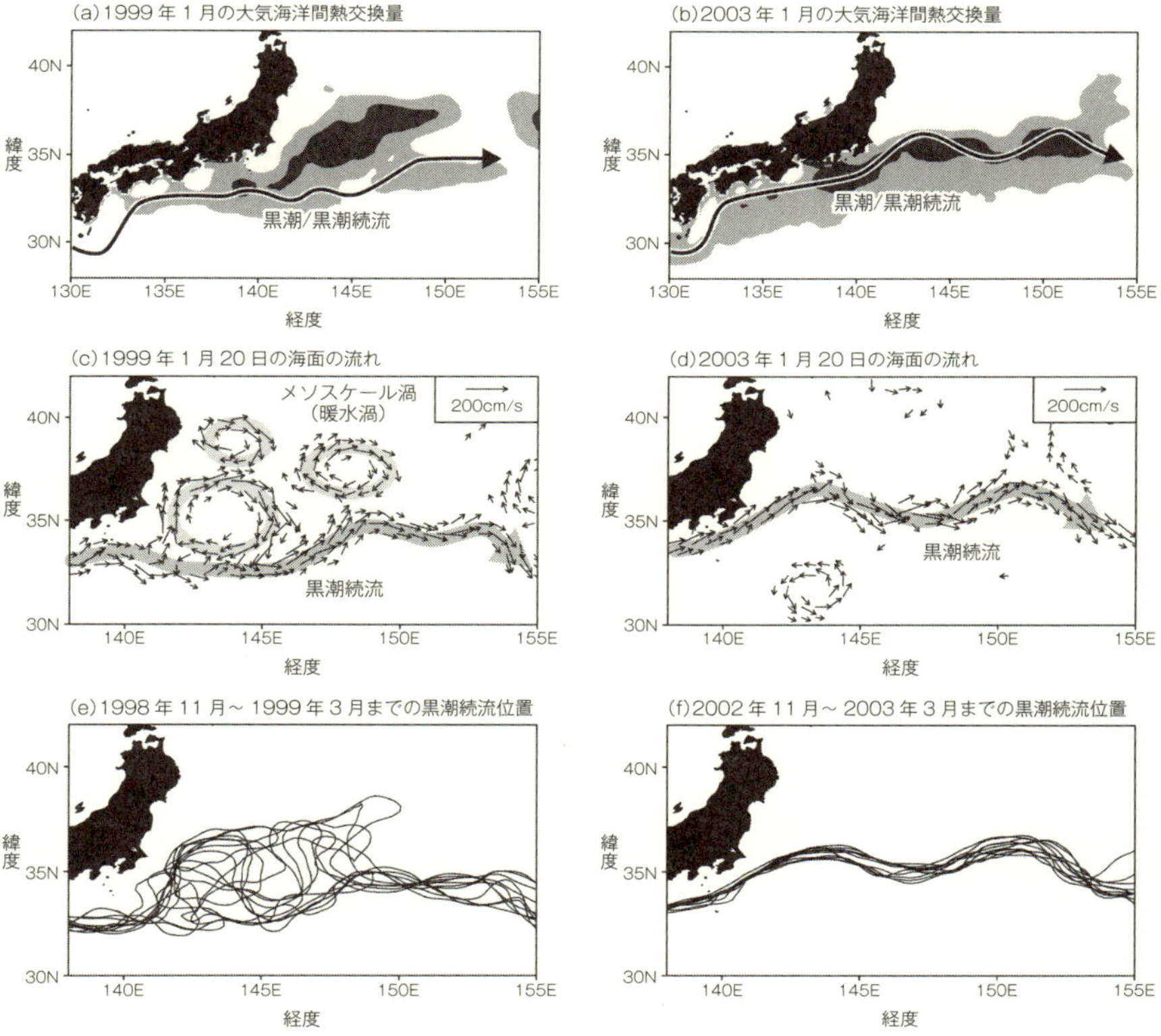


図1･14　(上段) 冬に海から大気へ放出される熱量: (a) 1999年1月、(b) 2003年1月。薄灰色は単位面積 ($1m^2$) あたり400W以上、濃灰色は500W以上の熱が出ていることを表わします。(中段) 人工衛星観測にもとづく海面での流れ : (c) 1999年1月20日、(d) 2003年1月20日。ここでは、秒速40cm以上の速い流れのみが図示されています。(下段) 人工衛星観測にもとづく黒潮続流の流軸位置 : (e) 1998年11月1日から1999年3月31日まで、(f) 2002年11月1日から2003年3月31日まで。それぞれ、2週間ごとの流軸位置を描図しています。

こで最近、この衛星観測データを用いて、日本東岸沖の天気と海の関係が調べられました。すると、20世紀までの考えとは異なり、日本東岸沖での熱放出量は、海上風ではなく海面水温により決定されることがわかったのです（Sugimoto and Hanawa 2011）。つまり、黒潮と同様に（1・2節参照）、日本東岸沖でも、海が暖かいときほど大量の熱が大気に放出されているのです。

では、日本東岸沖の海面水温を決める要因は何なのでしょうか？　この海域では黒潮のような暖流が流れているわけではありません。その答えに迫るために、図1・14cを見てみましょう。この図は、人工衛星がとらえた１９９９年1月20日の海面での流れを表わしています。まず、北緯35度付近に強い東向きの流れが見てとれます。これが黒潮続流です。そして、この黒潮続流の北側に複数個の時計回りの循環流、すなわち高気圧性の「渦」が観察できます。これら渦のいずれもが、南を流れる黒潮続流から千切れてできたものでした。

これらの渦は、直径約３００キロメートル、厚さ５００メートル以上と実に巨大です。この渦の中の水温は、渦の外と比べるととても高く、2度以上高温になることもあります。一方で、日本東岸沖が低温の年（２００３年など）には、このような暖水渦は見られませんでした（図1・14d）。つまり、この直径３００キロメートルほどの「暖水渦」があることにより日本東岸沖が暖かくなり、直上大気に膨大な熱を放出していたのです（Sugimoto and Hanawa 2011）。

日本東岸沖に暖水渦を形成する黒潮続流ですが、その流路は2種類に大別されます（Seo *et al.*

2014など）。それは、黒潮続流が蛇行を繰り返し不安定に渦巻いた流路（不安定流路：図1・14e）と、そうではない流路（安定流路：図1・14f）です。このなかで、黒潮続流が不安定に渦巻いた流路をとる時期ほど、多くの暖水渦がつくられると報告されています。よって、日本東岸沖で見られる熱放出量は、その南方を流れる黒潮続流の流路の形によって決まっているといえるでしょう。

ではなぜ、黒潮続流の流路は変わるのでしょうか？　これは、その上流を流れる黒潮（日本南方の黒潮は3種類の流路：1・1節参照）と同様、その物理メカニズムは謎に包まれています。いま、このメカニズムを解き明かすために、世界中の科学者が研究をしているところです。

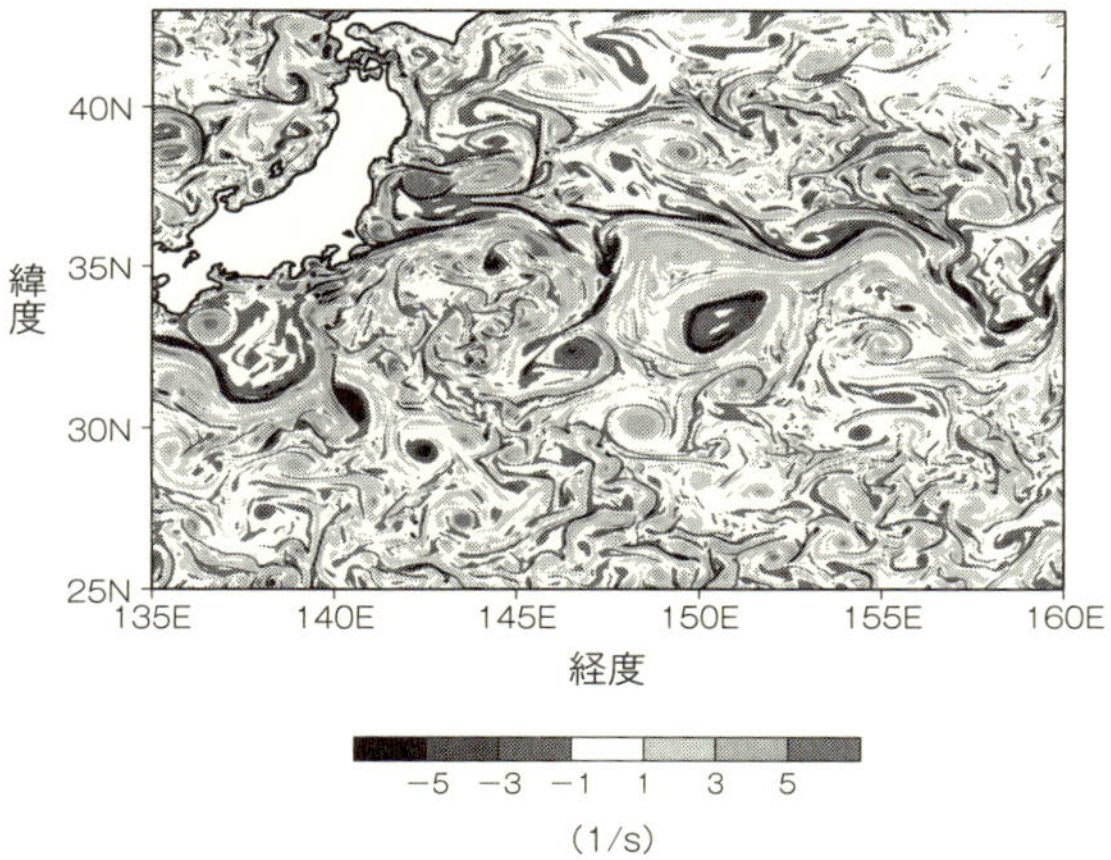


図1・15　冬季の海面流速の回転成分（相対渦度：薄灰色は時計回りの暖水渦、濃灰色は反時計回りの冷水渦）。国立研究法人・日本海洋研究開発機構による超高解像度（水平解像度 3km）数値シミュレーションの結果を用いて作図しています（佐々木英治博士より提供）。数 km ～ 50km の微小渦や筋状構造がいたるところで観察されます。

## ・大海を満たす数キロメートル程度の微小な渦——新たな海洋学のはじまり

20年前の海洋学では、黒潮のような大規模な現象が研究の主役でした。そして2000年ごろから人工衛星観測が充実したことで、海には直径300キロメートル程度の渦が多くあることが発見されました。この発見により海の理解（海の中での二酸化炭素などの物質や熱の輸送過程の理解）が飛躍的に進展しました。そう、いうなれば、2000年以降の海洋学は、直径300キロメートル程度の現象が主役の時代になったのです。

そしていま、海洋学は新たな主役を迎えつつあります。図1・15を見てください。この図は、最新の超高解像度海洋数値シミュレーションで得られた、海面での流れを表わしています。この図より、直径300キロメートル程度の渦と渦が互いに干渉してできた幅の狭い筋状構造の流れや、直径300キロメートル程度の渦よりも小さい渦（微小渦）が観察され、その空間スケールは数キロ〜50キロメートルほどです。これほどまでに微小な現象が世界の海を満たしていたのです！

世界中の研究者が驚いたのは、微小スケールの現象が存在しているという事実だけではありません。なんと最新の研究では、この微小スケールの現象が直径300キロメートル程度の現象に大きな影響を与えうることが報告されたのです（Sasaki *et al.* 2014）。従来、流体の運動エネルギーは空間スケールの大きい現象から小さい現象に順次受け渡され、最終的には熱エネルギーに変換されて失われると考えられてきました。ところが、海ではこれと逆の関係が成り立つことが提示されたのです。

地球温暖化に果たす海の役割を理解するためには、「海の流れ」にともなう熱や二酸化炭素などの輸送過程を正しく理解しなければいけません。また、私たちの食生活を豊かなものにする水産資源を持続的に確保するためには、「海の流れ」にともなう水温分布の変化や、餌となる動植物プランクトンの分布・生態を知る必要があります。今後この「海の流れ」を正確に把握するためには、この数年間で海洋学の主役に躍り出た「微小スケールの現象」の理解が求められることでしょう。

ただし、図1・15で示した結果は、あくまで数値シミュレーションによるものです。それならば、現実の海ではどうなっているのか気になりますよね？　ところが、現在の観測方法（船舶観測など）では、この微小スケールの流れを面的にとらえることはできません（2016年2月執筆時点）。そこでこの現状を打破すべく、今、世界中で観測計画が立ち上がっています。例えば、日本の宇宙航空研究開発機構（JAXA）によるCOMPIRA（Coastal and Ocean Measurement mission with Precise and Innovative Radar Altimeter）ミッション、そしてアメリカ航空宇宙局（NASA）とフランス国立宇宙センター（CNES）によるSWOT（The Surface Water Ocean Topography）ミッションでは、今後10年で次世代衛星の打ち上げおよび観測を予定しています。これら次世代観測衛星により、大海を満たす微小スケールの流れの真実に迫ることができると期待されています。

数百年もの長きにわたり世界から注目されてきた世界最強の「黒潮」。これからもその魅力が色褪せることはありません。そして、黒潮の真実・実態に迫るためには、その周囲で発生する大小さまざまな現象（直径数キロメートル～数百キロメートルの現象）のいっそうの理解が求められています。そう、いま、「黒潮の先」に広がる新しい海洋像が見えつつあるのです。

## 参考・引用文献

IPCC: Climate Change 2013: The Physical Science Basis. Contribution of Working Group I to the Fifth Assessment Report of the Intergovernmental Panel on Climate Change [Stocker, T.F., D. Qin, G.-K. Plattner, M. Tignor, S.K. Allen, J. Boschung, A. Nauels, Y. Xia, V. Bex and P.M. Midgley (eds.)]. Cambridge University Press, Cambridge, United Kingdom and New York, NY, USA, 1535 pp, 2013

Nakamura H., A. Nishina, and S. Minobe: Response of Storm Tracks to Bimodal Kuroshio Path States South of Japan. *Journal of Climate*, 25(21), 7772–7779, 2012, doi: 10.1175/JCLI-D-12-00326.1

Nonaka, M., and S. P. Xie: Covariations of sea surface temperature and wind over the Kuroshio and its extension: Evidence for ocean-to-atmosphere feedback. *Journal of Climate*, 16(9), 1404-1413, 2003, doi: 10.1175/1520-0442(2003)16<1404:COSSTA>2.0.CO;2

Sakamoto, T. T., H. Hasumi, M. Ishii, S. Emori, T. Suzuki, T. Nishimura, and A. Sumi: Responses of the Kuroshio and the Kuroshio Extension to global warming in a high-resolution climate model. *Geophysical Ressearch Letters*, 32(14), L14617, 2005, doi: 10.1029/2005GL023384

Sasaki, H., P. Klein, B. Qiu, and Y. Sasai: Impact of oceanic scale-interactions on the seasonal modulation of ocean dynamics by the atmosphere, *Nature Communications*, 5, 5636, 2014, doi: 10.1038/ncomms6636

Seo, Y., S. Sugimoto, and K. Hanawa: Long-term variations of the Kuroshio Extension path in winter: Meridional movement and path state change. *Journal of Climate*, 27(15), 5929-5940, 2014, doi: 10.1175/JCLI-D-13-00641.1

Sugimoto, S., and K. Hanawa: Roles of SST anomalies on the wintertime turbulent heat fluxes in the Kuroshio-Oyashio Confluence Region: Influences of warm eddies detached from the Kuroshio Extension. *Journal of Climate*, 24(24), 6551-6561, 2011, doi: 10.1175/2011JCLI4023.1

Sugimoto, S.: Influence of SST anomalies on winter turbulent heat fluxes in the eastern Kuroshio-Oyashio Confluence region. *Journal of Climate*, 27(24), 9349-9358, 2014, doi: 10.1175/JCLI-D-14-00195.1

The MODIS Terra sea surface temperature data was obtained from the Ocean Color Web hosted by NASA Goddard Space Flight Center. Data are availabe at http://oceancolor.gsfc.nasa.gov/cms

Wu L., W. Cai, L. Zhang, H. Nakamura, A. Timmermann, T. Joyce, M. J. McPhaden, M. A.

Alexander, B. Qiu, M. Visbeck, P. Chang, and B. Giese: Enhanced warming over the global subtropical western boundary currents. *Nature Climate Change*, 2, 161-166, 2012, doi: 10.1038/nclimate1353

吉田光由（著）、大矢真一（校注）『塵劫記』岩波文庫、1977年

和達清夫（監修）『海洋大事典』東京堂出版、1987年

経済産業省「エネルギー白書（平成26年度エネルギーに関する年次報告）」2015年 http://www.enecho.meti.go.jp/about/whitepaper/#headline12.

## コラム1　黒潮の第一印象？　あまりよくなかったですね（笑）

出合いはいつだって突然です。そう、私が黒潮と初めて出合ったのは、日本でのワールドカップ開催にわく2002年の夏のことでした。

当時、私が在籍していた研究室では、小笠原海運株式会社と「おがさわら丸」（東京と小笠原諸島父島間を航走する定期運航便）の協力により、黒潮のモニタリングを目的とした東京・

小笠原諸島父島間の海洋観測を行なっていました（Tokyo-Ogasawara Line Experiment: TOLEX）（図１・16）。この観測は、１９８８年から始まり、２か月に１回の頻度で実施されており、１名の学生が観測補助員として同行することになっていました（残念ながら、この海洋観測は２００５年に終了してしまいました）。つまり、観測補助員に選ばれると、東洋のガラパゴス・小笠原諸島父島に行けるのです。小笠原に行けるチャンスは、人生でそうはありません。ただ、当時、研究室には学生が17名（先輩13名、同輩４名）も在籍していたので、私に順番が回ってくるのは数年先かなと思っていました。ところが、思いもかけず、チャンスがめぐってきたのです。そう、研究室配属１年目の私に、花輪公雄教授から「小笠原に行きますか？」と声がかかったのです。しかも夏（７月）という最高の時期にです。もちろんその場で快諾しました。

私は、釣りや旅行などで船に乗った経験がありました。加えて、おがさわら丸はとても大きい船（６７００トン）なので、そんなに揺れないだろうと思っていました。迎えた出航当日。この日は風もなく、快晴でした。おがさわら丸は、定刻どおり午前10時に東京（竹芝桟橋）を出航しました。船は25時間半の旅路の果てに小笠原諸島父島に到着します。この間、１時間に１回、水温計を海に投入し（図１・17）、海面から深さ８００メートルまでの水温を測定することが私に課せられた仕事です。

東京を出航した船はレインボーブリッジをくぐり、ほとんど揺れることもなく、私はコーヒー

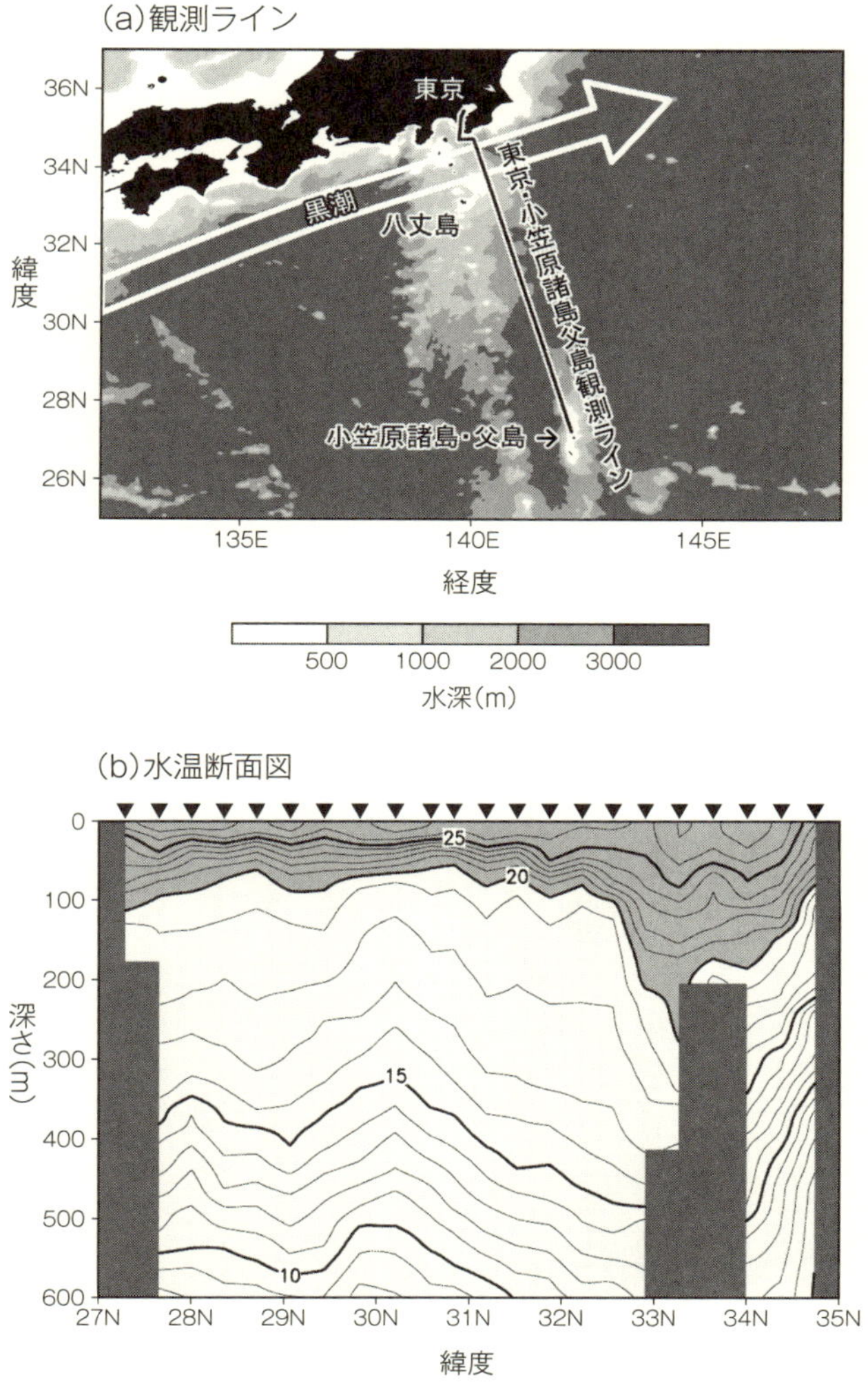


図1・16　(a) 東北大学が実施していた東京・小笠原諸島父島間観測ライン。灰陰影は水深を表わします。(b) 2002 年 7 月の観測で得られた東京・小笠原諸島父島間の水温分布。

を片手に快適な時間を過ごしていました。ところが、出航からおよそ3時間半後（13時半頃）、東京湾を出たあたりから海の様子が一変したのです。絶え間なく波が打ち寄せ、その轟音《ごうおん》とともに船が大きく揺れ出しました。晴れて、風はほとんど吹いていないにもかかわらずです。なぜだろう?と訝《いぶか》しんでいたときに、船員さんが教えてくれました。この揺れは「黒潮」によるものだと。そう、地図帳で暖流を示す赤矢印程度の存在としてしか認識していなかった黒潮に、私はこのとき初めて出合ったのです。予想していない（揺れるとは思っていない）なかでの出合いだったので、黒潮の第一印象はあまりよくありませんでしたね。

当然ですが、よほどの揺れでない限り、仕事（観測）は行なわなければいけません。図1・16bは、初めてだらけのことに動揺しながらも採取したデータにもとづいて描いた東京・小笠原間の水温分布です。このデータは、私にとって初めての観測航海で採取したものであり、私の宝物です。

その後、何度か観測航海に参加しました。いずれも東京出港の航海です。ですので、出港から約3時間半後には、黒潮と再会します。乗船直後は、船の揺れに身体が慣れておらず、結構つらいものです。そして、船が世界最強の黒潮にさしかかると実感するわけですね、「あぁ、黒潮は相変わらずだ」と。

ただ、海はつらいこと（揺れること）ばかりではありません。岸から遠く離れた外海はとても素晴らしい情景を見せてくれます。細波ひとつなく鏡面のような海原、人工的な明かりが一切ないな

図１・17　観測風景（写真は東京大学大気海洋研究所の岡英太郎准教授より提供）。水温センサーのついた測器を海に投入し、測器が得た信号を細いエナメル線で船上に送り記録する。

かで眺める天の川や海に降り落ちる白雪などの美しい光景に心を打たれ、観測中に海面を照らすライトにつられて遊びにくるアシカや航走中に立つ波で遊ぶイルカなどの突然の来訪者に胸を躍らせ、水平線の彼方に見えた島影に歓喜の声をあげたことは、陸上生活では巡り合えないとても貴重な体験です。いかがですか？海に出たくなってきませんか？

　第一印象がよくなかった黒潮ですが、今はその黒潮を相手に仕事をしています。こんな長い付き合いになるとは夢想だにしていませんでした。余談ですが、小笠原を去るとき、おがさわら丸の出航を見送るために、港には島の人々が集まり声をかけてくれます。「行ってらっしゃい！」と。そう、「さようなら」ではないのです。本当に素敵な島ですよね。「ただいま」といえる日を心待ちにしながら、今日も黒潮の研究をしています。

## コラム2　海には宝がいっぱい!?

「科学」の醍醐味って何だと思いますか？　今まで知らなかったことを発見することや、わからなかったことを説明できる仕組み（理論）を構築すること、ではないでしょうか。たとえどんなに些細な発見であったとしても、それは地球誕生から46億年という膨大な時間のなかで初めて辿り着いた「真実」なのです。それは文字どおり「人類初」であり、知識の最先端を歩けるのが科学なのです。いかがですか？　そう考えるとワクワクしてきませんか？

さて、私が科学の道、特に、「海洋学」の道に進もうと決めたのは学部3年生（２００１年）の夏のことでした。この時期まで、私は気象学の世界にも魅了されていました。それでも海洋学を選んだのは、海洋学には気象学と比べると未知の部分が多かったので、初心者の私でも何かしらの発見ができるのではないかと思ってしまったからです。

時は少し遡ります。1980年頃から本格運用を開始した人工衛星により、地表(陸上・海上)の状況はリアルタイムで観測できるようになりました。ただ、人工衛星は電磁波を利用した観測なので、海の中を測ることはできません。それゆえに、海の中を知るためには、船で観測することが主たる手段でした。

その船による観測ですが、その歴史は古く、学術目的で初めて行なわれた航海は1872年とされています（英国のチャレンジャー号の探検航海）。以降、現在までの約140年間に、船で実施された観測はおよそ53万点にもおよびます（図1・18a）。しかしながら、140年という膨大な年月をかけてもなお、海のすべては網羅できていません。特に、南半球には観測の空白域が多くあります。

この状況に触れてどう感じましたか？「海はデータを取るのが難しいので研究しづらい」と感じますか？それとも、「データがないからこそ、わかっていないことが多い」と思いますか？私はまさに後者で、それゆえに海洋学の道を選びました。そうです、研究初心者で不勉強な私にも立ち入れる隙があるのではと考えたのです（恐れ多いですよね）。

21世紀になり、海洋観測の現場に革新的な変化が訪れました。それは、海洋内部を自動で観測するロボット、すなわちアルゴフロート（全長約2メートル、重さ約20キログラム）の登場です。このアルゴフロートは船などで海に投入され、10日ごとに深さ2000メートルまで沈み、水

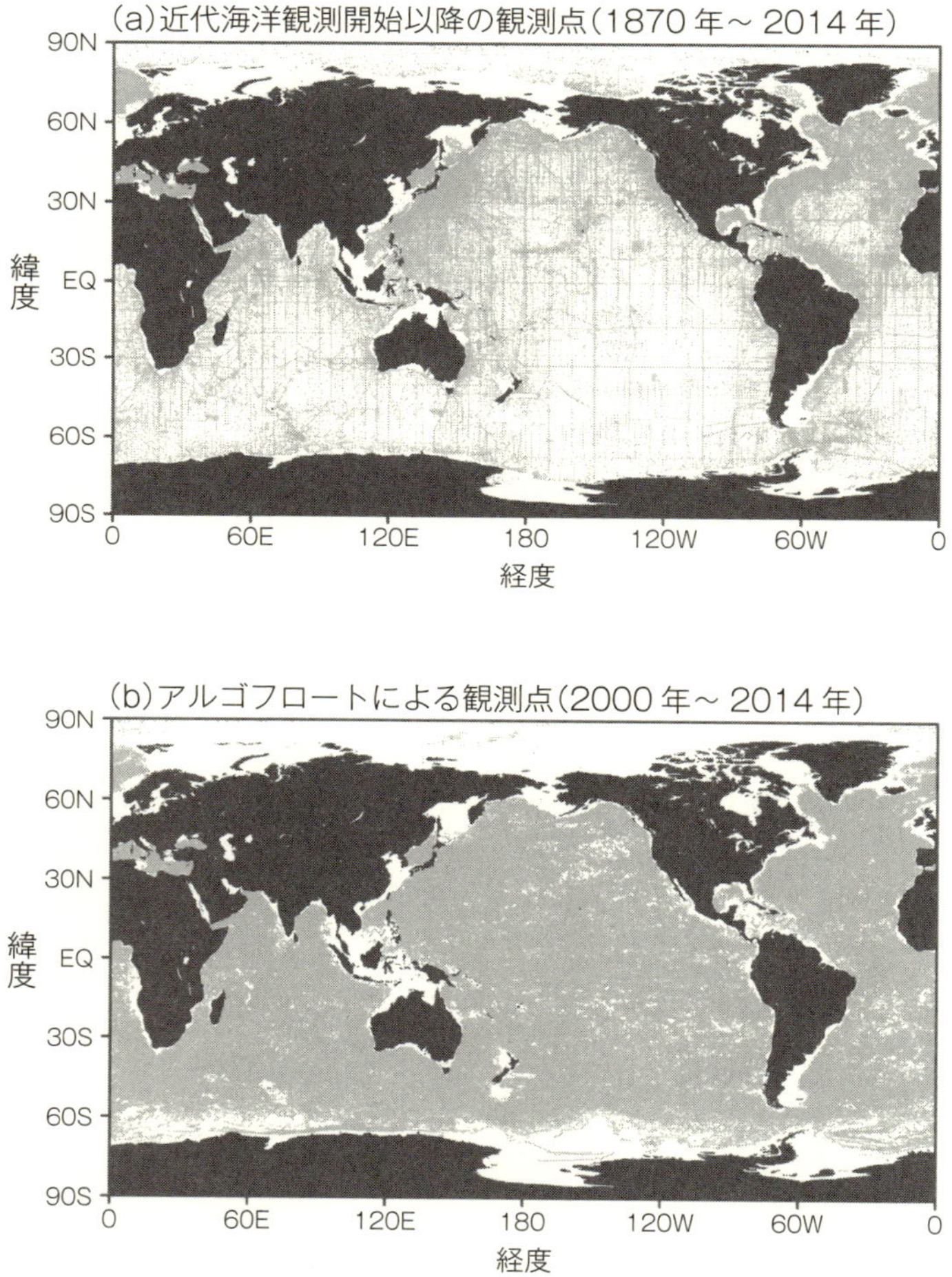


図 1·18　(a) 近代海洋観測開始以降の観測点 (1870 年から 2014 年まで)。ここでは、水温と塩分が 1000m 以深まで測られた観測点を対象にしています (ただし、アルゴフロートによる観測は除外しています)。(b) アルゴフロートによる観測点 (2000 年から 2014 年まで)。

温や塩分を計測しながら浮上します（図１・19ａ）。計測した水温や塩分は海面で通信衛星へ送信され、陸上にいる私たちのもとへ伝送されます。その後、アルゴフロートは再び深海へと沈み、再浮上に備えています。このアルゴフロートの投入・展開は日本を含む多くの国の協力のもとに行なわれており、現在、約３８００台ものアルゴフロートが世界の海を測っています（図１・19ｂ）。いうなれば、このアルゴフロートにより、私たちは、日本の地にいながらにして、今この瞬間の南極海の様子さえ容易にわかるようになったのです。このアルゴフロート、２０００年の登場以降、現在までの「わずか15年」の間に、約１３５万点の観測を実施しており、すでに世界中の海を網羅していることがわかるでしょう（図１・18ｂ）。

人工衛星の本格運用（１９８０年頃）は地球大気の３次元観測を可能にし、気象学の飛躍的進展をもたらしました。それから20年後（２０００年）、私たち海洋学者はようやく海を３次元的に測れる測器（アルゴフロート）を手にしたのです。その差、実に「20年」。この差を縮め、追いつく（追い抜く）ことが私たち海洋学者に求められています。

海洋学の歴史を振り返っても、これほどまでにデータが爆発的に増加した時代はありません。それゆえに、これから先、「海に眠る宝」（海の実態）が次々と発見されるに違いありません。そう、海洋学は新たな時代に突入したのです。どうですか？　海洋データのビッグバンがもたらす海洋学新時代の世界に飛び込んでみたくなりませんか？　私たちは若い方の挑戦を心待ちにしています。

(a)アルゴフロートによる観測プロセス

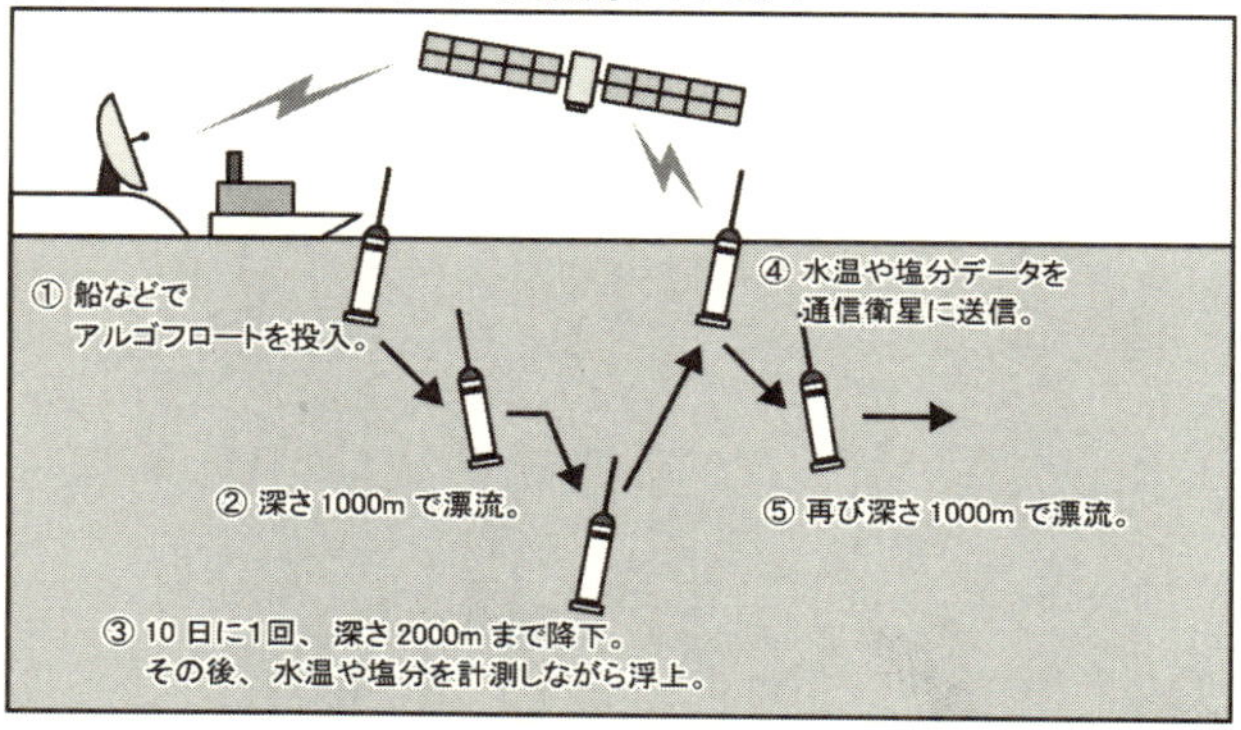


(b)2015 年 8 月 27 日のアルゴフロート分布

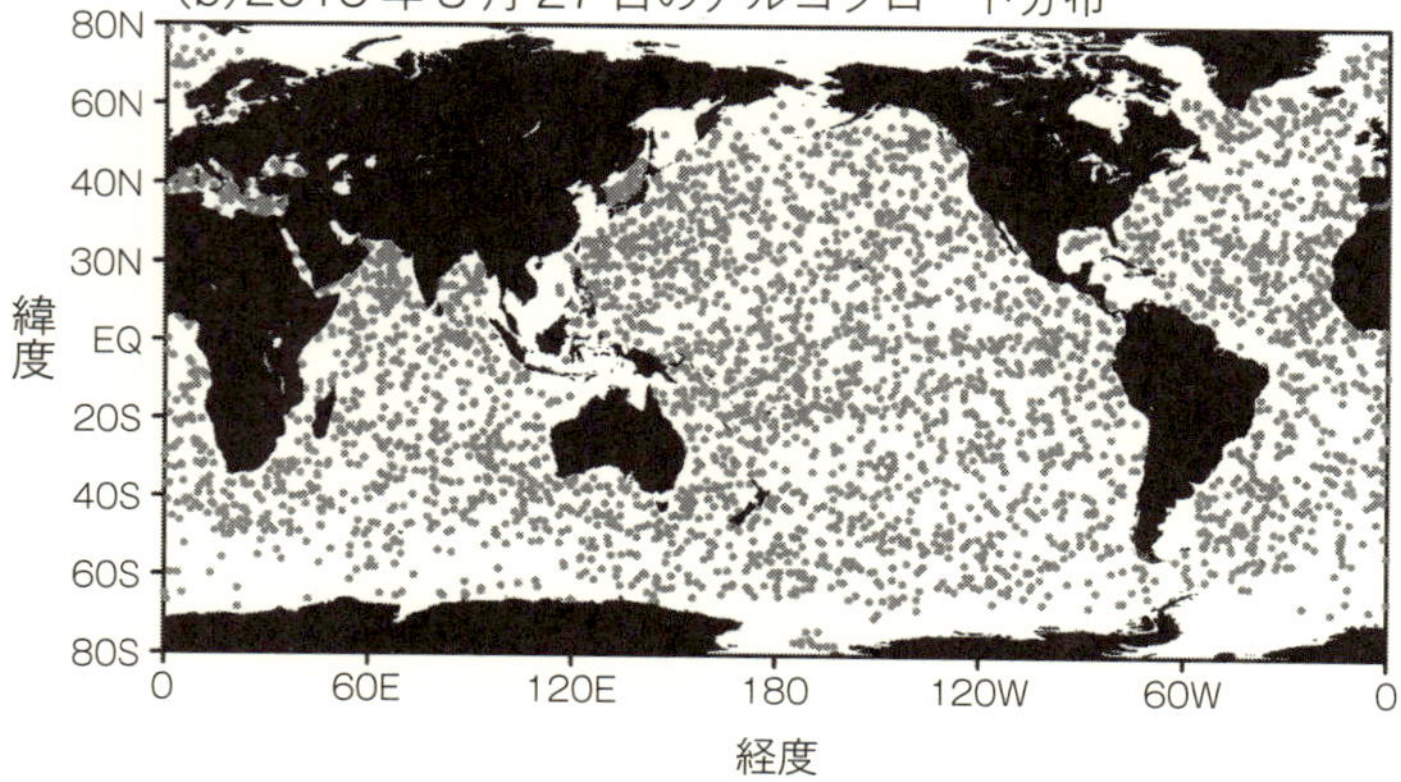


図 1・19 (a) アルゴフロートによる観測プロセス。(b) 2015 年 8 月 27 日のアルゴフロート分布（3881 台が稼働中）。

第2章

万田敦昌

# 海と梅雨の研究

冬が終わり、春になると、ぽかぽか陽気の日が増えてきます。少し暑くなってきたなー、もうすぐ夏かなーと思っているとやってくる、あのじめじめした季節。そうです。この章では梅雨についてのお話をします。読者のみなさんは梅雨と聞いて何を思い浮かべますか？「何も思い浮かばない」「鬱陶《うっとう》しい」「カビが生える」……。正直でよろしいです。梅雨の研究を始める前は、私もそうでした。私にとって梅雨は、「付き合ってみると味わい深くて面白い人」、という感じです。この章で、その味わい深さが伝わるとよいのですが……。

さて、梅雨入りするとみなさんが一番気になることって何でしょう？「梅雨明けがいつ頃か」という人が多いのではないかと思います。この章では梅雨明けと海の意外な関係について紹介します。また最近、世間をにぎわすことが多くなってきた、集中豪雨と海の関係についてもお話をします。

## 2・1　5番目の季節——梅雨

自然の風景が清浄で美しいことを山紫水明といったりしますが、豊富な水資源は日本の美しい自然の源です。東アジアの平年の月別降水量（図2・1）を見てください。周辺地域と比較して、

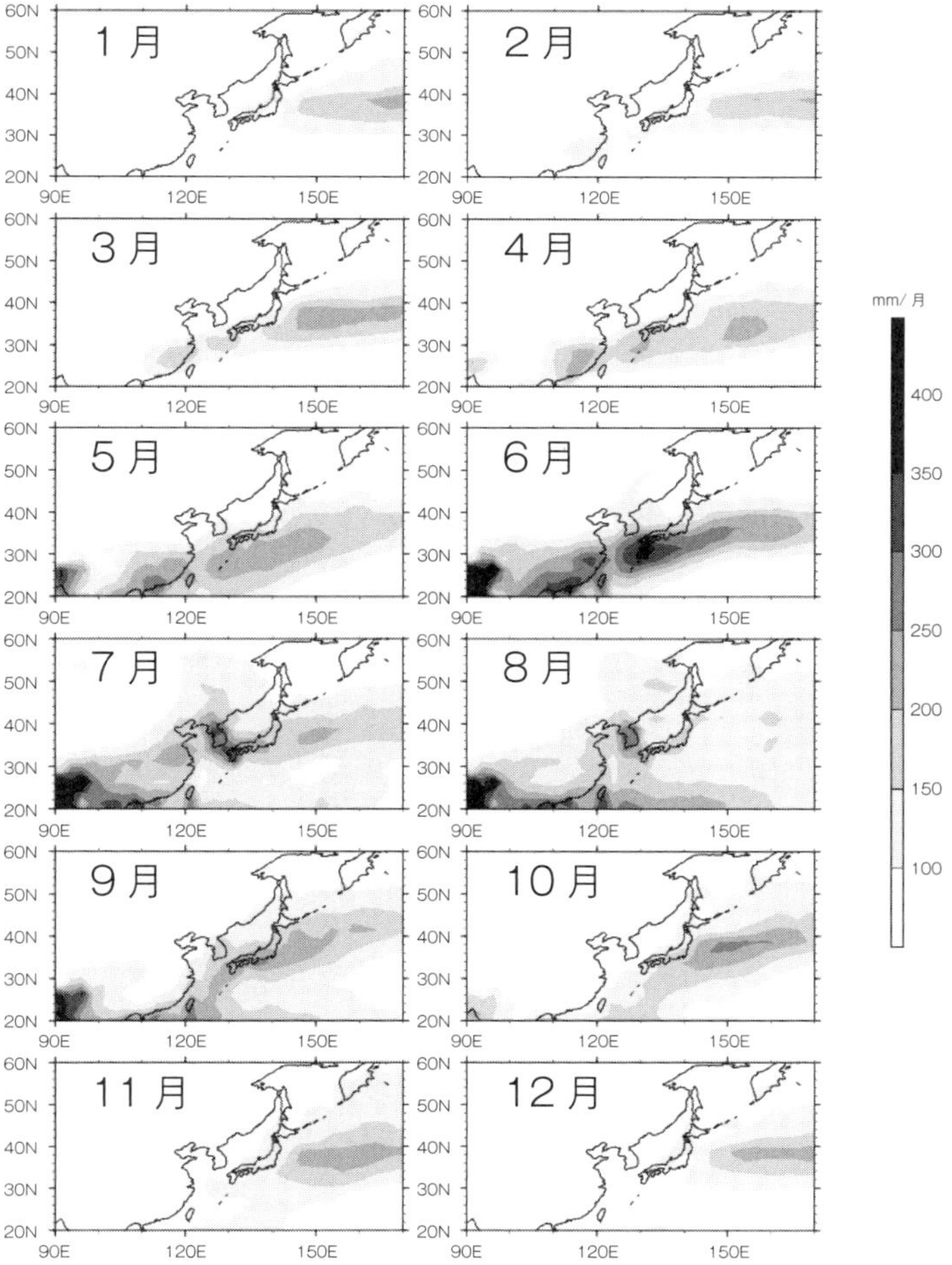


図2・1　平年の月別降水量の分布図 (mm)。濃い灰色は降水量の多いところを示している。

いかに日本列島が水に恵まれているか、この図を見るだけでもわかると思います。特に6月から7月にかけて、日本列島を東西に覆うように降水帯が存在し、そこでは他の月と比較して雨が非常に多く降っているのがわかります。ご存じのとおりこれが梅雨です。梅雨のような初夏の長雨は世界的にも類を見ない現象で、日本では春夏秋冬の四季に梅雨季を加えて五季とする季節区分のほうがよいという考えもあるくらいです。梅雨の季節はじめじめして気分爽快とはいかない日もありますが、農作物に恵みの雨をもたらしてくれる大事な季節でもあります。私は学生のときに、空梅雨にともなう渇水の影響で200日以上の断水を経験したことがあるのですが、そのときに水の大事さが身に染みてわかりました。

ところで、なぜ6月から7月にかけて雨が多くなるのでしょうか。それには梅雨前線とよばれる前線が重要な役割を果たしていることはみなさんよくご存じかと思います(第1弾第5章参照)。しかし、どうして梅雨前線ができるのか、とたずねられたら、何かもやもやした感じで答えに窮するのではないでしょうか。そこで本章では、まず梅雨前線のでき方についていっしょに調べていきたいと思います。

## 2・2　梅雨にはどうして雨が多くなるの？

### ●梅雨前線って何？

梅雨の時期になると「梅雨前線が停滞して……」といったフレーズを、天気予報で毎日のように聞くと思います。では梅雨前線とは何でしょう？　端的に、かつ誤りなくいうならば、「梅雨前線とは、梅雨前線帯の中にできる前線のこと」です。誤りはないかもしれませんが、これでは何のことやらさっぱりわかりませんね。最近の研究成果をもとに、丁寧に見ていきましょう。このあたりの話はあまりテレビの天気予報などで解説されることはないのですが、梅雨時の降水を考えるうえで非常に大切です。梅雨前線帯は梅雨を語るのに欠かせない重要アイテムなのです。

梅雨の時期になると東アジアでは、海洋起源の暖かく湿った気団と大陸起源の比較的乾いた気団にはさまれるように、同じ高さで風向きの異なる風がぶつかって、行き場のなくなった空気が上に上がり、上昇気流が発生するようになります。このような上昇気流が発生しているところを梅雨前線帯といいます(図2・2)。「帯」というぐらいですから、梅雨前線帯はある程度の幅(数百キロメートル程度)をもっていて、梅雨の時期にはこの梅雨前線帯に向けて海洋起源の暖かく湿った空気が流入しています。

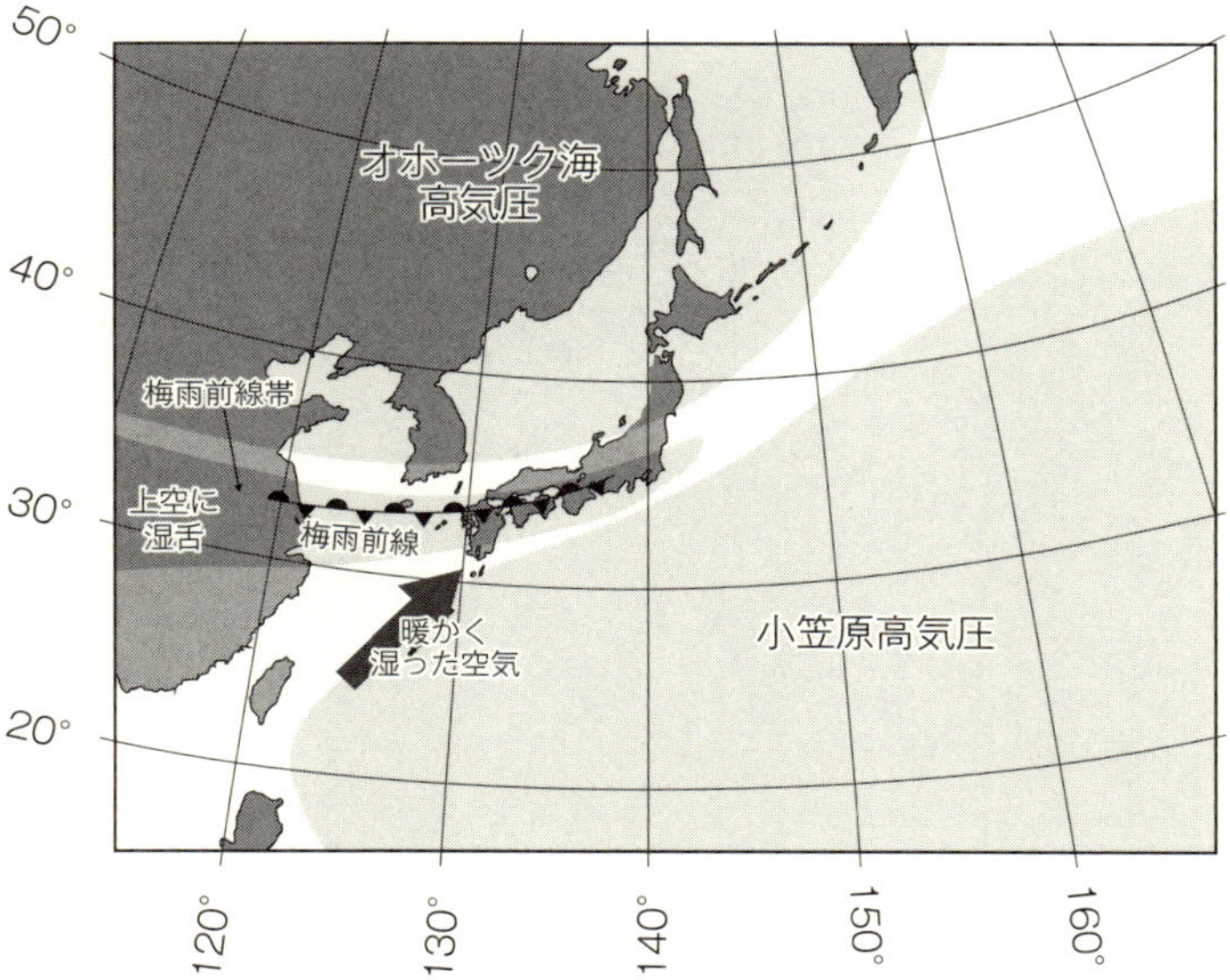


図2・2　梅雨前線帯とその構造（http://www.jma.go.jp/jma/press/1207/23a/20120723_kyushu_gouu_youin.pdf をもとに作成）。

次に、梅雨前線帯の中がどうなっているのか、図2・3を使って見ていきましょう（加藤、2010）。南から吹き込んできた梅雨前線帯の中の暖かく湿った空気が、何かの拍子に少しだけ上昇したとします。もしこの空気がとても湿っていたとすると、対流とよばれる非常に強い上昇気流がつくられることがあります。

対流は梅雨に欠かせない現象なので、その仕組みについて説明します。地表面近くの空気が少し上昇すると、その空気に含まれる水蒸気の一部が非常に小さな水滴に変わります。氷水を入れたコップ

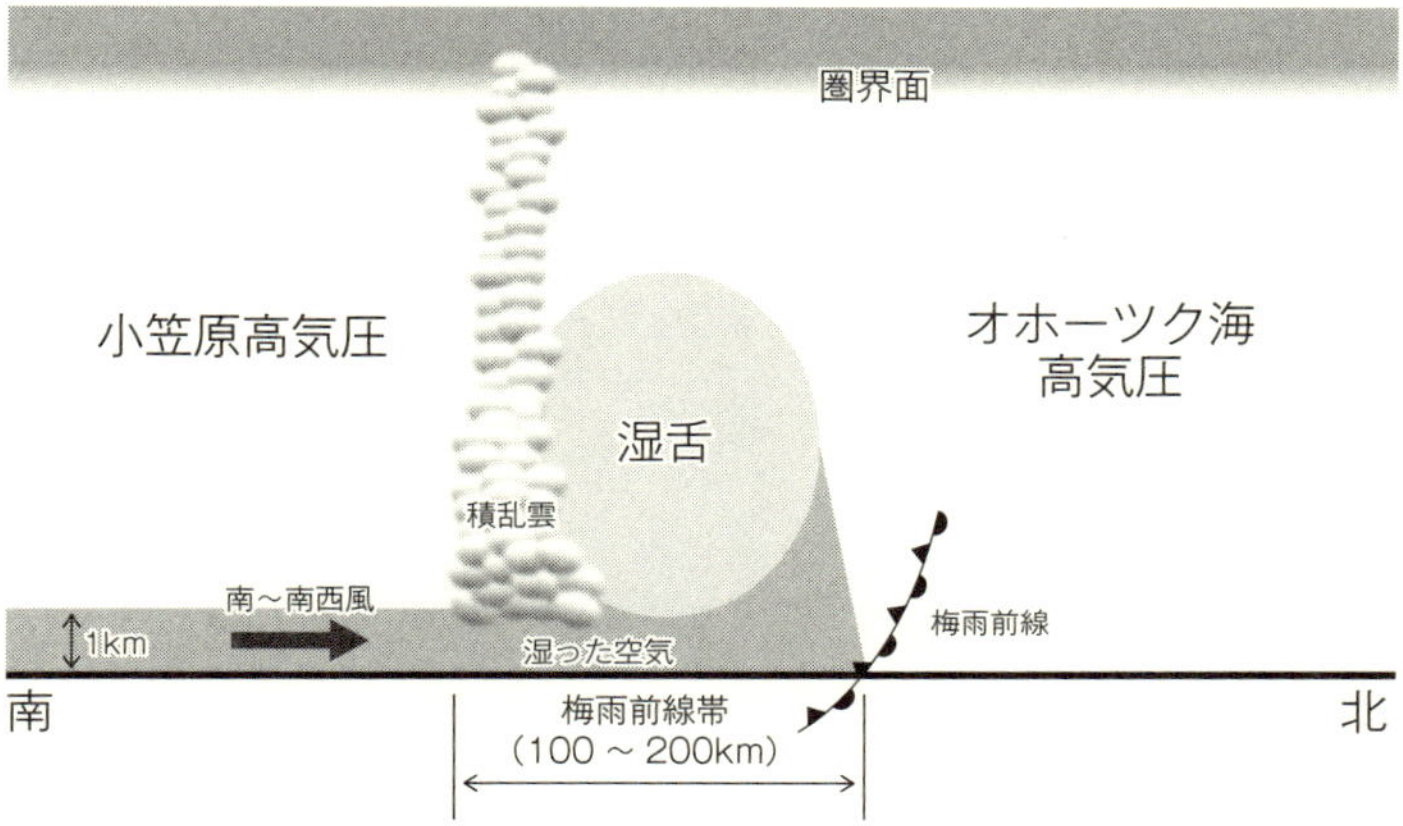


図２・３　梅雨前線帯の構造。（http://www.jma.go.jp/jma/press/1207/23a/20120723_kyushu_gouu_youin.pdf もとに作成）。

の外側に水滴ができるのと同じです。コップの外側の水滴は空気中の水蒸気が水滴に変わったもので、コップの中から外に出てきたわけではありません。雲はこの小さな水滴がたくさん集まったものです。水蒸気が水滴に変わるときに熱が発生します。汗が蒸発するときに身体が冷えるのと逆のことが起こっているわけです。これを凝結熱といいます。凝結熱によって暖められると、空気はさらに軽くなり、より速い速度で上昇できるようになります。このようにしてできた強い上昇気流のことを対流といいます。では次に、どのようにしたら空で対流が起きるのか、いっしょに考えてみましょう。

対流にとって重要なのは、軽くなった空気が重い空気の下にあることです。これを不安定といいます。天気予報でよく「大気の状態が不安定で……」というフレーズを聞くと思います。そこで、不安定とはどのような状態かを簡単に説明します。

ヘリウムなど空気より軽い気体を入れた風船を手で押さえておきます。いったん風船を押さえていた手を離すと、風船は勢いよく上に上がっていきます。これが不安定な状態での大気の運動です。逆に、空気より重い気体を風船に入れて手を放した場合は、風船は上がらずに落ちてしまいます。手で一生懸命上に投げ上げたとしても、やがては落ちてくるでしょう。これが安定な状態での大気の運動です。不安定な状態は、空気より軽い気体をわざわざ用意しなくても、空気自体を暖めることでつくりだすことができます。熱気球はそのいい例です。重要なのは、重い気体の下に軽い気体がある状態をつくることです。

また、対流は液体でも生じます。味噌汁の入ったお椀を注意深く観察してみましょう。下から味噌汁が湧き上がっているのがわかると思います。これは、味噌汁が上で冷たい空気により冷めることで、暖かい水の上に、冷たい水が乗っかっている状態をつくりだしているからです。対流の仕組みについてわかったところで、次に梅雨前線のできる仕組みについて調べてみましょう。

## ●梅雨前線ってどうやってできるの？

対流によって強い上昇気流ができると、地表面近くにある暖かく湿った空気が上空にまで運ばれ、水蒸気が次々に凝結し、背の高い積乱雲がつくられます。夏の入道雲は一番身近な積乱雲の例です。この積乱雲が強い雨を降らせます。ただし、湿った空気に含まれるすべての水蒸気が雨になるわけではありません。この上空に運ばれた暖かく湿った空気が上空の西よりの風で流されることにより、梅雨前線帯上には東西に伸びた湿った空気の帯ができます。この帯のことを湿舌《しつぜつ》といいます。湿舌は梅雨前線帯とおおよそ同じ幅をもっています。天気予報でいう梅雨前線は、この湿舌の北の端の湿った空気と大陸性の乾いた空気の境目のことを指します。

ややこしいのは、梅雨前線自体は雨の原因ではなく、梅雨前線帯の中で起こった対流による結果だということです。よく聞く「活発な梅雨前線の影響で……」というフレーズは、「梅雨前線帯の中で対流活動が活発になった影響で……」と読み替えると、より正確な表現となります。梅雨前線があるから雨が降ったのではなく、雨が降ったから天気図に梅雨前線が現れる、すなわち梅雨前線は雨が降った結果であり、雨の降る原因ではないことを理解しておくことは、梅雨時の雨の特徴を理解するうえでたいへん重要です。

さて、強い雨がよく降るのは梅雨前線帯の南の端であることが知られています。すなわち、集中豪雨が発生するのは梅雨前線の近くではなく、梅雨前線より南側だということです。なぜなのでしょうか？　対流を発生しやすくするためには、大気を下から暖めることが必要です。集中豪雨をもたらすような強い対流が発生している場合、大気を暖めるのに一番重要な役割をしているのは、水蒸気が水滴に変わるときに生じる凝結熱です。水蒸気がたくさんあればあるほど凝結熱は大きくなります。梅雨時には南方から湿った空気が梅雨前線帯へ流入しますが、流入した直後の水蒸気はまだ雲に変わっていないので、梅雨前線帯では空気が最も湿った状態となります。すなわち、梅雨前線帯の南端から流入する空気に含まれる水蒸気量が最も多くなり、より多くの凝結熱を生成し、これにより集中豪雨の原因となる積乱雲が活発に発生するのです。

以上のことから、梅雨期の集中豪雨には、南から梅雨前線帯に流入する水蒸気が重要であることがわかりました。水蒸気は梅雨を語るためのひとつの重要アイテムというわけです。ところで、この章のタイトルは何だったでしょう。そうそう「海」と梅雨の研究でした。梅雨を語るのに欠かせない重要アイテムである梅雨前線帯と水蒸気の役割がわかったところで、次の節ではもうひとつの重要アイテム、海の役割についていっしょに見ていきましょう。

## 2・3　海と梅雨の切っても切れない意外な関係

海は大気を暖めたり冷やしたり、また大気に水蒸気を与えたりすることで、日々の天気の変化に重要な役割を果たしています。そのことについて少し調べてみましょう。

まず、空気と水の違いについて考えます。水は空気に比べ温まりにくく、冷めにくいという特徴があります。質量をそろえて温まりやすさ、冷えやすさを比べたものを比熱といい、水の比熱は空気のおおよそ4倍です。同じ質量の空気と水であっても、水のほうがおおよそ4倍ほど温まりにくく、冷めにくいというわけです。また、地球上に存在する海水の質量は、空気の質量のおおよそ250倍となっています。質量の違いまで考慮に入れて温まりにくさ、もしくは冷めにくさを表わしたものを熱容量といい、比熱×質量で表わされます。海洋の比熱は大気の4倍で、海洋の質量は大気の250倍なので、海洋の熱容量は大気のおおよそ1000倍になります。これは、空気に比べて海はいったん冷えてしまうとなかなか温まらないことを意味します。

大気が海より暖かい場合は、海は大気を冷やすこともあります。海は大気にとってエアコンの役割をしているわけです。この性質は、後で梅雨明けと黄海の関係を説明するときに登場します。

また、海は大気に水蒸気を供給する加湿器の役割もしています。特に、水温が高くなると海面からの蒸発量が急激に増えるという重要な性質があります。この性質は、後で梅雨時の集中豪雨と東シナ海の関係を説明するときに出てくるので覚えておいてください。

## ・海が冷たいと梅雨明けが遅くなる

梅雨明けが待ち遠しくない人はいないと思います。この梅雨明けとは、どういう状態のことをいうのでしょうか?

梅雨明けとは、梅雨前線帯が日本のはるか北に去ってしまうことです。年によって梅雨明けの時期はまちまちで、いつまでもじめじめした梅雨が続く年があるかと思えば、気がついたら梅雨が明けていたなんてこともあり、なかなか梅雨明けというのは気まぐれでとらえどころがないものに感じる方も多いのではないかと思います。そんな気まぐれな梅雨明けの時期を予想するのはなかなか難しいことです。というのも、梅雨が明ける仕組みが実はあまりわかっていないのです。毎年やってくる身近なことにもかかわらず、仕組みがわからないというのも興味深いですね。研究真っ只中の内容ではありますが、ここでは梅雨明けと海の関係について、私たちの研究成果を紹介します。

よくある説明としては、梅雨時には、南に暖かく湿った小笠原高気圧、そして北には乾いた冷たいオホーツク海高気圧という2つの高気圧があって、その2つの高気圧にはさまれるように梅雨前線帯ができるというものです（図2・2）。梅雨時には、2つの高気圧が押し合いをして、どちらもその場所を動こうとしません。すると、その2つの高気圧にはさまれた梅雨前線帯も同じ場所に居つづけます。やがて、小笠原高気圧の勢力が強まるとともにオホーツク高気圧が弱まることで、梅雨前線帯が北に押し上げられると梅雨明けになります。

しかし、梅雨時の天気図を眺めていると、かならずしもこの説明があてはまらない場合がかなりあります。沖縄や九州が梅雨入りの時期に、本当にオホーツク海高気圧がそこまで南にやってきているのでしょうか？　1000キロメートル以上も離れたオホーツク海に中心をもつ高気圧だけで沖縄の梅雨を説明するのは、いくらなんでも遠すぎるのではないでしょうか？

オホーツク海高気圧の他に、揚子江高気圧（長江気団ともよばれる）という、中国大陸の北部に現れる高気圧があります。こちらはオホーツク海に比べると、沖縄や九州に停滞する梅雨前線の北側の高気圧として、比較的近い位置にあります。しかし天気図を注意深く見ると、梅雨前線が九州よりも北に停滞しはじめる6月中旬以降、揚子江高気圧が天気図から消えてしまう場合がかなり多いのです。揚子江高気圧は空気が冷たい地面で冷やされることによってできる高気圧です。6月以降の中国大陸は地上気温が一気に上がるため、揚子江高気圧は存在しにくくなってしまいます。

実のところ、揚子江高気圧は見当たらず、オホーツク海高気圧ははるか1000キロメートル北に離れているような、先の「よくある説明」にあてはまらないようなときこそ、梅雨前線帯が九州に停滞している場合が多いのです。では梅雨時に、梅雨前線帯の北側で小笠原高気圧と押し合いをしているのは何者なのでしょうか？　私たちは、中国大陸と朝鮮半島の間にはさまれた黄海という海にできる比較的小さい高気圧に着目し、この高気圧を「黄海高気圧」と名づけました（Moteki and Manda 2013）。梅雨前線が停滞する状況では、非常に頻繁に黄海高気圧が現われます（図2・4）。黄海高気圧は、沖縄、九州の梅雨入りから梅雨明けまでの間、小笠原高気圧と押し合いを続け、梅雨前線帯を停滞させます。図2・4のように黄海高気圧は地上天気図で容易に見つけることができるので、ぜひ、気象庁のホームページから閲覧できる「日々の天気図」で、黄海高気圧を確認していただければと思います。

さらに私たちは、黄海高気圧と黄海の水温に密接な関係があることを発見しました。黄海は東シナ海に比べ冷たい海です。また黄海は非常に浅い海で、冬に大陸から吹いてくる冷たい季節風で冷やされてしまいます。いったん冷えた黄海の海水は、梅雨時になっても東シナ海より冷たいままです。黄海上のこの冷たい海水が大気を冷やします。冷えた空気はまわりの空気より重いため、冷えた空気のあるところは高気圧になります。これが黄海高気圧の正体です。黄海に黄海高気圧がいすわっていると、なかなか梅雨前線帯は北上することができず、停滞します。ところが7月ぐらいになると、太陽からの日射によって、冷たかった黄海も徐々に暖かくなり、空気を冷やすことができなくなります。そうすると黄海高気圧が黄海上に現われなくなり、梅雨前線帯が

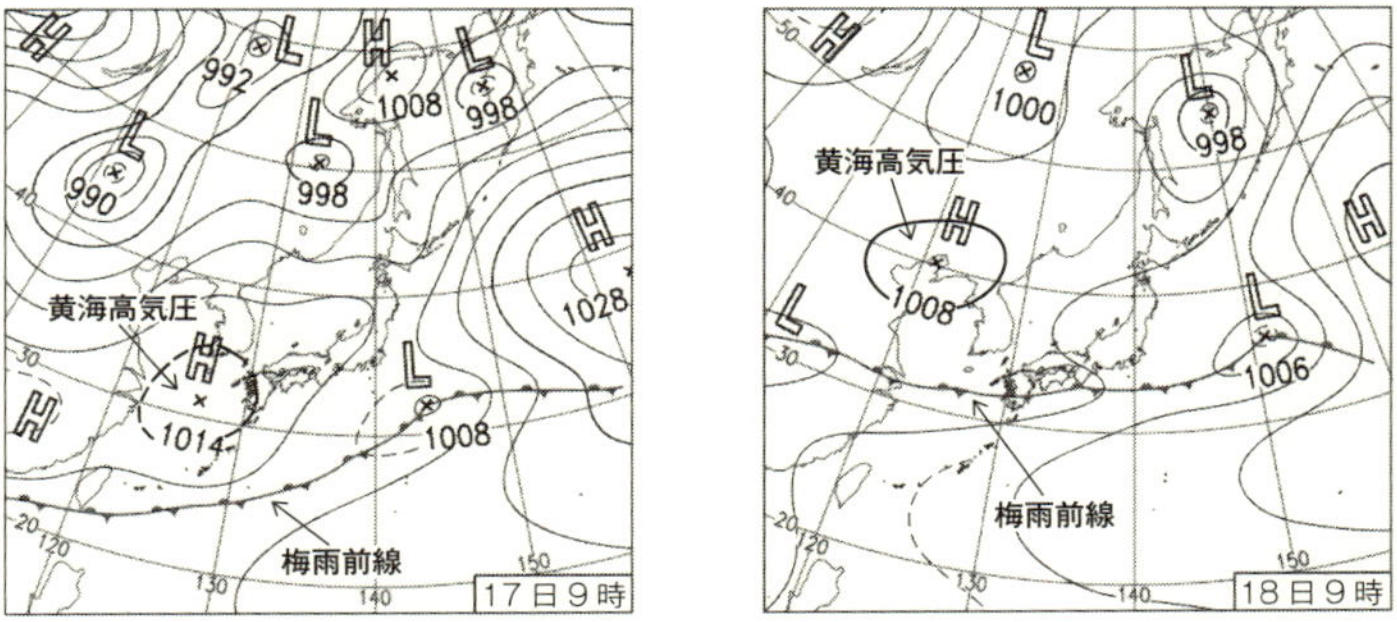


図2・4　黄海高気圧と梅雨前線帯の関係。気象庁天気図を一部改変。

黄海高気圧にじゃまされることなく北上できるようになる、つまり梅雨明けとなるわけです。このように、もうひとつの重要アイテム、黄海という冷たい海の役割を考えると、梅雨明けの仕組みが非常に自然に、無理なく理解できると私たちは考えています。

黄海高気圧と梅雨前線帯との関係については端緒についたばかりで、まだまだ興味深い研究課題がたくさんあります。黄海の冷たい海水は、冬から春にかけて大気が海水を冷やすことによってつくられます。前の冬や春の気温、風の強さが黄海高気圧の形成にどのような影響をおよぼすのでしょうか。今後地球温暖化にともなって、黄海の水温は急速に高くなっていくと考えられています（Manda *et al.* 2014）。そのような水温上昇は黄海高気圧や梅雨前線帯にどのような影響をおよぼすのでしょうか。私たちはこれらの興味深い課題について、今後さまざまなデータや手法を使って調べていこうと考えています。

## ・海が暖かいと集中豪雨が起きやすくなる

最近、集中豪雨ともよばれる強い雨がよく降ると感じている方が多いのではないかと思います。実際、最近の統計解析結果から、強い雨の降る頻度が確実に増えていることがわかっています（Fujibe 2015）。ここでは、梅雨の終わりに九州でしばしば発生する集中豪雨と海の関係についてお話しします。九州以外の地方や他の季節でも、ここでお話しするのと同じような仕組みにより強い雨が降ることが十分に考えられるので、私たちは、他の地方や他の季節の大雨についてもこれから調べていこうとしているところです。

２０１５年９月、関東・東北地方で発生した集中豪雨（平成27年9月関東・東北豪雨）と、それにともなう鬼怒川などの河川の氾濫をご記憶の方も多いかと思います。この年は鹿児島でも6月に記録的な大雨となりました。九州をはじめとする西日本では、梅雨の終わりの7月に集中豪雨がしばしば発生し、河川の氾濫や土砂災害など甚大な被害をもたらします。最近の研究で、このような集中豪雨の発生に関して、海がたいへん重要な役割を果たしていることがわかってきました。海のことがわかると、大雨の降り方がよくわかるというわけです。そのことについていっしょに考えていきましょう。

まずは、九州の西側における平年雨量を見てみます（図２・５）。10日ごとに合計した雨量は、梅雨最盛期の6月下旬にピークを迎えます。これは私たちの日常的な感覚と一致していますね。

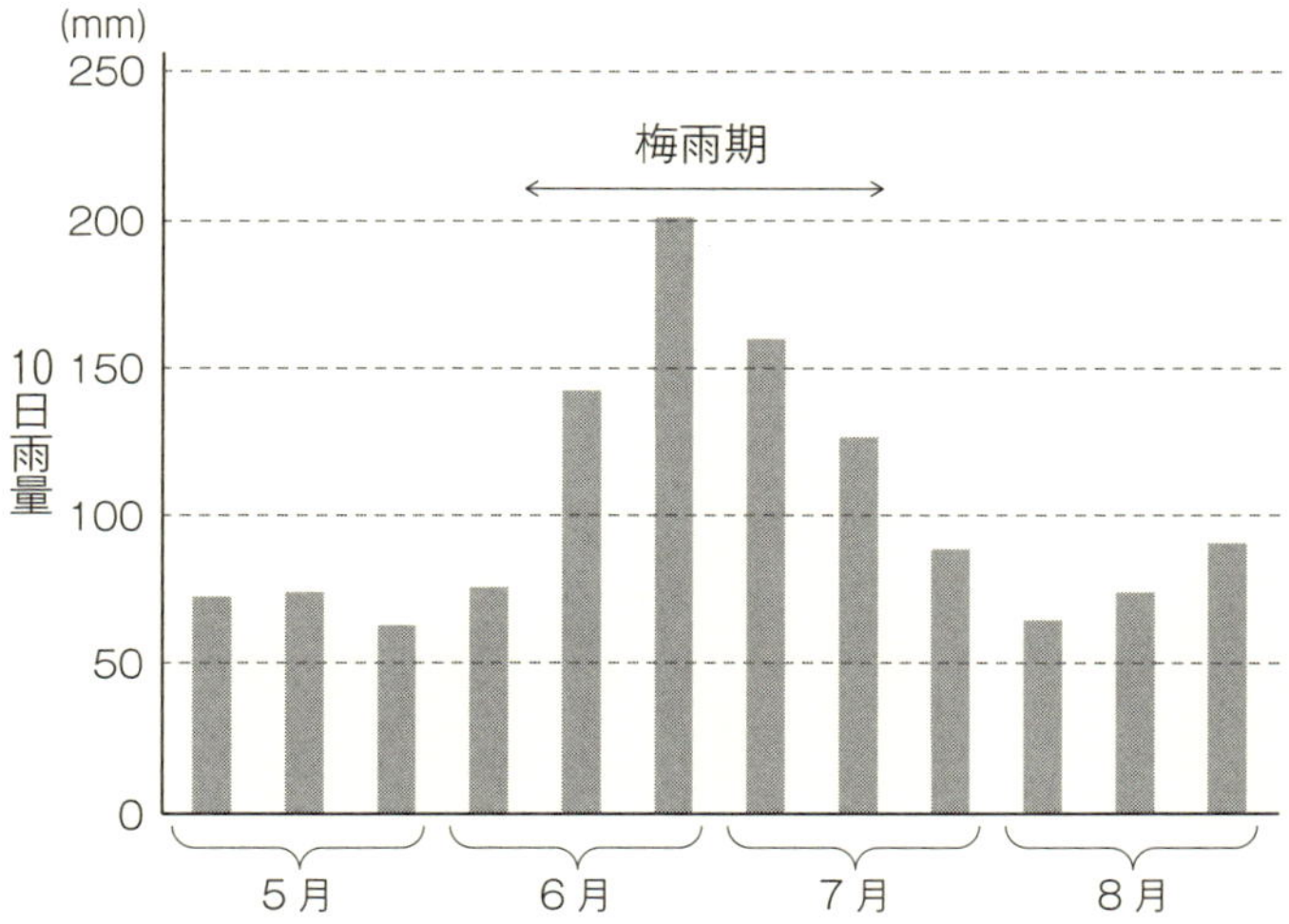


図2・5　九州の西側における10日雨量(mm)の平均値。矢印は平均的な梅雨の期間を表わしている。雨量のピークは7月ではなく6月である。

では次に少し見方を変えて、非常に強い雨がいつ発生するかという観点でデータを見直してみましょう。図2・6は、日雨量が350ミリメートルを超えるような雨が、どの時期に発生しているかを示しています。この図からはっきりわかるように、集中豪雨が発生するのは7月中・下旬が圧倒的に多くなっています。災害史上に残る2012年の「平成24年7月九州北部豪雨」、1982年の「昭和57年7月豪雨(長崎大水害)」、1957年の「諫早豪雨」はいずれもこの時期に起きています。すなわち、雨量が一番多いのは6月末なのですが、集中豪雨が発生しやすい時期はそれから1か月程度後にずれる、ということです。

この理由を調べるうちに私たちは、東シ

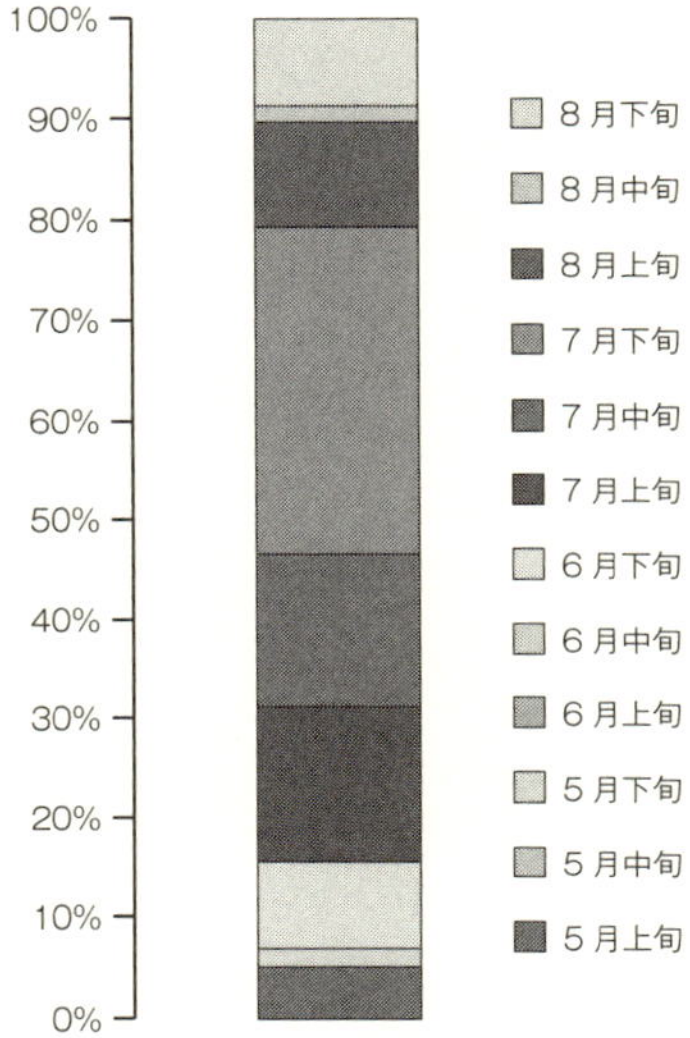


図２・６　日雨量 350mm を超える集中豪雨がどの時期に発生するかを示した頻度分布。短期間に強い雨が降るのは圧倒的に７月下旬が多い。

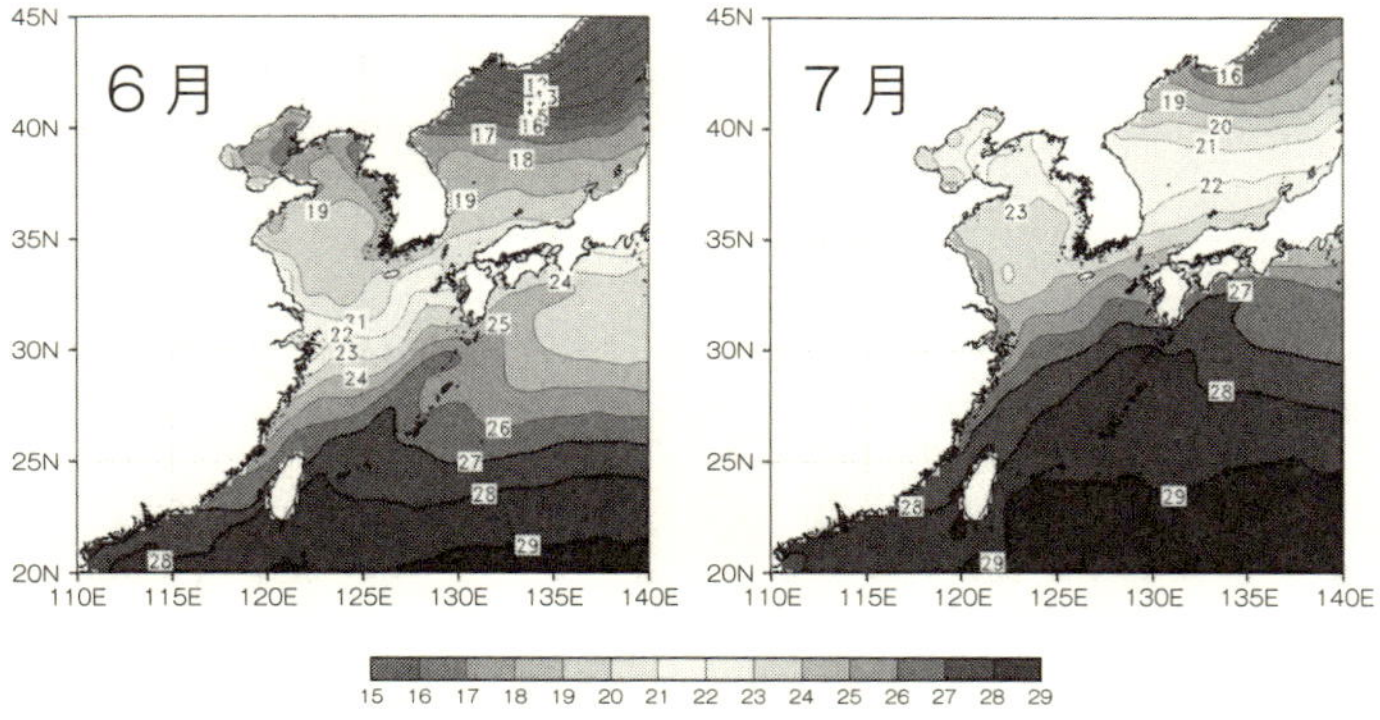


図２・７　６月と７月の平均海面水温分布（℃）。７月に入ると東シナ海の海面水温が急上昇する。

ナ海の水温の変化に注目するようになりました。図2・7は、東シナ海の6月と7月の海面水温分布を表わしています。6月から7月にかけて、東シナ海の海面水温は3〜4度と急激に上昇していることがわかります。海面からの蒸発量は、水温が高くなると急激に増加することが知られています。海面水温が20度から21度に変わった場合よりも、27度から28度に変わった場合のほうが、蒸発量はずっと大きくなるというわけです。するとどういうことが起こるのでしょう？2・2節で説明したように、強い対流の発生に必要な水蒸気が東シナ海から大量に供給されるようになります。

私たちは、このような東シナ海の初夏から梅雨末期での著しい海面水温の上昇が、九州での集中豪雨の発生時期を決定づける重要な要素であることをつきとめました（Manda *et al.*, 2014）。図2・8に研究成果をまとめています。九州のすぐ北方、北上した梅雨前線に向けて南から吹き込む下層の気流は、7月中・下旬になると、暖かい東シナ海から十分な熱・水蒸気補給を受けるようになります。すると、より暖かく・湿った気流が九州に吹き込みます。このとても暖かく湿った気流は、ほんの少し上昇すれば、積乱雲の発生・発達をもたらします。これが大雨の発生する要因となるわけです。

これに対し6月には、たとえ梅雨前線が北上したとしても、東シナ海はまだ冷たいため、南からの気流は熱・水蒸気の補給を十分に受けることができません。その結果、7月に比べると不安

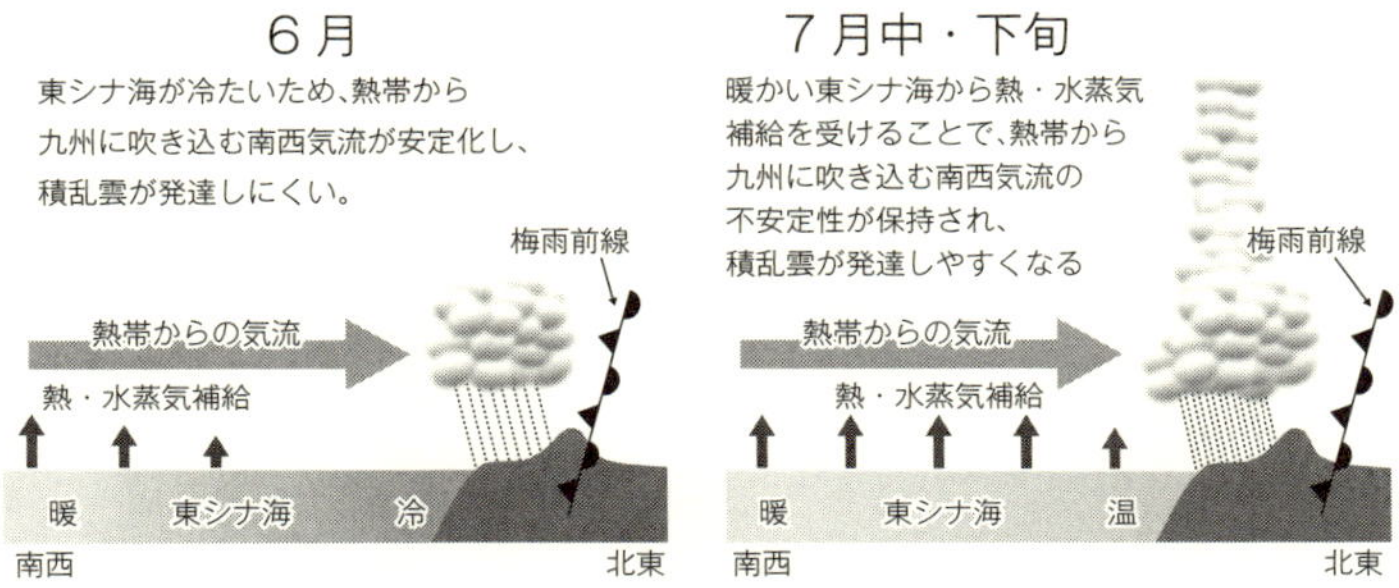
6月
東シナ海が冷たいため、熱帯から
九州に吹き込む南西気流が安定化し、
積乱雲が発達しにくい。
梅雨前線
熱帯からの気流
熱・水蒸気補給
暖
東シナ海
冷
南西
北東
7月中・下旬
暖かい東シナ海から熱・水蒸気
補給を受けることで、熱帯から
九州に吹き込む南西気流の
不安定性が保持され、
積乱雲が発達しやすくなる
梅雨前線
熱帯からの気流
熱・水蒸気補給
暖
東シナ海
温
南西
北東

図2・8　東シナ海が集中豪雨発生におよぼす影響を示す模式図。

定な状態が緩和され、より安定な状態となるため、積乱雲が発達しにくくなるのです。こうしたことから、東シナ海が熱や水蒸気の補給源として重要であることが理解できます。

東シナ海は世界的に見ても、過去100年間の水温上昇が最も顕著な海域のひとつです。IPCC第5次評価報告書に示された地球温暖化予測実験においても、東シナ海は今世紀末までに1～3度程度の海面水温の上昇が予測されています。この予測実験ではまた、地球温暖化予測実験から得られた2040年代と2090年代の東シナ海の水温上昇の影響についても調べています。そこでは「九州北部豪雨」と同じ気象条件であった場合、地球温暖化による東シナ海の水温上昇にともない、雨量は一層増大する可能性があることが示されています。また、今世紀末には集中豪雨の発生時期が現在よりも早まって、「九州北部豪雨」に匹敵する集中豪雨が6月下旬に起こり得る可能性も報告されています。

なお、海面水温の分布が現在のままであるとし、地球温暖化による気温上昇だけを考慮した場合には、大気の不安定性が緩和されてしまうため、雨量の増加が大幅に抑えられてしまうという結果が得られています。このことから、将来の海面水温上昇が、九州における梅雨期の集中豪雨発生のリスクを高めるように働くことがわかりました。

ここで紹介した私たちの研究は、あくまでひとつの豪雨事例を調べただけです。集中豪雨と海水温の関係についてはまだまだ調べなければならないことがたくさんあります。海水温が上がると蒸発量が増えるのは間違いないのですが、いったいどのくらいの水蒸気が大気中に溜め込まれるのでしょうか？　海上での観測データがきわめて不足していることもあり、重要な問題にもかかわらず、まだはっきりしたことはわかっていません。また、大気下層の水蒸気量が非常に大きくなると、この節で紹介したように、集中豪雨の発生時期が変わるだけでなく、発生しやすいところが変わったり、広がったりすることも考えられます。このような重要な問題について、私たちは今後さらに研究を進めていきたいと考えています。

## 2・4 船で観測——わからないなら測ってみよう

集中豪雨の発生には、海面水温や海上の水蒸気分布が重要であることがわかりました。ところがこれが曲者で、海上の水蒸気分布を測るのはとても大変なことなのです。なぜかというと、水蒸気の詳しい分布を調べようとすると、どうしても船で調べたい海域・場所まで行かないといけないからです。人工衛星による水蒸気観測が行なわれるようになってきてはいますが、測定精度が十分でない、一日に観測できる回数が非常に限られている、鉛直方向の分布がわからない場合が多いなど、集中豪雨の研究には使いづらい点があります（第7章参照）。船の観測はいつでもできるわけではありませんが（第5章参照）、水蒸気の精度のよい鉛直分布が得られるという利点があります。

これまでにも集中豪雨をターゲットとした、船による観測は行なわれてきましたが、海洋の影響にはあまり関心が払われてきませんでした。私たちは、海からの蒸発に着目して、海の水温分布、水蒸気分布、降水分布との関係を調べるという新たな試みを始めました（図2・9）。このような観測はいつもうまくいくわけではありません。ちょうど雨が降っているときに、降っている場所の近くに船がいないといけないからです。何度か空振りもありましたが、2012年6

月にとうとう観測に成功しました（Kunoki *et al.* 2015）。

九州の西には、暖かい黒潮の水が一部入り込むことによって水温が周囲より高くなっているところがあります（図2・10）。この暖かい海水とその周りでの蒸発量や水蒸気量を測ると、たし

図2・9　船舶による大気・海洋観測の様子。

(a)

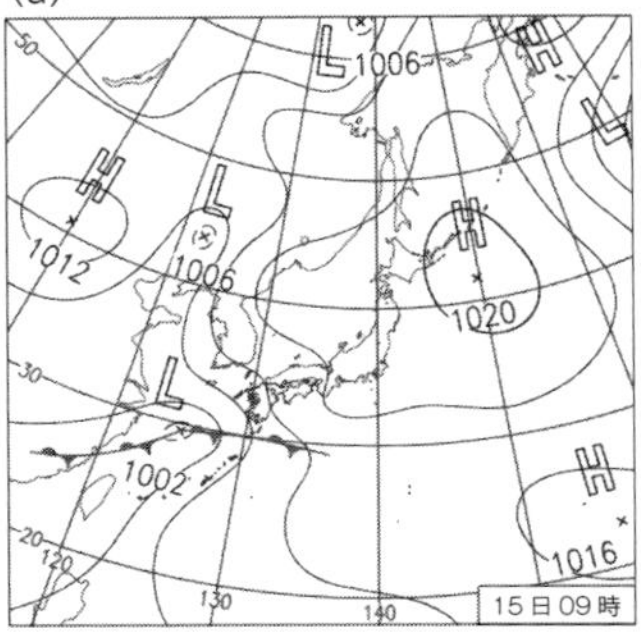


(b)

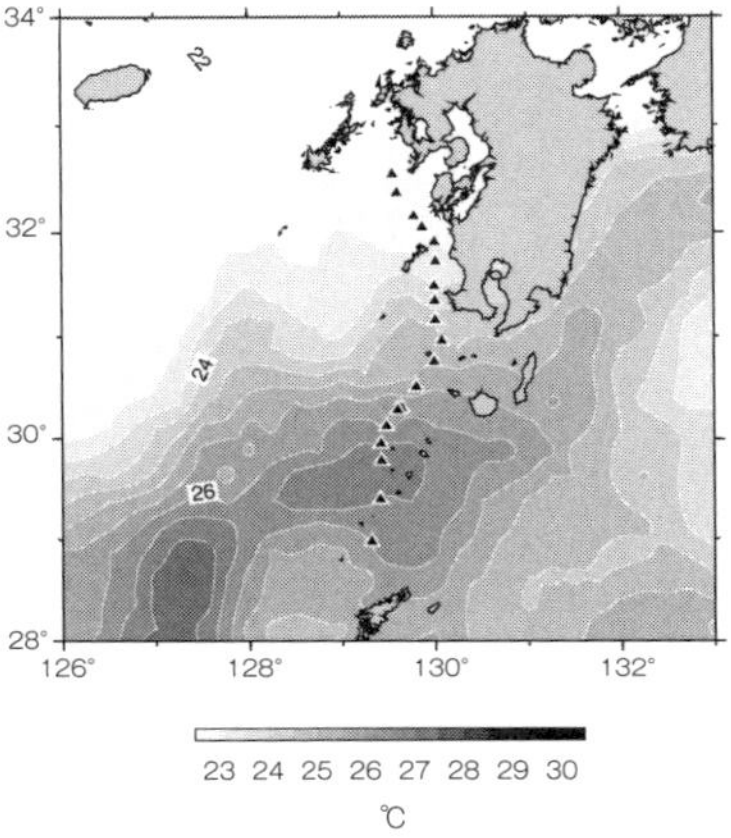


図２・10　(a) 2012年6月15日午前9時の気象庁天気図。(b) 観測点（三角）と海面水温の分布。濃い灰色のところは高水温を示している。

かに暖かい海水の上では蒸発量と水蒸気量が大きくなっていて、冷たい海水の上とは異なることが確認できました。観測を行なった6月15日は梅雨前線が九州の南から徐々に北上し、宮崎県えびの市えびのでは1時間に62・5ミリの強い雨が降りました（図2・10）。観測中も海上で雷をともなうかなり強い雨が降っていたのですが、降水域に向かって南から吹き込む空気が、海からの水蒸気供給を受けることで徐々に不安定度を増していくことを、観測データははっきり示していたのです！

　また、２０１１年5月の観測にて、場所は九州ではなく沖縄本島の北にある黒潮上で、海面からの蒸発量が増えることにより降水が強まっていることをとらえることができました (Sato *et al.* 2016)。このような現場観測で実際の状況がどうなっているか確認することは、いかに数値シミュレーション（第8章参照）の技術が発達したとしても、とても大事なことです。なぜかというと、数値シミュレーションはコンピュータの中につくられた「地球そっくりな世界」であり、決して本物の地球ではないからです。「地球そっくりな世界」に現われた現象が、本当に実際の地球上で起きているか、将来起きそうなことなのかを確かめるためには、地球そのものを直接測って、確かめてみるほかありません。

# 参考文献・引用文献

Fujibe, F.: Relationship between Interannual Variations of Extreme Hourly Precipitation and Air/Sea-Surface Temperature in Japan, *Science Online Letters on the Atmosphere*, 11, 5-9, 2015, doi: 10.2151/sola.2015-002

加藤輝之「湿舌」『天気』57号、９１７-９１８、２０１０年

Kunoki, S., A. Manda, Y.-M. Kodama, S. Iizuka, K. Sato, I. Fathrio, T. Mitsui, H. Seko, Q. Moteki, S. Minobe and Y. Tachibana: Oceanic influence on the Baiu frontal zone in the East China Sea, *Journal of Geophysical Research Atmospheres*, 120(2), 449-463, 2015, doi: 10.1002/2014JD022234

Manda, A., H. Nakamura, N. Asano, S. Iizuka, T. Miyama, Q. Moteki, M. K. Yoshioka, K. Nishii and T. Miyasaka: Impacts of a warming marginal sea on torrential rainfall organized under the Asian summer monsoon, *Scientific Reports*, 4, 2014, doi:10.1038/srep05741.

Moteki, Q. and A. Manda: Seasonal migration of the Baiu frontal zone over the East China Sea:Sea surface temperature effect, *Scientific Online Letters on the Atmosphere*, 9, 19-22, 2013, doi: 10.2151/sola.2013-005

Sato, K., A. Manda, Q. Moteki, K. K. Komatsu, K. Ogata, H. Nishikawa,M. Oshika, Y. Otomi, S. Kunoki, H. Kanehara, T. Aoshima, K. Shimizu, J. Uchida, M. Shimoda, M. Yagi, S. Minobe and Y. Tachibana: Influence of the Kuroshio on mesoscale convection in the Baiu frontal zone in the East China Sea, *Monthly Weather Review*,144, 1017-1033, 2016, doi:10.1175/MWR-D-15-0139.1

## コラム3　なぜ梅雨？

「なぜ梅雨の研究を始めたのですか？」とたまに聞かれます。私の場合、ある意味、動機が不純かもしれません。梅雨に興味があったからというより、「梅雨を研究している人が面白かった」ことが研究のきっかけになっている気がします。

2010年、私は東京大学の中村尚博士を中心とする「気候系のhot spot」という大きな研究プロジェクトに参加させてもらうことになりました。これは、大雨、大雪、猛暑、冷夏、暖冬、厳冬その他諸々の大気現象に関して、中緯度の海がいかに重要な役割を果たしているかを解明するという、非常に野心的なプロジェクトでした。私が梅雨の研究を始めたのは、そのプロジェクトでふとしたことから同じ研究チームとなった、海洋研究開発機構の茂木耕作博士や弘前大学の児玉安正博士の影響が非常に大きかったと思います。お二方とも梅雨に関して知らない人はいないほどの重要論文を書かれているたいへん優秀な研究者なのですが、それとは別に、最初に会ったときはキャラクターの濃さに唖然としたことを覚えています。

特に、モテサクさんこと茂木博士は強烈でした。大きなプロジェクトの開始時には、「キックオフ・ミーティング」という会議をすることが多いのですが、そのときに私はあくまで参考情報のつもりで、「私の所属する大学には漁業練習船という船があって、これは大気や海洋の観測に使用することもできます」という話をしたのですが、それを聞いた茂木博士は、あれよあれよという間に観測の概略を決め、「よし、この観測をMandAプロジェクトと名づけよう」と言い出したのです。由来は後付けなのですが、海と空ということで、「Marine and Atmosphere」ということでした。茂木博士とは初対面だったので黙っていましたが、そのときは正直にいって「頼むからそんな恥ずかしい名前をつけないでくれ〜」、「頼むから大事《おおごと》にしないでくれ〜」と、心の中で繰り返していました。

しかし、始めてみたらこのMandAプロジェクト、全国各地の大学・研究所（弘前大学、東北大学、防災科学技術研究所、東京学芸大学、横浜国立大学、海洋研究開発機構、三重大学、名古屋大学、九州大学、長崎大学、熊本大学）から数多くの参加者が集まる大好評のプロジェクトとなりました。観測結果も順調に国際的な学術雑誌に論文として公表されています（Kunoki *et al.*, 2015, Sato *et al.*, 2016）。これは参加者全員の素晴らしいチームワークの賜物だと思います。茂木博士の慧眼《けいがん》には今はたいへん感謝しています。

弘前大学の児玉博士は常に紳士なのですが、ときどき見られる天然ボケが学生から大好評です。しかし研究に関しては妥協を許さない性格で、私がこれまでに書いた梅雨に関する論文には児玉先生から受けた薫陶《くんとう》があらゆるところに現われていると思います。

きっかけは今考えるとあいまいで、若干不純な感じもしますが、始めてみると梅雨の研究はたいへん奥深く、面白く感じられるようになったので、今となっては「まあ結果オーライか」と思っています。気の合う人と仕事をすると成果も上がるし、これはこれでいいのではないでしょうか（？）。

## コラム４　観測はアドリブで？

なにせお天道様を相手にした観測です。予定どおりにいくはずはありません。２・４節で紹介した観測は、当初計画したものとまったく異なる航路での観測となりました。長崎から2日ほどかけて那覇に行ってそこで下船、という予定だったのですが、実際には、長崎から西表島に行き、その後、石垣島から長崎に戻ってきました。トータルで1週間ほど船に乗っていたと思います。観測に参加したメンバーの間でもなかなか感慨深い航海だったので、そのときのお話をしたいと思います。なお、第6章には、この航海を異なる視点から眺めたコラム(コラム12「分岐点」)があるので、そちらもぜひお読みください。

実はこの航海は、出航前から波乱含みのスタートでした。この観測航海の出航直前、すでに乗船していた私をはじめ航海に参加する各研究チームの代表者が呼び出されました。緊急ミーティングです。船長は一言、「台風が近づいてきている。出航は中止しないといけないかもしれない」と言いました。部屋の中に緊迫した空気が流れました。貴重な観測のチャンスがなくなってしまうかもしれないからです。私たちも含めて航海に参加する研究者にとって、観測のチャンスはそう多くありません。年1回ぐらいしかないことがほとんどです。場合によっては数年に1回のこともあります。しかし梅雨前線だけでなく、台風による強風で波がかなり高くなっており、仮に出航しても戻ってこなくてはならなくなる可能性があるという説明があり、「それでは断念するしかないか」という結論に達し、ミーティング終了という雰囲気が漂っていました。そのとき、なぜか5分ほど席を空けていた船長があわただしく部屋に入りながら「出航する」とだけ言い残し、出航準備のため船のブリッジに戻っていきました。そこからは大忙しです。台風が近づく前に、安全な港までたどり着かねばなりません。あわただしく出航したのを覚えています。

出航してからは、高波を避けるためなるべく島影に入るような航路で九州の南に向かいました。完全に偶然の産物なのですが、うまい具合に研究に必要不可欠な水温変化の激しい海域をちょうど横切る航路をとることができ、なおかつちょうどそのとき、梅雨前線を横切ることになりました。雷雨のなか、ぐらぐらゆれる船の上で観測するのは大変でしたが、狙いどおり水温変化にともなう、湿度や風向・風速の変化がはっきりとデータに現われていました。観測は20時間ほど連続して行ないましたが、いいデータがとれているという確信もあり、非常に興奮しまったく眠気を感じませんでした。

船長をはじめとする船員のみなさんには本当に感謝しています。普通だったら出航しないような荒天のなか、危険をかえりみず船を出してくれ、また観測までさせてもらえたのですから。ある別の航海でやはり海が時化たときに船長がぽつりと言った「いまコース変えたら船倒れるわ」という言葉を今でもよく覚えています。船の進む方向を変えて横波を受けたら船が沈む、というのです。船では船員のみなさんに命を預けることになります。観測を行なう際、操船上危険なことをしてもらわなければならないこともたびたびです。無用心な者にとって海はとても危険なところです。私たちが観測に専念できるのも、船員のみなさんが細心の注意を払ってくれているからなのです。

観測が終わり、一昼夜ほぼ寝ずの番のため、さすがに疲れて寝ていたのですが、「ちょっと相談がある」と船長に起こされました。てっきり那覇入港の時間などに関する連絡だと思っていたのですが、実際には「奄美と西表どっちがいい？」という質問でした。あまりにも波が高いので、那覇の港には入れず、奄美大島と西表島にそれぞれひとつずつある避難港のどちらかに避難しなければならない、というのです。

他の研究チームが西表島で現地調査する予定があったこともあり、西表島に行くことになったのですが、いっしょに観測していた学生さんたちは朝起きてびっくりしていました。2日船に乗って那覇から帰ろうと思っていたところが、気がついたら何百キロメートルも離れた西表島に連れて行かれ、しかも1週間ほど戻れないのですから。なかには講義やアルバイトなどの調整が大変だった学生さんもいたようです。

でも、西表島ではサンゴ礁と熱帯魚を満喫し、しかも観測結果は立派な論文になったので、これも結果オーライ？　かもしれません。私の経験では、計画どおりにいかない観測のほうが、意外性のあるいいデータがとれていることが多いようです。このほかにもまったく予定外の観測から、すごいデータがとれた航海がいくつかあるのですが、それについては執筆中の論文が完成した後、また別の機会にお話しできればと思っています。

第3章

和田章義

# 海と台風の研究

北西太平洋で台風が発生すると、テレビなどのニュースで、台風の現在いる場所とともに進路・強度の予報が報道されます。そのなかで、「台風はこれから海面水温が高い海域を通るため、発達する見込みです」「台風の通過する海域は海面水温だけでなく、海の中まで暖かい海域を通るので、急激に発達するおそれがあります」「台風はこれから進路を変え、日本に向かってくる予報となっています。日本付近の海面水温は平年に比べて高いので、勢力が強いまま日本に上陸する可能性があります」といった言葉を、目についたり、耳にしたりしたことがあるかと思います。

台風の発達と高い海水温が密接な関係にあることは、気象、特に台風に詳しい読者のみなさんならご存じのことでしょう。また地球温暖化により海水温が上昇すると、台風は今よりもっと強くなって、しかもその勢力を維持しつつ日本に上陸して甚大な災害を起こすかもしれないと、将来を危惧する方もいるかもしれません。

でも台風と海の関係は、高い海水温のときだけに限りません。台風は海の内部まで影響を与えているのです。では台風が通過すると、海の中では何が起こっているのでしょうか？

# 3・1　急激に海を冷やす台風

## ・この観測、本当？

台風により海水温はどのように変化するのでしょうか？　船舶やブイ（第7章参照）で実際に観測した事例は限られていました。でも現在、私たちはそのありさまを知ることができます。マイクロ波衛星で観測された海面水温の分布がインターネットのウェブページで見られるのです。台風の経路に沿って、海面水温が帯状に低下していたり、台風のごく近くで円状に低下していたり。台風通過前後で大きく低下するときもあれば、ほとんど変化しないときもあります。

しかし20世紀には、第1章や第7章でも紹介しているように、海の観測の主役は一般の船舶（篤志《とくし》観測船とよばれます）でした。台風が近づくと、航海の安全のために船舶は退避します。なので、台風直下、荒天・高波の状況での観測データはまず存在しません。このような荒天でもぎりぎりまで粘って観測するのは、そう、観測船です。そこでまず、気象庁の観測船、啓風丸（図3・1上）の業績の一部を紹介したいと思います。

啓風丸は1970年から1999年までの夏季の期間、台風監視のために北緯20度、東経130度の、南方定点とよばれる海域で、定点観測を年1回行なっていました。定点では風向、

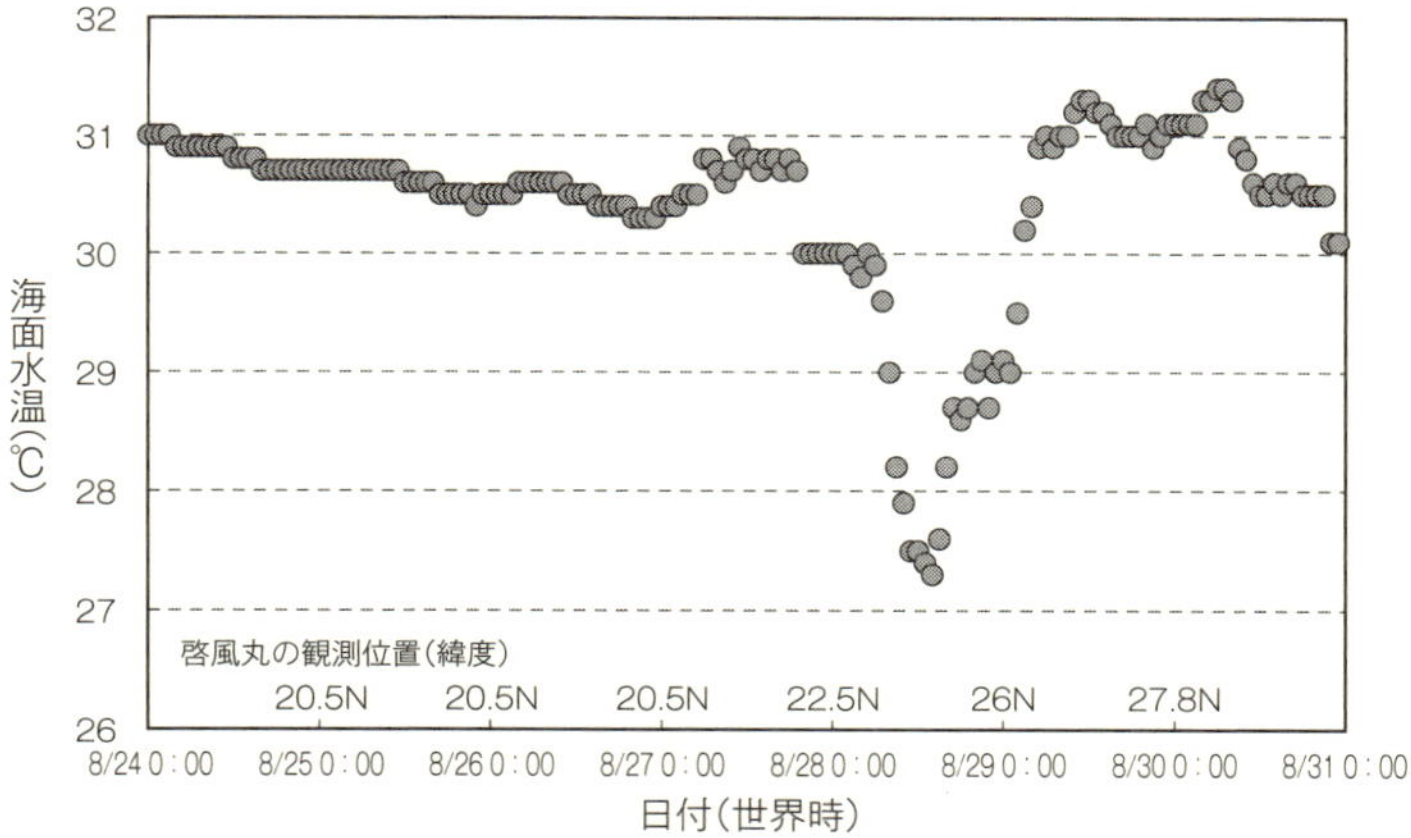


図3・1　啓風丸の写真（上）と、啓風丸が観測した10分ごとの海面水温の時間変化（下）。啓風丸の写真は「啓風丸（昭和45～平成12年）観測資料」（気象庁気候・海洋気象部海洋気象課、平成13年3月）CD-ROMにある画像（半田俊幸氏 提供）。

風速、気温や露点温度といった海上気象観測の他、高層気象観測や気象レーダー観測も実施していました。気象衛星のデータがない時代、台風の位置や強さを事前に知るためには、洋上で台風を観測する必要があったのです。

１９９８年8月のことです。啓風丸は、この台風監視の職務を遂行するため沖縄南方に向かいました。１９９８年といえば、台風発生数が16個と、平年値（25・6個）に比べてかなり少ない年でした。前年にあたる１９９７年にはエル・ニーニョ現象が発生し、翌１９９８年には一転してラ・ニーニャ現象となりました。台風とエル・ニーニョ、ラ・ニーニャ現象の関係については本シリーズ第1弾第2章ですでに説明されていますし、第6章にも詳しく解説されています。

この年は、１９５１年からの統計のなかでも台風発生数が少ない年として知られた年だったのですが、啓風丸は2つの台風、台風第4号と第5号を幸いにも観測することができました。啓風丸搭載の気象レーダーは台風第4号のらせん状の降水帯を観測し、また台風第4号を追跡する行程で、航走しながら海面水温や気温を測ったところ、図3・1下のような最大3・5度の急激な海面水温低下と約3度の気温の低下をとらえたのです。あまりにも急激な変化だったので、観測員は観測データが正しいのか、正しくないのか、判断に迷ったそうです。「この観測、本当？」と実際に質問された覚えがあります。

さて、啓風丸が急激な水温低下を観測した前年、１９９７年12月に熱帯降雨観測衛星（Tropical

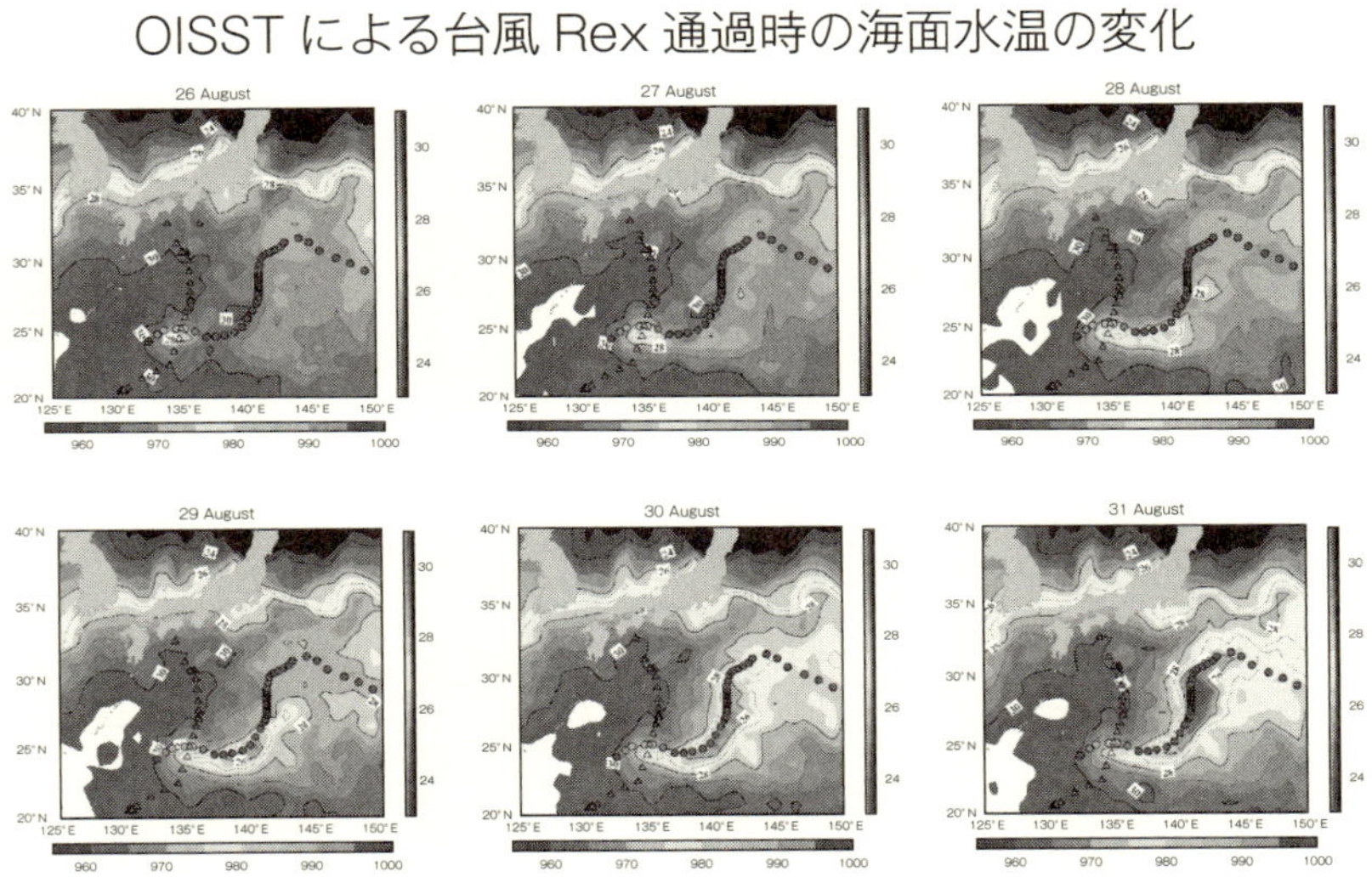


図 3・2　衛星海面水温データセット（OISST）による 1998 年8月 26 ～ 31 日の日平均海面水温分布。1998 年台風第4号の6時間ごとの位置（○印）と啓風丸の観測点（△印）。

Rainfall Measuring Mission：TRMM）が打ち上げられました。これ以前、広域の海面水温分布はせいぜい月平均分布を知る程度だったのですが、TRMM衛星により1～3日平均の海面水温分布を知ることができるようになったのです。

図3・2は、いろいろな衛星のデータを組み合わせた海面水温データセットから作成した、1998年8月31日の日平均海面水温分布と、啓風丸が観測を実施した航路です。台風の進行方向に沿って、そして台風の直下で海面水温が低下していく様子と、啓風丸がこの海面水温低下域を横切った様子が示されています。「この観測、本当」

だったのです！

## ・むかしむかし、ある観測で……

そもそも気象学や海洋学の歴史のなかで、台風や気象擾乱により海水温が低下することは、いつ頃から知られていたのでしょう？

１９３８年まで時を遡ります。アメリカのロングアイランド南東約32キロメートル（20マイル）の海域にあった海洋観測点に台風が来襲しました。台風が通過する前と後で水温の鉛直分布の違いを調べたところ、海面水温は約21・5度から約16・5度へと低下しました。また、深度10～30メートルでは水温の鉛直方向の変化量が大きかった（成層が強かった）のですが、台風来襲により、水温の鉛直方向の変化は、ほぼゼロとなる層の厚さである混合層が深まり、水深の深いところでは逆に、海水がかき混ざることにより水温が上昇しました（Iselin, 1939）。混合層が台風通過により深まったという報告は１９５３年にもされています（Francis and Stommel, 1953）。

日本では、中央気象台、海上保安庁、東海大学で地震学、海洋学を研究した須田晥次博士が１９４３年に刊行した海洋科学という書物のなかで、日本近海において暴風雨により海が突然変動することを指摘しています。１９５０年には、気象庁長官、東海大学教授を歴任した増澤譲太郎博士が中央気象台海洋報告にて、暴風雨が海をかき混ぜることを報告しています。船舶関係者向けに気象庁が発行している『船と海上気象』という、一般船舶のための広報誌には、一時期ではありますが、1969年から1971年にかけて、啓風丸の観測データを解析した「台風通過前後の海況」が掲載されていました。日本でもほんの一部の人は、台風によって海が急激に変わることを知っていたのです。

台風により海面水温が低下するカラクリを理解する前に、私たちは空と海の間で「物々交換」が行なわれていることを知っておく必要があります。

## ●空と海での物々交換

〝海面〟水温という用語を私たちはよく使います。本章ではわかりやすく説明するために、別の用語を使うことにします。〝界面〟です。空と海の間、物質（主に水蒸気）や熱、運動量（質量×速さ）の仲介をする場所が界面です。〝海面〟水温＝〝界面〟水温です。いろいろな場面で使われる海面水温という用語ですが、実は海の深さはマチマチです。界面より下、海の深さの違いにより水温が違うという話は後でします。ここでお話ししたいのは「界面ではそのようにして物々交換、具体的には運動量や熱、水蒸気の交換が行なわれているのか？」ということです。

図3・3を見てください。放射については第2弾第1章でも紹介されていますね。放射は物体から

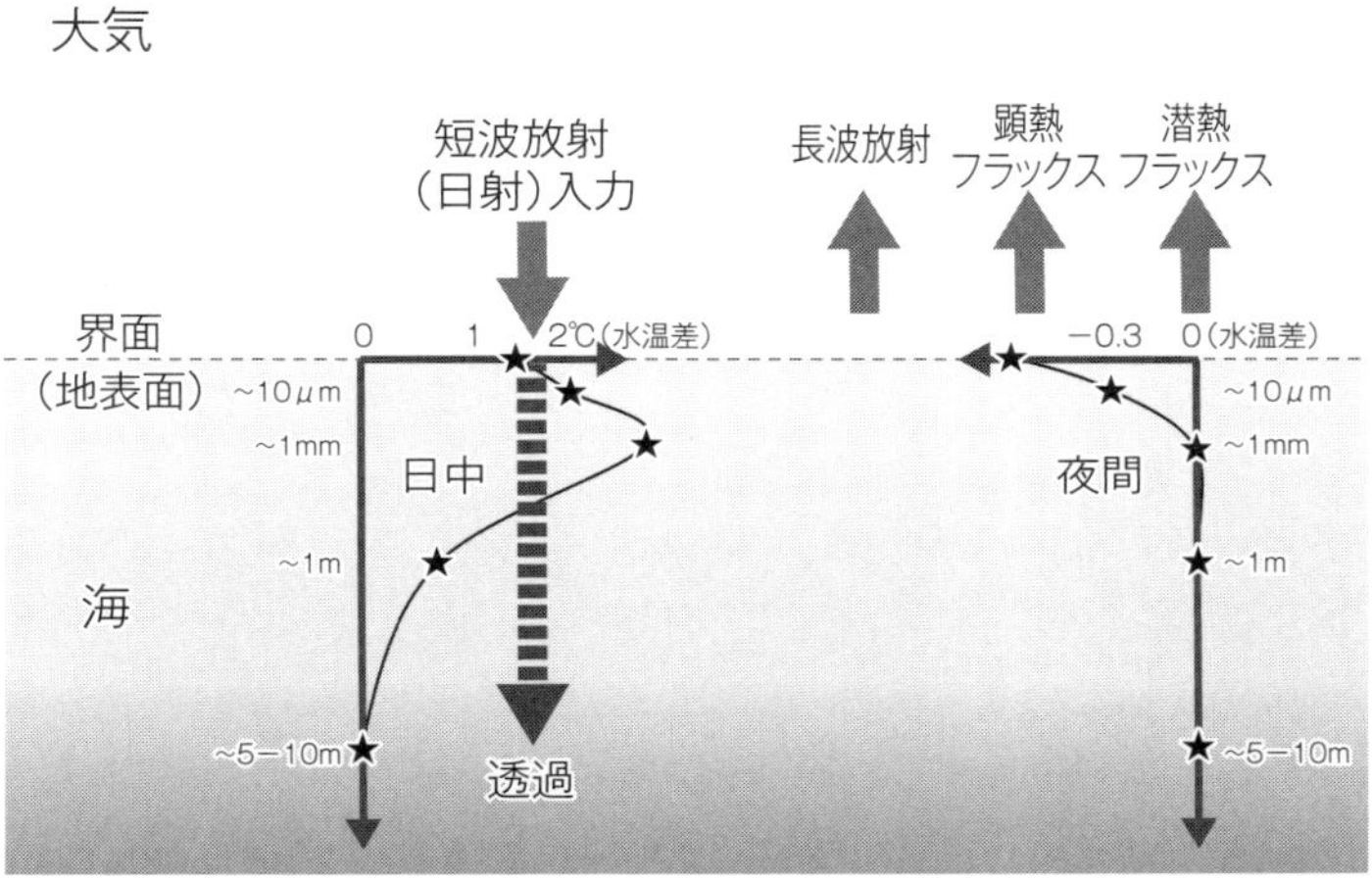


図３・３　界面における空と海の間の熱のやりとりと、日中・夜間の海洋表面近くの水温の鉛直分布。

放出される電磁波のエネルギーで、空と海の間で大事なのは、太陽からの放射エネルギーです。波の長さにより短波、長波と区別され、界面に到達する太陽放射は短波放射です。これが大事なのは、日中、海水を暖める働きをするためです（図３・３）。また、界面にある海水から放出される長波放射は、海面に到達する短波放射よりも大きいため、結果として長波放射は界面を冷却するように働きます。このように短波放射や長波放射は、図３・３にあるように、顕熱フラックス（大気海洋間の熱輸送）・潜熱フラックス（水蒸気を介した大気海洋間の熱輸送）とともに、穏やかな天候下で海面水温の日変化をつくりだします。その大きさは海域によっては5度程度に達することもあります（Kawai and Wada, 2007）。

界面ではまた、乱流が生じることによって、空と海の間で熱や水蒸気のやりとりをします（図3・3）。この熱や水蒸気のやりとりは台風だけでなく、さまざまな大気現象にともなう物理過程です。

では、界面より上の大気の鉛直分布はどのようになっているのでしょうか？　図3・4を使って、対流圏の鉛直分布を大ざっぱに見ましょう。界面から数十メートルまでの接地境界層、おおよそ1キロメートルまでの大気境界層、その上の自由大気に分けることができます。自由大気は極域では高度6キロメートル、赤道熱帯海域では高度17キロメートルにある対流圏界面まで達します。

空と海の関わりにとって大事なのは接地境界層です。そこでは風は界面の凹凸により大きく変動し、また高度によって風速の値が異なります。風速は図3・4の下に描かれているように、高度の自然対数が大きくなると、これに比例して風速が大きくなることが観測により知られています。逆に風速が0になる高度を粗度とよびます。風速と高度の関係式のなかにあらわれる比例係数を摩擦速度といいます。つまり、接地境界層では、高度に対し決まった規則により風の分布が決まっているのです。

海上での界面の凹凸は、風浪やうねりといった波浪によって変動します。波浪は風により生成され、風はまた波浪の影響を受けます。そうです。相互作用しているのです。

海面上を風が吹くと、海には流れや波が生じます。この海の流れや波のもとになる、大気から

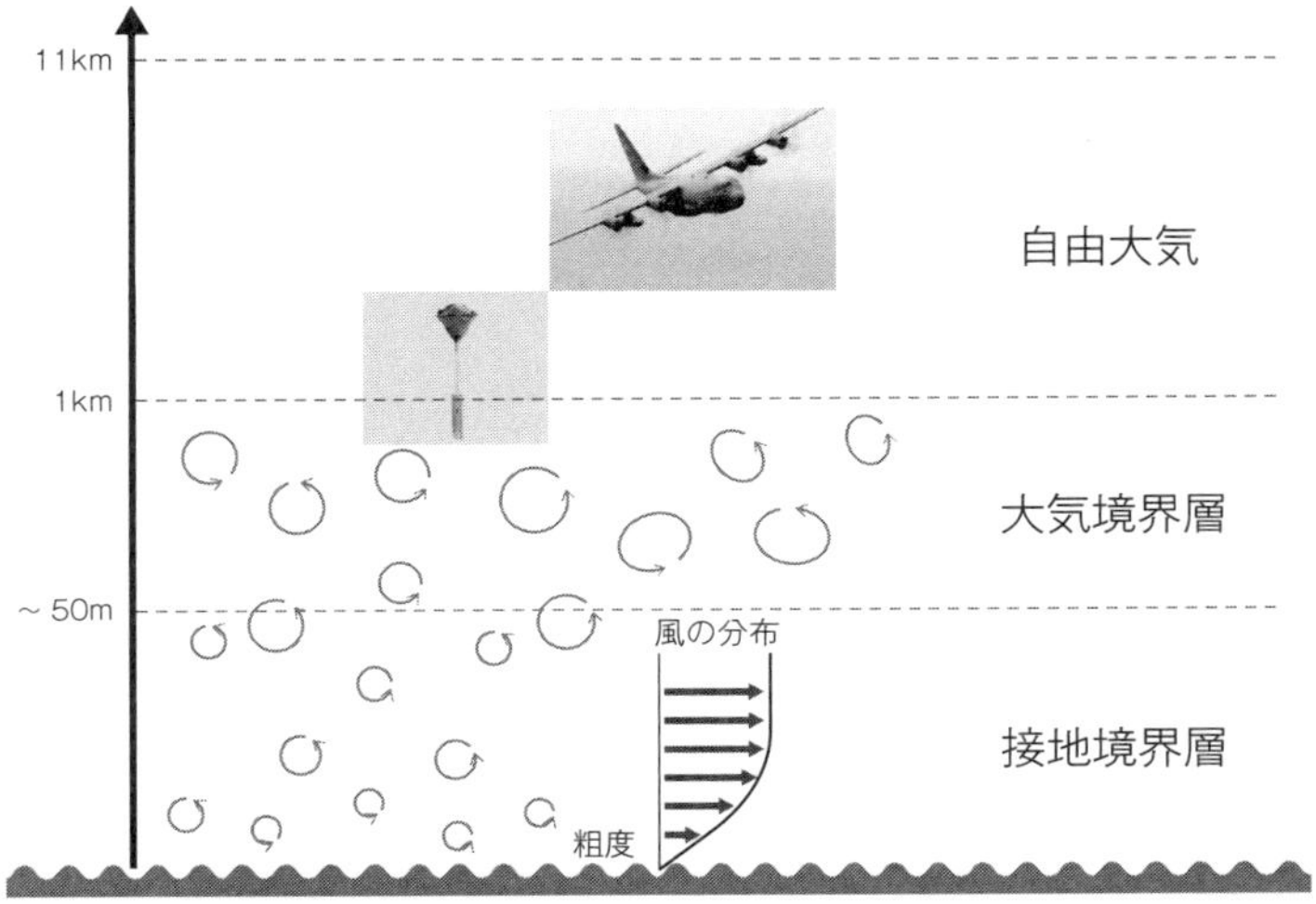


図３・４　接地境界層、大気境界層と自由大気。接地境界層における風の分布。および航空機を使った自由大気からのドロップゾンデによる風や気温、湿度の観測。

海面に働く運動量を風応力とよびます。風応力は海の流れや波を駆動するだけでなく、界面付近の海水とその下にある海水をかき混ぜる働きもします。風応力は摩擦速度を用いて計算することもできます。

しかしながら、この摩擦速度を直接観測することは、特に台風域内では極めて困難です。風応力や乱流による熱、水蒸気の輸送を直接測定するには、1秒より短い時間間隔で風向や風速、気温、水蒸気量を測定しなければなりません。しかし、荒天時は波しぶきの影響を受けたり、測器を備えつけているプラットホーム（観測船など）が揺れたりするため、その動揺を補正し水平面を定めたうえで風向、風速を決めたり、計算したりすることはできるかもしれませんが、精度の高い結果を得るのはまず無理です。

そこで図3・4に描かれているように、航空機からドロップゾンデとよばれる測定装置を投下することにより風速の鉛直分布を取得し、高度と風速の関係から摩擦速度を計算する研究が、主に米国の研究者により行なわれています。ドロップゾンデは気温や水蒸気も測定できるので、顕熱・潜熱フラックスも評価することができます。こうした観測は非常に貴重なのですが、あくまで点の観測であり、また高価であることから、広域をカバーするのは困難です。

そこで、一般船舶の観測する海洋気象データ（10メートル高度の風速や、2メートル高度の気温や露点温度、そして海面水温）を使って、空と海の間の風応力や顕熱・潜熱フラックスを見積もる方法が、主に気候や海洋の研究分野で使われるようになりました。この手法は一般的にバルク法とよばれます。この方法を用いれば、鉛直速度を直接観測できなくても計算することができます。バルク法で使われる比例係数を交換係数（風応力の場合は摩擦係数、抵抗係数とよばれることもある）とよびます。

風応力について、1990年代までは風速が増大すると交換係数は増大すると考えられてきました。しかし、2003年に『ネイチャー』に掲載されたパウエル（Powel）博士のグループによる論文はこの事実を覆しました（Powel *et al.*, 2003）。そこには図3・5に示されるように、「台風域の高風速域では抵抗係数が減少する」という結果が示されていたのです。この観

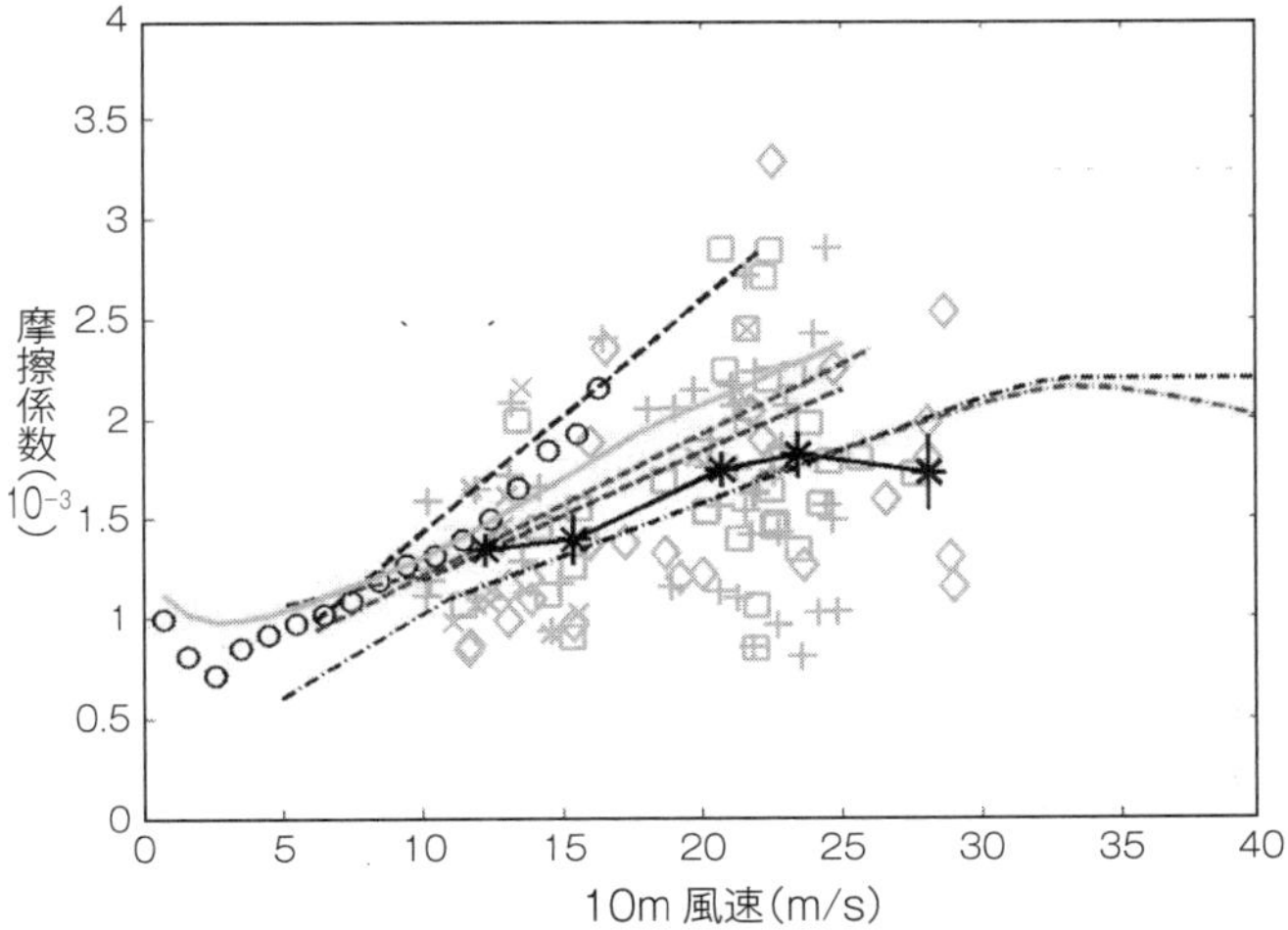


図３・５　さまざまな研究者が提唱する、摩擦係数の 10m 風速依存性。破線は 10m 風速により決められた式から計算される摩擦係数、＊はパウエル博士の観測結果、それ以外の記号は CBLAST 観測プロジェクトで得られた摩擦係数（第７回熱帯低気圧国際会議で発表されたプレゼンテーション資料を基に作成）。

測結果は、実験室内で水槽を用いたドネラン（Donelan）博士のグループによる実験でも支持されました（Donelan *et al.*, 2004）。その後 CBLAST（Coupled Boundary Layers Air-Sea Transfer）という大規模なプロジェクト観測や数値モデル実験においても、高風速域で抵抗係数が一定もしくは減少する結果が得られました。顕熱・潜熱フラックスに関しては、その交換係数はばらつきが大きいものの、風速にかかわらず一定であることが示されています。しかしながら証拠となる観測データは十分に得られていないため、現在も研究が続けられています。抵抗係数の減少が台風に与える影響については後ほど紹介します。

## ・海面水温って何?

ところで図3・3をよく見てください。5つの深さのところに★がついています。本章では★の深さの水温を上から順に界面水温、表皮水温、亜表皮水温、1メートル水温、10メートル水温とよぶことにします。まず、空と海、両方に接する界面での水温が界面水温です。表皮水温は10マイクロメートルほどの深さの水温、亜表皮水温は1ミリメートルほどの深さの水温のことです。1メートル水温、10メートル水温は見てわかるように深さ1メートル、10メートルでの水温です。

図3・3をさらによく見ると、深さにより水温が違うことがわかります。これは、短波放射の吸収・透過が深さにより違うためです。また上空に雲があると短波放射は遮られるので、界面に到達する短波放射量は小さくなります。海の混濁度、例えば植物色素(クロロフィル)は、短波放射の海水への透過・吸収に影響を与えることが知られています。特に界面では、長波放射、顕熱・潜熱フラックスが大気へ放出されることで水温が低下します。これは主に夜間に見られる現象で、あまりにも界面水温が低くなって、そこで対流が起こらない限り、10メートル水温にまでは影響を与えないことがわかっています。

海面水温は深さにより値が異なることに加えて、私たちは観測方法や観測機器の制限により、

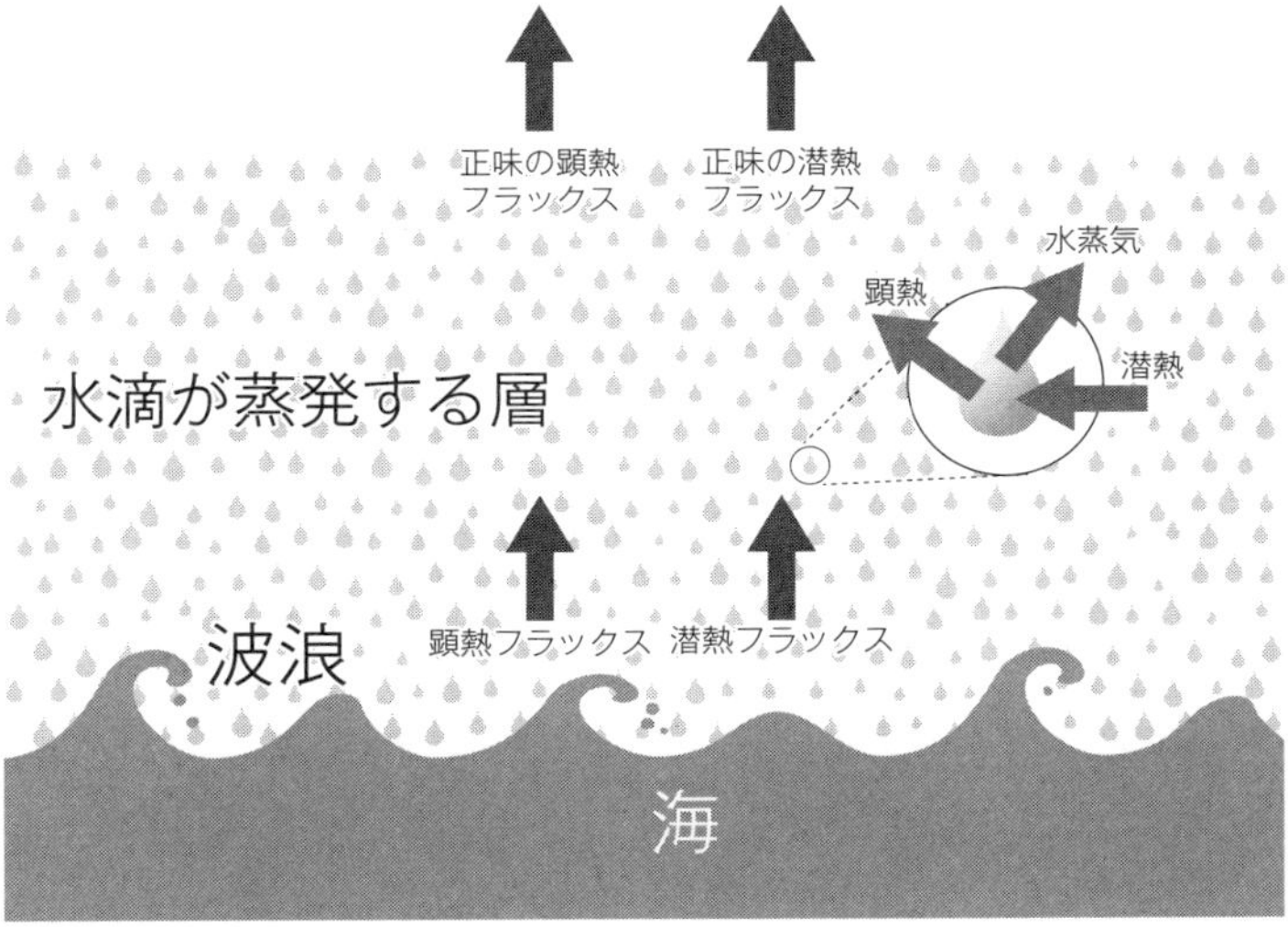


図３・６　波しぶきと潜熱、顕熱フラックスの関係。

ある特定の深さの水温しかわからないことも知っておく必要があります。例えば地球観測衛星による水温観測は表皮水温を測定しているのに対し、一般船舶で測る水温は1メートル水温よりも深い深度の水温を測定しています。

界面近くの水温鉛直分布は、界面における放射や熱のやりとりだけでなく、風応力の強さにより変化します。風応力が弱ければ表皮水温の日変化ははっきりするのですが、風応力が強くなると、表皮水温に見られる水温の鉛直方向の変化量が大きい層(強い成層）は破壊されて、混合層が形成されます。混合層は台風域では主に乱流による混合で深まることが知られています。乱流混合のプロセスについては後ほど紹介します。強風による乱流混合には、海の波（波浪）による効果によって生じるものもあります。特に台風内の高風速域では界面が白く泡立つ様子や波しぶきが見られます。図3・6のように、波しぶきは潜熱・顕熱フラックスを通じて大気や海洋に影響を与えるものと考えられています。

## ●湧昇と乱流混合って何？

話を1998年の台風第4号による海面水温低下（3・1下）に戻しましょう。この事例で啓風丸が観測したのは1メートル水温なのですが、台風下では混合層がつくられるので、「海面水温」という用語をここでは使うことにします。図3・2を見ると、台風第4号の移動経路に沿って海面水温は下がっていることがわかります。

より詳しく見てみましょう。台風が発生した後、東に台風が動いていて、移動速度が比較的速いときは、経路の南側に細長い海面水温低下域が見られます。この台風が北上し、移動速度が遅くなると、海面水温低下域は台風の直下に、円状に分布するようになります。しかも海面水温低下量は移動速度が速いときよりも大きくなっています。移動速度が速いとき、台風第4号による海面水温低下域はどうして南側に細長く分布するようになったのでしょう？　移動速度が遅いとき、どうして海面水温低下量は大きくなるのでしょう？

図3・7を見てください。この図は北半球での台風通過による海の運動の様子を示しています。見

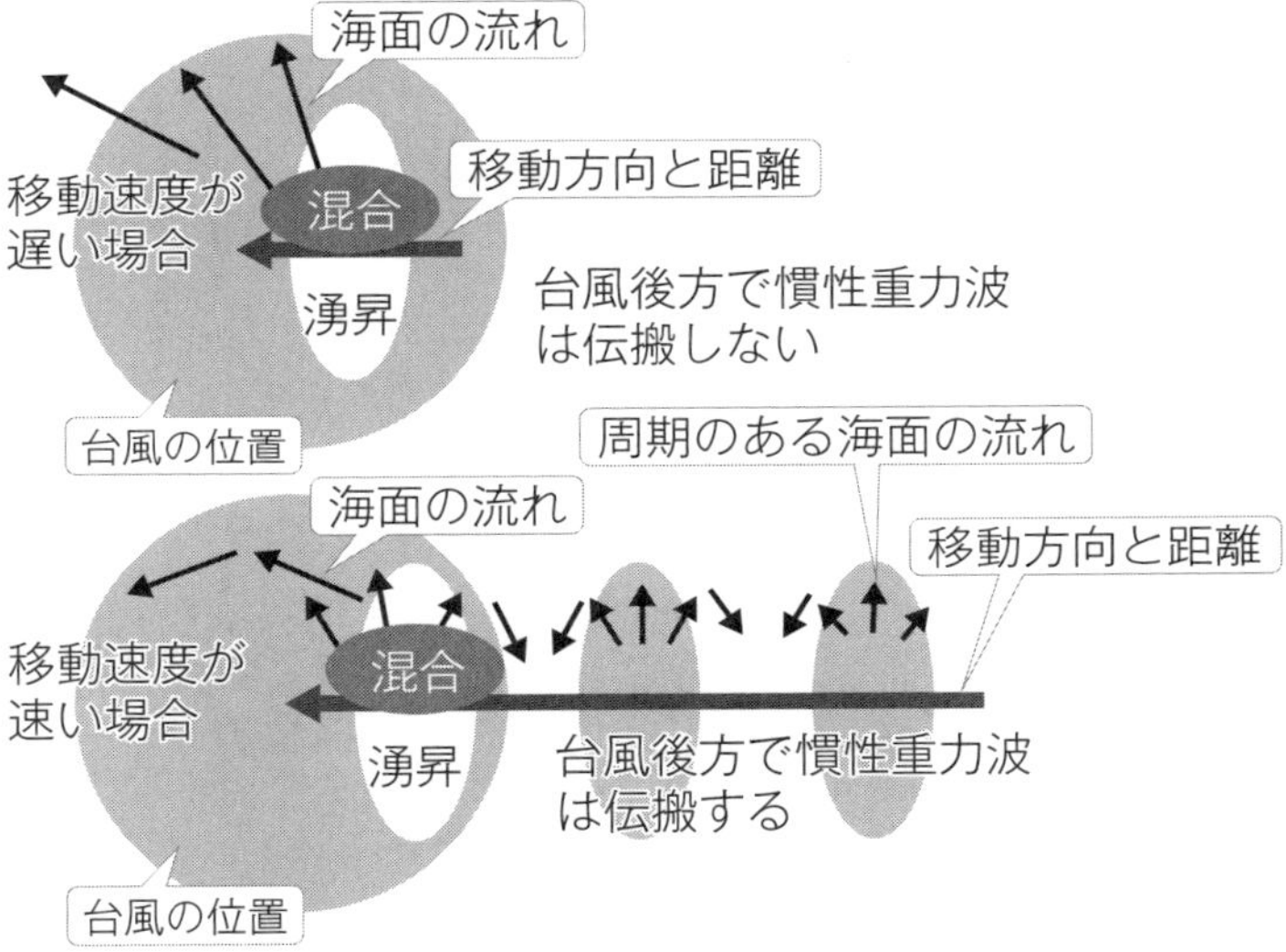


図３・７　上図は移動速度が遅いとき、下図は移動速度が速いときの海の応答の様子。台風域内で起こるのが乱流混合、台風域内または台風後方で起こるのが湧昇。

ておわかりのように、台風の移動速度が速い場合と遅い場合で海の運動は違うのです。移動速度が速いときは、台風の進行方向後方に波が放出され、周期的な流れが形成されます。この後方に伝搬する波は鉛直方向に振動するものの、地球の自転の影響、すなわちコリオリ力の影響を受けるため、水平面においても周期的な流れをつくり出します。この周期は緯度によって変わり、熱帯域では長く、中緯度では短くなります。この波のことを慣性重力波、図３・７下に描かれている周期的な海面の流れのことを近慣性流といいます。この近慣性流は、移動速度が毎秒約３

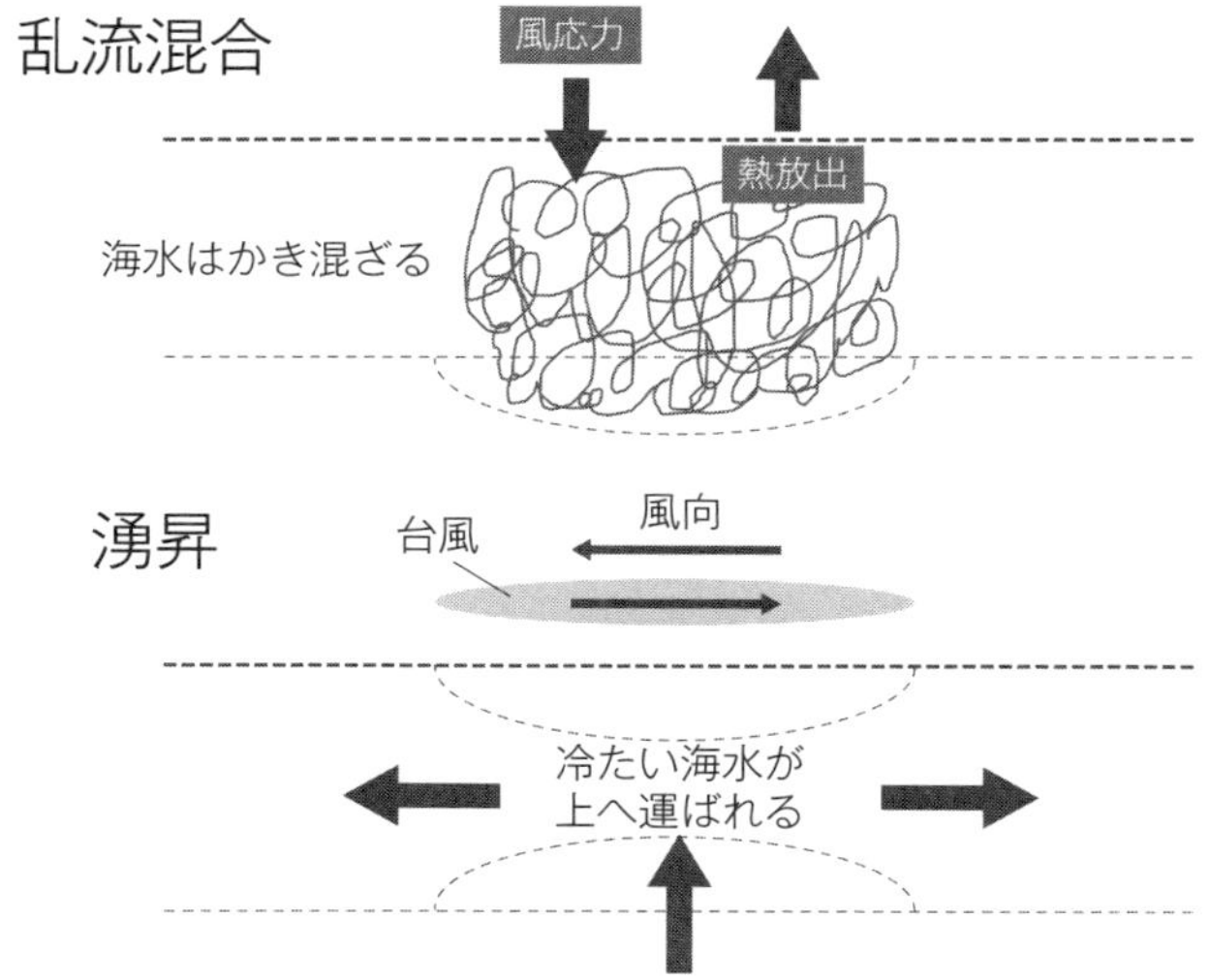


図3・8　乱流混合（上）と湧昇（下）の模式図。

メートルより遅いと見られなくなります。

台風付近では強い風応力が与えられることにより、進行方向右側で強い流れがつくられます。すると、特に台風の進行方向右側後方では、流れの鉛直差により不安定となります。潜熱・顕熱フラックスや長波放射によって冷えることにより対流が生じるのも、海が不安定となることを示しています。混合は海面とその下をかき混ぜるだけでなく、流れの鉛直差や対流によっても起こるのです（図3・8）。混合層底での乱流混合が起こることにより、混合層は厚くなります。

図3・9は北半球で大気中の風や海の流れの向きがどのようにして決めるのかを表わしています。北半球では反時計回

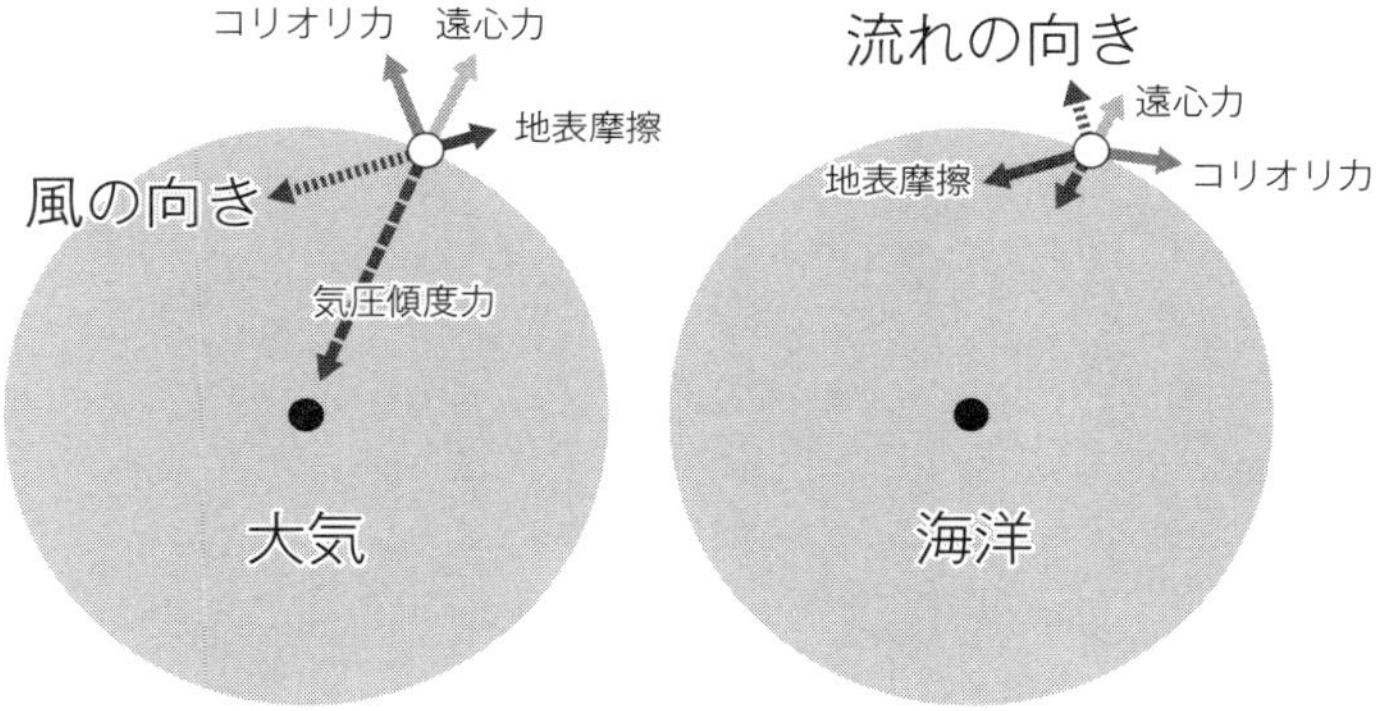


図３・９　大気と海洋、それぞれにおける気圧（圧力）傾度力、遠心力、コリオリ力、摩擦の関係。

りに風が吹きます。この台風による風応力が海に作用すると、海面付近では海水が外側へ運ばれるように移動します。この流れのパターンを発散ともよびます。この移動は風と同様、北半球では反時計回りに回転するため、台風の進行方向右側ではその移動方向と同じ方向に、そして左側では進行方向とは逆の方向に海流が流れます。このとき進行方向右側の海流は左側より大きくなります（図３・７下）。これが「進行方向右側で強い流れがつくられる」理由です。海の流れは台風の移動方向を基準にすると非対称となります。

海面付近の海水は台風中心から外側へ向かう流れ、すなわち発散により外側に押し出されます。移動速度が遅いときほど、海洋内部の冷たい海水は湧昇によって、より多く海洋表層に運ばれることとなります（図３・８）。海面水温分布が台風の後方で円状に分布しているのは、この湧昇の効果が大きいためです（図３・７）。一方、台風中心付近での発散による流れ、その後方の近慣性流、湧昇にともなう混合層より下での反時計回りの流れにより、乱流混合は台風の進行方向右側後方で大きくなります。混合層底での流れの鉛直差による乱流混合により混合層が深まり、この効果によって海面水温低下量が大きくなります。このようにして、１９９８年台風第４号による海面水温低下の分布は移動速度によって変わったのです。

台風によって海が変わる、それは海水温分布だけでしょうか？　実は台風が通過した海域では、二酸化炭素がそれこそ「突発的に」海洋から大気へ輸送されたり、クロロフィル濃度が海面で異常に高くなったりすることがあります。こうした「発見」は、海上に設置された気象観測所「定置ブイ」や地球観測衛星によりもたらされました（第７章参照）。台風は海の物理、化学、生物活動を劇的に変化させる大気現象なのです。特にクロロフィルは海水の透過率を変えることにより、界面から日射が透過・吸収される深さまでの水温の分布に影響を与えます。これにより顕熱・潜熱フラックスを通じて大気現象に影響することが考えられます。二酸化炭素を含む大気海洋間の炭素循環の変化は、放射を通じて気象や気候に影響を与えることでしょう。実は海の生物は、日々の天気に影響を与えているのかもしれませんね。

## ・台風は海の気候を変える？

台風による海面水温低下は5～30日で元の水温に戻ること、この回復の進行は季節により異なることが研究によりわかっています。「台風が通過した後の海面水温は、いつになったら回復しますか？」と聞かれることがありますが、実はその答えはそのときどきで変わるのです。例えば2004年は10個の日本上陸台風があったことで有名です。この年は台風活動の活発な時期が秋に及んだため、西太平洋海域の海面水温は平年より低い状況が続きました。日射の不足による海面水温上昇の抑制と、乱流混合により、混合層の水温が低下したためです。

乱流混合については別の見方をすれば、海面付近の暖かい海水をより下層に運ぶ働きをします。海洋内部の周囲より暖かい海水は海面水温とは異なり、より長い期間、その痕跡を残すこととなります。また黒潮（第1章参照）などの強い海流を通じて、台風によって下層へ運ばれた海洋内部の暖かい海水は低緯度から高緯度へと輸送されます。

高緯度への熱輸送に対する台風の貢献はどれくらいなのでしょうか？　2007年に『ネイチャー』に発表されたシリバー（Sriver）博士とフーバー（Huber）博士の観測事実に基づく解析結果では、極向き熱輸送の15パーセントが熱帯低気圧による乱流混合と関連しているそうです(Sriver and Huber, 2007)。低緯度から高緯度への暖かい海水の輸送は、台風の活動に影響を与えているのでしょうか？　コシン（Kossin）博士のグループは、過去30年間に、強さが最大になった領域の位置が10年間当たり約60キロメートルという速度で着実に極方向に移動していたことを2014年の『ネイチャー』にて報告しています（Kosin *et al.*, 2014）。この極向きの台風最大強度領域の移動、熱帯低気圧による海水の乱流混合によって生じる極向きの熱輸送や熱帯域の極方向への拡張、および地球温暖化との関係については、ホットな話題となっています。

## 3・2 海の中の秘めたる効果

「台風は発達すると予報していたのですが、海の中が冷たい海域を通ったので、中心気圧は深まりませんでした」とか「台風が海の中まで比較的暖かい黒潮域を通過したので、台風は再発達した可能性があります」というコメントもまた、テレビやウェブなどで見かけます。このようなコメントは、比較的最近になって多く見られるようになってきたものです。海の中が台風に影響を与えているということですね。ここでは台風にとって大事な、海の中の秘めたる役割についてお話しします。

## ・海面水温が高いと台風は強くなる？

２０１３年の台風シーズンはまさしく「異常」でした。８月までは日本に来襲する台風はなく、西太平洋海域における台風活動も、発生数は８月末までに15個あったものの、活発とよべる状況ではありませんでした。気象庁の異常気象分析検討会では、７月以降に太平洋高気圧とチベット高気圧が強まったことにより、日本では猛暑と豪雨という極端な天候になったと解説していました。ところが9月になると様相が一変しました。台風第18号が9月16日に愛知県豊橋市に上陸したのですが、この台風は進路転向後、北緯30度を超えたところで突然、発達したのです。北緯30度を超えて急発達した台風は、過去の資料でもほとんど見つけられません。気象衛星ひまわりの画像を見ると、台風が急発達したタイミングで、雲が爆発したようにボッと沸き立ち、周囲へ広がる様子が確認できます。

台風第18号の日本来襲以降も、西太平洋では台風が発生しつづけました。9月と10月の台風発生数は計14個になり、１９５１年以降で最多となりました。日本に接近する台風が多かったことも特徴のひとつでした。特に台風第26号は、関東地方に接近・上陸する台風としては10年に１度の強い勢力であり、伊豆大島では甚大な被害がでました。

この時期、日本近海では海面水温が平年より1度以上高く、また、偏西風に乗って台風の移動速度が急激に速くなったため、勢力が衰えにくい状況でした。さらに、台風が移動する方向にあった前線に、海から水蒸気が大量に供給されたため、前線があった場所では大量の雨が降ることとなったのです。

その後も、台風第27号、第28号と続けて発生しました。台風発生に関していえば、海面水温だけでなく、例えば850ヘクトパスカルと300ヘクトパスカル高度の間の風速の差、600ヘクトパスカル高度での相対湿度、深さ60メートルの水温など、空と海のさまざまな要素が影響することが知られています(第1弾第2章参照)。ただし空と海は相互に関わりをもっているため、空と海の環境が個別に台風発生に関わるよりはむしろ、空と海の個々の環境が複雑に「相互作用」をしながら、つながっていることに注意しましょう。

ここで筆者は海面水温の分布に着目しました。調べたところ、9~10月にかけて赤道近くの海面水温は例年より1度高かったことがわかりました。赤道近くの海面水温が高いと、暖かい海域の北西側で台風が発生しやすくなります（コラム16参照）。ここで発生した台風のほとんどは、フィリピン沖へ向かって北西方向に移動します。この台風が移動する海域では、海の深いところまで暖かい状況でした。そのため台風が何度も通過しているにもかかわらず、海面水温が高かったのです。もう少し海面水温が高かったときの事例を見てみましょう。

## ●2004年の10個の日本上陸台風と海の関わり

強い勢力を維持しつつ日本に来襲する台風が頻発するのは、2013年の秋が初めてだったのでしょうか？　実はそれより9年前の2004年の台風シーズンは、3・1節でも紹介したように、もっとすごい台風シーズンだったのです。10個の台風が日本に上陸し、しかもその多くは、勢力を維持しつつ来襲したのです。どうして10個もの台風がその強さを弱めることなく、日本に来襲したのでしょうか？　そのカギは、熱帯の対流活動と、本章のテーマである海にありました。

台風が発生した場所には共通点がありました。それは、熱帯地方に見られるマッデン・ジュリアン振動（第2弾第1章参照）が西太平洋海域で活発になったときに、台風は発生していたのです。しかしながらマッデン・ジュリアン振動は台風の発生に関わっているだけで、これだけで台風の強さを説明することができません。

次に海面水温の分布はどうだったのか見てみましょう。海面水温が高ければ、それだけで台風は強くなれるのでしょうか？　実は私も、強い疑問を感じていました。

海面水温が高くなると、台風はいったいどこまで強くなるのでしょうか？　熱帯低気圧の研究のなかに、最大潜在強度という概念があります。これは熱力学の式（第8章参照）と傾度風バランスの式（第1弾第2章参照）を組み合わせることにより、ある大気の高度、気温、湿度の鉛直分布と海面水温を与えると、熱帯低気圧が到達しうる最大潜在強度、つまり到達可能な最大強度

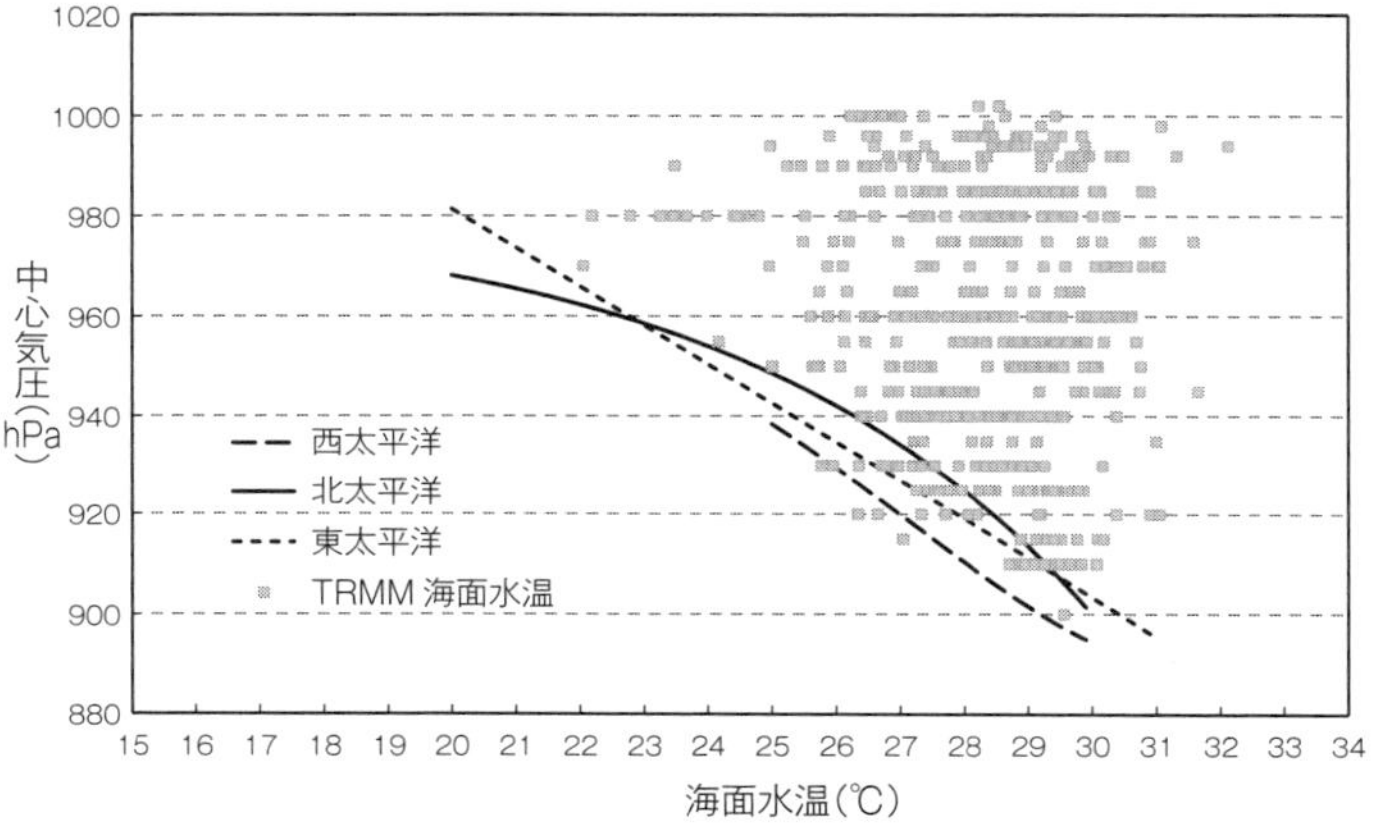


図3・10　海面水温と台風の中心気圧の関係。線は海面水温から推定される台風の最大潜在強度。

が求まる、というものです。

　これによると、海面水温が高ければそれだけ熱帯低気圧は強くなります。台風が常に到達可能な強度（最低中心気圧など）に達することができるならば、台風の中心気圧と海面水温の関係は密接であると想像できます。こうした背景もあって、1990年代には気候学的な観点で、台風と海面水温の強さの関係は研究されていました。

　図3・10を見てください。海面水温はTRMMデータ、台風の中心気圧は気象庁の解析値を使っています。ここには、これまでの研究で提案されている、海面水温から決まる台風の潜在中心気圧もいっしょに示しました。同じ海面水温の値であっても、台風によっては潜在中心気圧に近い値になったり、ならなかったりとさまざまであることがわかります。海面水

温だけでは台風の強さは決まらないのです。台風の中心気圧と海面水温の関係はまた、発生、発達、成熟、衰退といった台風の発達段階によって異なることがわかっています。それでも大まかにいえば、台風が発生する海域は海面水温が高く、また海面水温が高い海域で台風は発達するといえそうです。

ここで「台風の強さ」について補足します。台風の強さを示す指標として、中心気圧の他に最大風速がよく使われていますが、実は最大風速の時間平均は気象機関により違います。世界気象機関（World Meteorological Organization：ＷＭＯ）の地域気象センターでは10分平均の風速値を使っているのですが、世界の研究者によく利用されている米軍合同台風警報センター（Joint Typhoon Warming Center：ＪＴＷＣ）は1分平均、中国気象局は2分平均の風速値を用いています。平均時間としてどの値がいいのか、という問題があるのですが、西太平洋海域では、台湾の研究プロジェクトを除くと、航空機による直接観測を実施していないため、真の最大風速観測値は存在しません。世界の地域気象センターは気象衛星ひまわりのデータをベースに、ドボラック法という手法を用いて、台風の強度を速報解析しています。また、その結果とさまざまな周辺域の観測を元に、ベストトラックデータを後から作成しているのです。この意味ではベストトラックデータは観測値ではなく解析値とよぶのが正確です。

台風通過による海面水温低下を考えると、海面水温が高い海域で台風が発達するのは、台風により海面水温が低下しにくい海域ということが推測されます。実際に２００４年の台風シーズンは、海面水温がそれほど高くありませんでした。では、どうしてその強い強度を維持することができたのでしょうか？　海面水温が低下しにくい海域、つまりその答えは海の中の水温にありました。

海は大気と比べて暖まりにくく冷めにくいのは、海は大気と比べて熱容量が大きいためです。ここでは、ある深さまでの海水に蓄えられた熱量を貯熱量とよぶことにします。台風に限定した海洋表層の貯熱量（Tropical cyclone Heat Potential: ＴＣＨＰ）というアイデアは、１９７２年にレイパー（Leipper）博士らにより考案されました（Leipper, 1972）。この量は海洋の３次元データセット、海水の密度、水温、深度があれば、定圧比熱を掛け合わせることにより簡単に計算できます。第2章3節にも説明がありますが、ここでは台風に関連した話を紹介します。レイパー博士らは、メキシコ湾において海水温26度以上（海水温の値と26度の差）の海水のもつ貯熱量が、台風の強さと関係があることを示しました。

このアイデアはしばらく忘れられていたのですが、約30年後、２０００年にマイアミ大学のシェイ（Shay）博士のグループにより、衛星高度計の海面高度データと単純な海洋モデルを組み合わせた海洋データ同化システムというかたちで実用化され、ハリケーンの急発達がメキシコ湾中央部の、貯熱量が高い海域で生じていたことをつきとめたのです（Shay *et al.*, 2000）。

２００４年の台風第18号について、台風の中心気圧と海面水温および貯熱量の時間変化の関係を調べたところ、海面水温が高くても貯熱量が低い海域ではなく、海面水温と貯熱量がともに高い海域で台風が発達していることがわかりました（Wada and Usui, 2007）。「台風発達の最大強度に関しては、海面水温ではなく海洋貯熱量が重要である」ことは、このようにして発見されたのです。

## ●海の内部が台風の強さを決める

海面水温ではなく海洋貯熱量が重要といっても、台風は大気の現象です。特に台風が発達しつづけている状況では、「この発達はどこまで続くのだろうか？」と、気になる人は少なからずいると思います。台風の発達や、発達の停止がどのようにして決まり、海はどのように関わっているのでしょうか？

前節で紹介したように、台風の経路に沿って海面水温は低下します。この海面水温の低下は台風が強いほど、移動速度が遅いほど、より大きくなります。海面水温の低下域は台風の発達を妨げる効果をもつため、同じコースを立てつづけに強力な台風がやってくることはないと考えるかもしれません。しかし、台風の経路は、夏季モンスーンや太平洋高気圧の張り出し方など、他の大きなスケール（総観スケールとよびます）での大気条件に支配されるところが大きいため、前の台風と似たコースを通ることはあります。7月から8月にかけては、太陽から界面に降りそそぐ日射量が大きいため、海面水温は低下した後、より早く元の状況に回復します。このため、再び威力のある台風が似たようなコースを移動し、海面水温が回復した海域を通過する可能性は十分にあります。また亜熱帯海域では大きさ数百キロメートルスケールの海洋〝中規模〟渦が存在することが知られています。暖水渦上を台風が通過すると、台風はより発達し、一方で冷水域を台風が通過するときは台風の発達が抑制されることがわかっています。

熱帯域を西北西に進む台風を考えましょう。この移動経路では、常に海洋貯熱量が高い海域を通過することになります。特に移動速度が速く海面水温が下がりにくい状況では、異常なほどに発達した台風をつくり出すことが想像されます。そう、フィリピンに来襲した２０１３年台風第30号です。でも、暖かい海水が本当に台風第30号を生み出したのでしょうか？　海洋貯熱量は本当に台風の発達をコントロールしているのでしょうか？　海域、移動速度、強度や発達段階により、海洋貯熱量が台風の強度をコントロールする度合いが異なることが報告されています。

## ●台風の発達過程、強さと海の関わり

そもそも台風はどのような過程を経て発達するのでしょう？　図3・11に、一般的な台風の発達過程を簡単に示しました。台風の中心に向けて、海から熱や水蒸気を運ばれた大気が流れ込み、

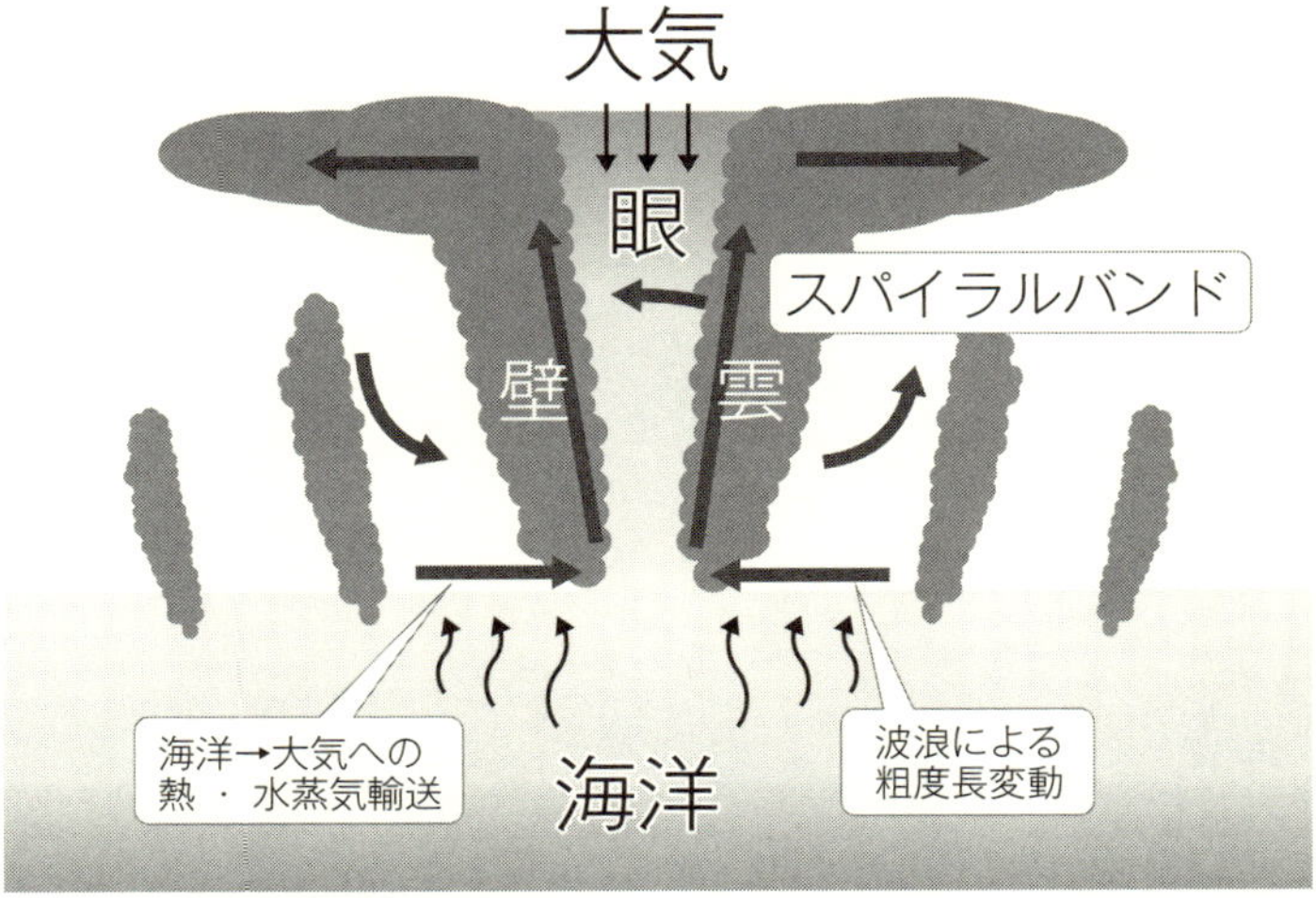


図3・11　台風発達過程の模式図。

中心（眼）付近にある壁雲内の上昇流で大気上層へと輸送されます。水蒸気を多く含んだ大気が凝結することにより、地表面に向けて降水が生成され、また凝結熱により中心付近は周囲より暖かく、軽くなります。このような過程を経て、中心気圧は低くなると考えられています（第1弾第2章参照）。

図3・11の説明で「一般的な発達過程」と書いたのは、実は台風の発達過程、特に急発達過程は現在「ホット」な研究課題となっているためです。ここでは大気と海洋の相互作用が大きく影響する発達過程に絞って説明することにします。

そこで、台風の発達過程を見るために、第8章に書かれた手順に従って、数値実験をしました。数値モデルは大気海洋結合モデルで

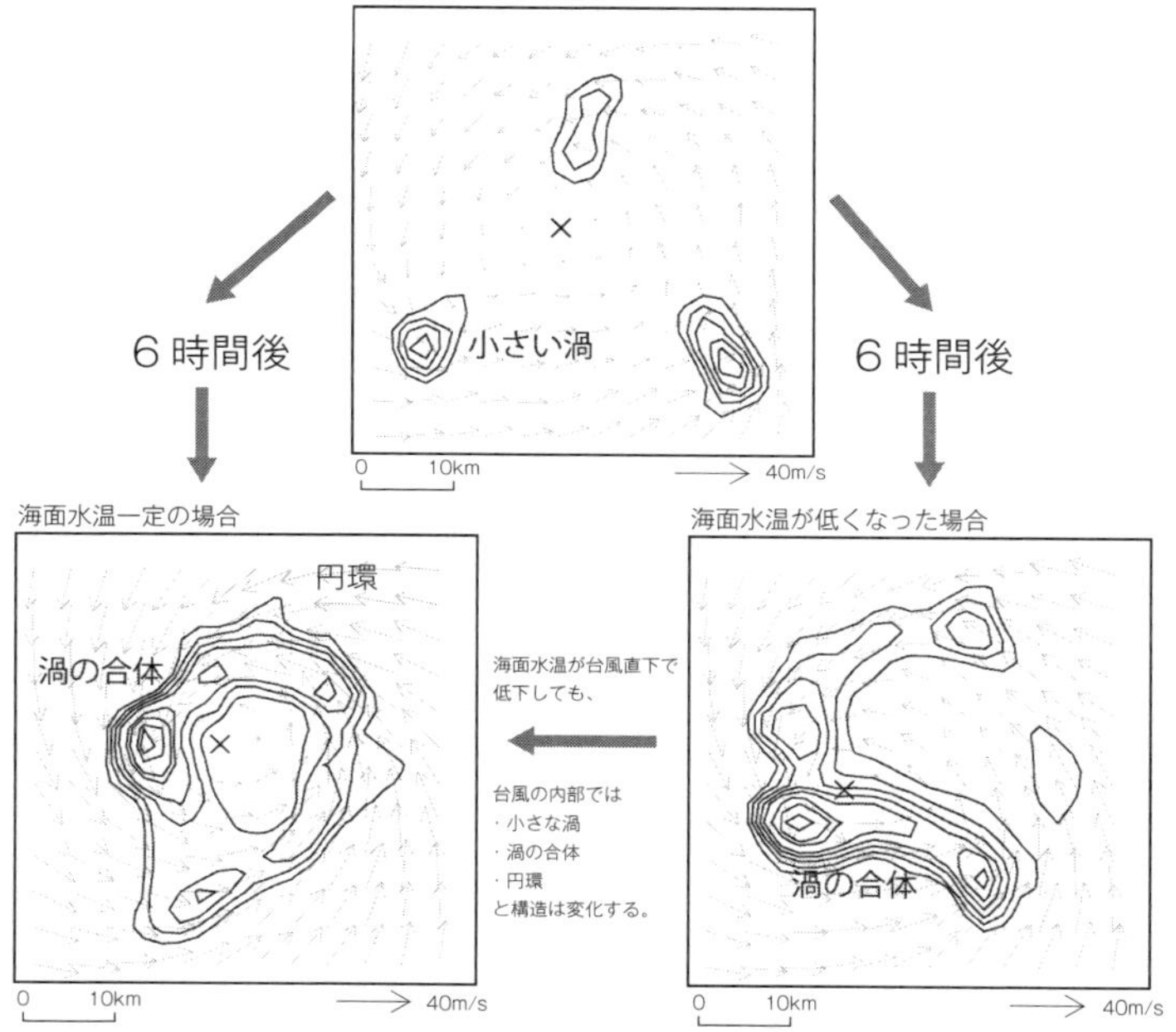


図3・12　台風の発達初期における直径数kmの渦の振る舞いと海面水温の関係。

す。計算初期時刻に、台風に似た渦を与えます。渦の大きさは半径50キロメートルくらいで、北半球の台風と同じように地表面では反時計回りに風が吹いています。気温や水蒸気の鉛直分布は計算する領域で水平一様とします。この渦は時間が経つにつれてどのように変化するでしょうか？　図3・12に示すように、まず、×印で表わした、台風の回転の中心から離れた風の強い場所で、数キロメートルの半径をもつ小さい渦が形成されます。この小さい渦はどこにでもつくられるわけではありませんが、計算をはじめると、台風の回転が強まるのにともなって、数個は見つけることができます。小さい渦は、台風の回転の上で、波打っているように見えます。これは台風の渦の中に波があることを示しています。この波は、小さい渦の形成にかかわらず現実の台風の眼付近でよく見られる現象です。

小さい渦は反時計回りで、図3・12にある×印のまわりを回転しながら、他の小さい渦と「合体」することにより、台風の渦を強化します。急発達もしくは急速強化とよばれる現象は、反時計回りの渦の中心と、この小さい渦の中心が一致したときに起こります。では小さい渦同士が合体するとどうなるのでしょうか？　図3・12左下では、海面水温一定としたとき、小さい渦同士が合体した後、より大きい円環を形成している様子が見られます。最終的には円環が台風の眼を囲むようにつくられます。きれいな円となった状況で台風の発達は止まります。台風直下で海面水温が低下すると、小さい渦は弱まり、図3・12右下図に見られるように、小さい渦同士の合体と、円環の形成が遅れます。海面水温低下による個々の小さい渦の弱まりは、図3・12左下図にあるような円環の形成を遅らせ、台風の最終的な最大強度を弱めることになります。

この一連の過程で、海洋から海面付近の大気へ顕熱・潜熱フラックスが供給されます。台風は発達する過程で中心へ向かう流れを強め、その結果として中心付近で温度や水蒸気量は大きくなります（図3・11）。最近の研究では、台風の中心付近に向かう流れの先端の上側では、外側へ向かう流れが形成されることが知られています。この外側へ向かう流れは内向きの流れとぶつかり、台風の眼の壁雲に相当する場所で上昇流をつくりだします。こうして暖かい海から供給された熱や水蒸気は大気上空へと運ばれます。この上昇流が、高度6～10キロメートルあたりで非常に強くなったとき、台風が急発達することがわかっています。

台風の中心付近で温度が高くなり、水蒸気量が大きくなると、どういう点で台風が強くなるのに好都合なのでしょうか？「慣性の法則」によると、動きつづける物体は、他に力が働かなければ、運動をしつづけます。台風の強い風もまた、弱まる要因がなければ、強い風を維持することになります。そのため海から供給された熱や水蒸気は台風の中の接地境界層内に閉じ込められ、そして図3・9右にあるように摩擦の効果により、台風の中心へ向かって輸送されます。海から大気へ供給される熱や水蒸気は台風直下の海洋貯熱量と密接な関係があることを考えると、海洋貯熱量は顕熱・潜熱フラックスを通じて、接地境界層内に閉じ込められる熱や水蒸気量と関連していることが想像できます。実際に大気海洋結合モデルを使った数値シミュレーションを用いて調べた結果、台風直下の海洋貯熱量が増加すると、台風の中の接地境界層にある水蒸気の量が増加することがわかりました。つまり、水蒸気は台風の中で蓄えられているのです。

実際に台風の渦の中に小さい渦を見ることができる例を紹介しましょう。2013年の台風第18号の事例がまさしく、小さい渦と高度6～10キロメートルでの強い上昇流が見られた急発達でした。ただし、この台風第18号の中にある小さい渦の出現と数値実験結果は筆者の想定外でした。図３・12の数値実験で設定した海域は北緯20度、発達する台風が多く見られる海域でした。ところが、台風第18号の中でつくられた小さい渦は北緯30度と、より極側で、これまで台風が急に発達することがなかった海域で生じていたのです。

台風第18号の急発達について、海面水温分布の影響の効果を調べるために、２０１３年の海面水温分布だけでなく、紀伊半島に豪雨をもたらしたことで有名な、２０１１年台風第12号のときの海面水温がかなり低くなっている分布を、台風第18号の数値実験の初期条件として与えて、大気の初期条件や境界条件（第８章参照）は同じにして、数値シミュレーションを実施しました。すると、２０１１年の海面水温分布を与えた場合、中心気圧はほとんど降下せず、小さい渦が形成された痕跡も見られませんでした。２０１３年の海面水温分布を与えた場合には、台風の中心付近で小さい渦が形成されたこと、中心気圧もある程度低くなっていたことを考えると、台風第18号は海面水温が平年より高かったので、小さい渦がつくられて、台風が北緯30度より北側で発達したといえます。周りの海水温分布も台風の発達にとって大事というわけです。

## 3・3　海を知ることで台風の予測精度は向上する！

### ●どうやって台風を予報するの？

台風予報の精度向上は日本だけでなく、世界各国、特に台風による自然災害をこうむる国々にとって非常に関心が高く、実際にさまざまな取り組みが世界中でなされています。台風予報は、統計的な手法（過去のデータからもっともらしい式を使って、現在のデータを入れて解くこと）とともに、数値予報システムを用いた力学的手法（第8章にある物理法則にのっとった方程式をスーパーコンピュータで解くこと）により行なわれています。力学的台風予測は主としてスーパーコンピュータにより行なわれます。これまではスーパーコンピュータの性能が向上するにつれて、数値予報システムは発展していきました。将来においても、スーパーコンピュータと周辺技術の進展に合わせるように数値予報システムは発展していくものと信じている人は多いと思います。また数値予報システムの発展により、台風予測の精度向上も期待されます。ここで予測とは、数値予報システムによる出力結果そのものを表わし、予報は予測情報や観測データなどを予報官が総合的に検討、判断して決められた情報を意味します。

数値予報システムには、観測データを取り込んで、より品質の高い大気データを作成するデータ同化部分と、その大気データを初期値として将来の大気の状態を計算する数値モデル部分に大ざっぱに分けることができます。気象庁の数値モデル部分は、台風予報については全球大気モデルを使用しているため、海面水温は境界条件として与えられています。しかし、季節予報などは大気海洋結合モデル（第8章参照）が使用されています。用いる数値予報システムによって、どの程度正確に台風を予測できるのかを評価する研究を、台風の予測可能性研究とよびます。

台風の予測可能性研究は、主に1つの初期条件を用いてどれだけ正確に大気を予測できるかという決定論に基づいた手法と、複数（アンサンブルとよびます）の初期条件を用いて確率・統計的に予測し、複数の計算結果の平均（アンサンブル平均）とその誤差を評価する確率論に基づいた手法があります。また初期条件としては決定論であっても、数値モデルのなかの物理過程について、あるパラメータ（第8章参照）をいろいろと変えて確率論として決定する方法もあります。私たちが知りたいのは「どうすれば台風をより現実的に予測・予報できるか」ということです。海を正確に知ることは不可能ですが、どの程度、海の情報があいまいになると、台風の予測に悪い影響を与えるか、を調べることはできそうです。

## ●海の情報が台風予報を変える!?

海面水温や海洋内部の水温が違うと、台風予測にどのような影響を与えるのでしょうか？　エル・ニーニョ現象やラ・ニーニャ現象といった、海水温分布の違い（第6章参照）が台風の強度予測に与える影響を明らかにするために、エル・ニーニョ年やラ・ニーニャ年の海洋データを初期条件に使って、大気海洋結合モデルにより2005年台風第5号の数値シミュレーションを実施しました。すると、エル・ニーニョ年の海洋データを用いた場合には、台風は強くならず、ラ・ニーニャ年では、台風が強くなるという結果が得られました。

またこの傾向は、海面水温を境界条件として一定とした、大気モデルの実験結果でより顕著となり、大気海洋結合モデルでは大気モデルの結果と比べて、この特徴は小さくなりました。

この数値シミュレーションではまた、台風による海水温の低下が台風の強さに与える影響は、初期条件として与えられる海洋のデータの違いによる台風強度への影響よりも大きいこと、この初期条件が台風強度に与える影響は、台風により海水温が低下することを考慮に入れると軽減されることがわかりました。

一方で、海の初期条件を変えても、海洋モデルを結合しても、どちらも台風の進路にほとんど影響はありませんでした。ここで注意しなければいけないことは、エル・ニーニョ年では海面水温や海洋貯熱量が低く、ラ・ニーニャ年では2つとも高くなっている海域を数値シミュレーションのなかの台風第5号がたまたま通ったから、こうした結果が得られた、ということです。もっといろいろな事例を試してみたいものです。

では、もっと短い時間スケールでの海水温分布の変化は、どのように台風予測に影響を与えるのでしょうか？　２００９年台風第14号の事例について見てみましょう。ここでは海面水温の初期値を9月12日から25日まで1日ごとに用意して、２００９年9月17日9時（日本時）を初期時刻として、大気の初期値は変えずに、14本の数値シミュレーションを、大気モデルと大気海洋結合モデルでそれぞれに実施しました。

図3・13は台風の中心気圧の時間変化を表わしています。図3・13のなかの○で描かれた、気象庁ベストトラックで解析された台風の衰退期の中心気圧の時間変化を、数値モデルで再現できればさらにうれしかったのですが、実際の台風と違って、台風の発達、成熟そして衰退という時間変化となりました。台風による海水温低下が海の初期条件に含まれる17日以降の海洋解析データを用いると、台風が発達しにくくなることがわかりました。また２００５年の台風第5号の事例研究と同様、初期条件として使用する海洋データが台風強度に与える影響は、大気海洋結合モデルを用いて台風による海面水温低下の効果を加味することにより軽減されました。

この数値シュミレーション研究から海が台風の強度に与える影響については、台風による海面水温の低下、初期条件として与える海洋データの順番に大事なことがわかりました。では、台風の構造に対して海はどのような影響を与えるのでしょうか？　２００９年台風第14号の14本の数値シミュレーション結果から、中心付近の半径－高度平均構造と、そのばらつき具合を、発達、

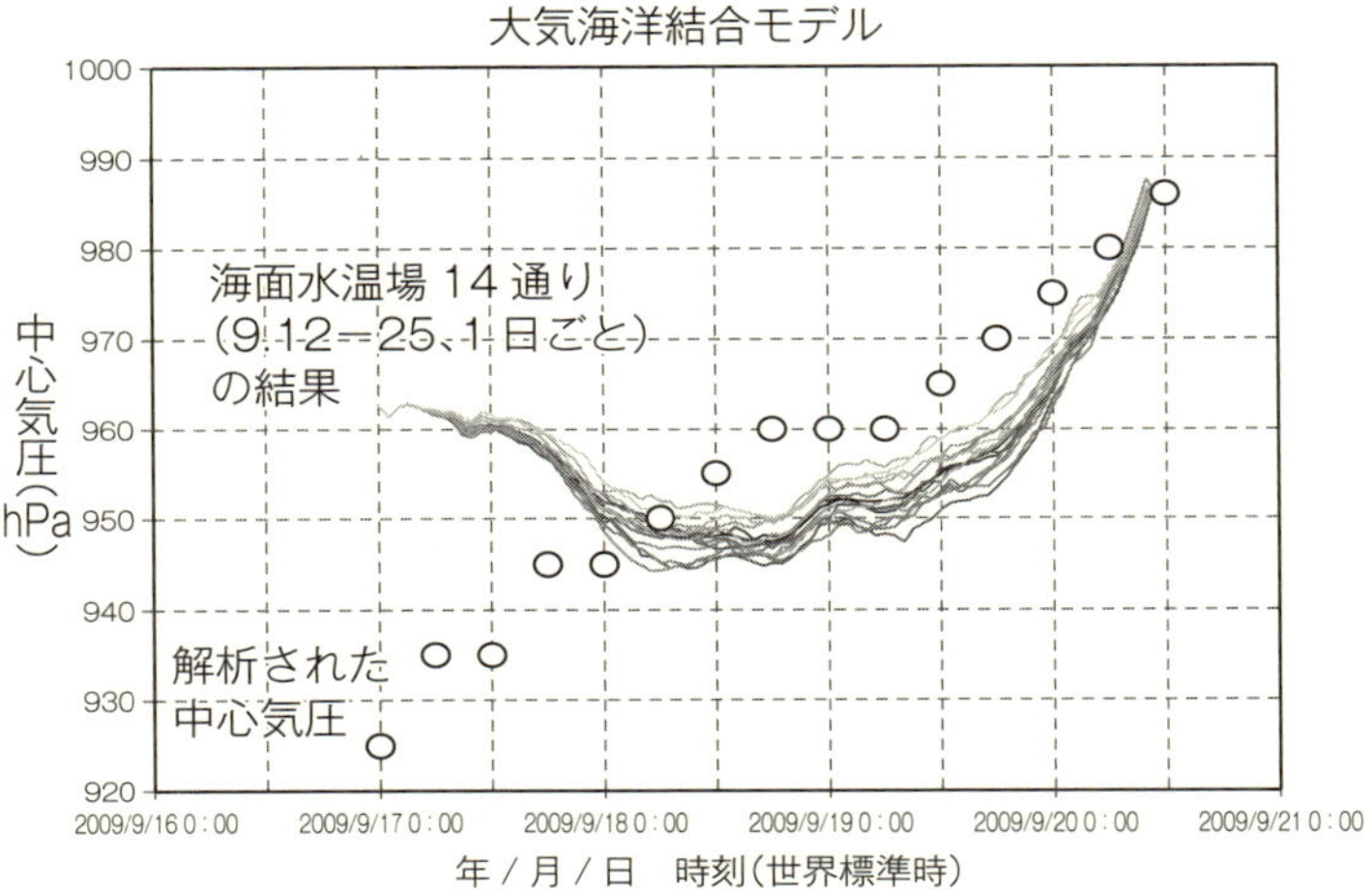


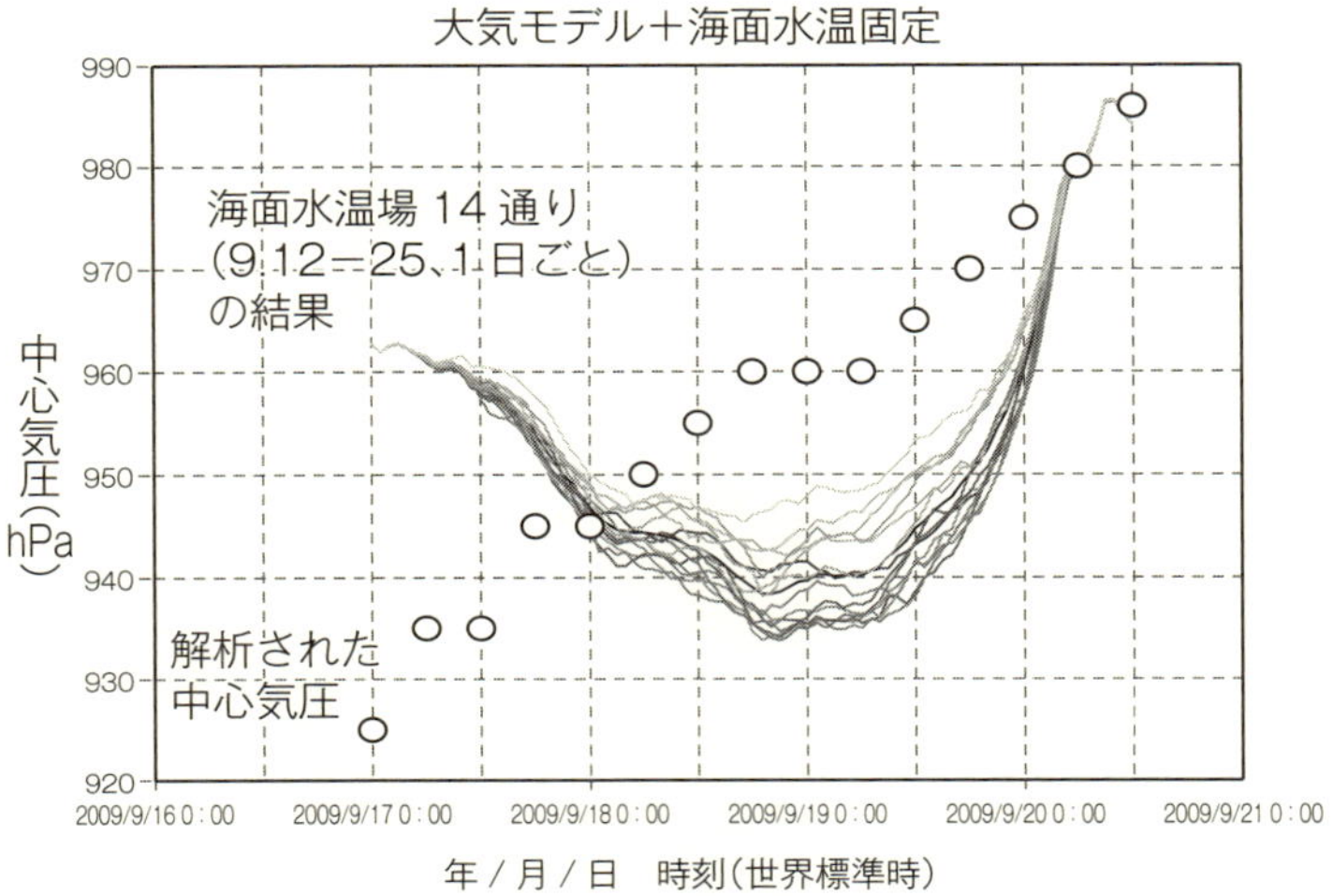


図 3・13　気象庁ベストトラックによる 2009 年台風第 14 号の中心気圧の時間変化と、14 通りの海の初期値を用いた数値シミュレーションの結果。上図は大気海洋結合モデル、下図は大気モデルの結果。

成熟そして衰退期ごとに調べてみました。すると、台風発達期においては、中心へ向かう内向きの流れが眼の壁雲に届く場所、すなわち眼の壁雲における上昇流域の根っこで、海水温の違いに対する影響が大きくなりました。これが成熟期になると、眼の壁雲域全体、すなわち海水温に対する影響が大きい領域は上方に広がり、衰退期または温帯低気圧に移行する時期では、中心域よりは外側の大気境界層全域で、海水温の影響が大きくなりました。このことは、海水温の違いが台風構造におよぼす影響が、台風の発達、成熟そして衰退期により異なることを示しています。海面水温が高いからといって、台風の強度や構造の変化がいつも同じように起こるとはかぎらないのです。

## ●新しい技術が台風予報を変える!?

データ同化システムを用いた台風解析研究や、アンサンブルを用いた台風予測研究は近年、盛んに行なわれるようになってきました。台風の数値シミュレーションを実施するうえで注意しなければならないのは、海面水温だけでなく、気温や湿度、風の分布にも誤差が含まれていることです。例えばそれぞれが違った誤差特性をもっている初期条件を50個用意して、50通りの数値シミュレーションを実施すると、計算される値は初期にもっている誤差に比べて、よりばらつきが大きくなると考えられます。将来の値の確からしさは、その時点で得られる観測値により不確実さを減らすことができます。

こうした手続きに基づいたデータ同化システムについて、最近では、観測値が得られるたびに、観測値と数値モデルによる予報値とその誤差を使って解析値を求める、カルマンフィルタとよばれる手法を用いたデータ同化手法が開発され、台風の研究にも利用されています。著者はカルマンフィルタを用いた大気海洋結合データ同化手法の開発に興味をもっています。

2016年5月現在、データ同化において、大気海洋結合システムを構築して台風の予測可能性を研究した例はほとんどありません。データ同化にとっては観測値が大事です。観測値を広範に得るためには、例えば鳥やウミガメに観測機器をとりつけて動物の生態を研究する、バイオロギングとよばれる研究分野と連携して、鳥には風を、ウミガメには水温を、位置情報とともに観測してもらうといった試みも企んでいます。鳥による観測は台風の予測精度向上に貢献できるのでしょうか？

数値モデルに目を移すと、伊藤耕介博士の研究グループは、2009年4月から2012年9月に日本近傍を通過したすべての台風を対象に、予報実験を大気海洋結合モデルにより実施しました（Ito *et al.*, 2015）。すると、大気モデル単体で台風予報した結果より、中心気圧に関しては2日予報で約20～30パーセント、3日予報で約30～40パーセント誤差が小さくなり、最大風速に関しては2日予報で約10～20パーセント、3日予報で約20～30パーセント誤差が小さくなる、すなわち台風予報が改善されることを示しました。このように大気海洋結合モデルは、台風予報にとって効果的な側面があります。しかしながら、天気予報への利用という観点でみれば、条件をどうするか、天気予報精度は本当に上がるのか、計算時間は限られた時間に終わるのか、境界……克服しなければならない課題が多くあります。

第8章で紹介されているように、地球システムモデルによる天気予報の時代が今後実現するかもしれません。筆者は、大気波浪海洋結合モデルに、炭素平衡モデルという、海面の二酸化炭素分圧を計算するモデルを結合したことがあります。この開発研究の夢は、海洋生態系モデルや大気化学モデルも結合することです（Wada *et al.* 2013）。台風予測からかけ離れた話かもしれませんが、これによりプランクトンが台風予測に与える影響、エアロゾルとよばれる大気中の微粒子が台風予測に与える影響など、研究テーマがより学際的に幅広くなっていくことでしょう。そうです。「わかっていないこと」は無限に広がっているのです。

しかしながら、モデルをつくるためには検証するための現場データが必要不可欠です。衛星観測や現場観測は人的・資金的な問題で、維持するのも難しい状況となっています。筆者の夢はいつ現実となるのでしょうか？　きっと読者もこの夢に興味をもってくれると信じて、この章を終わりにしたいと思います。

# 参考文献・引用文献


Donelan, M. A., B. K. Haus, N. Reul, W. J. Plant, M. Stiassnie, H. C. Graber, O. B. Brown, and E. S. Saltzman: On the limiting aerodynamic roughness of the ocean in very high winds, *Geophysical Research Letters*, 31, L18306, 2004.

Francis, J. R. D. and H. Stommel: How much does a gale mix the surface layers of the ocean? *Quarterly Journal of the Royal Meteorological Society*, 79(342), 534-536, 1953, 10.1002/qj.49707934211

Iselin, C. O. D.. : Some physical factors which may influence the productivity of New England's coastal waters, *Journal of Marine Research*, 2(1), 74-85, 1939.

Ito, K., T. Kuroda, K. Saito and A. Wada: Forecasting a large number of tropical cyclone intensities around Japan using a high-resolution atmosphere-ocean coupled model, *Weather and Forecasting*, 30(3), 793-808, 2015, doi: 10.1175/WAF-D-14-00034.1

Kawai, Y. and A. Wada: Diurnal sea surface temperature variation and its impact on the atmosphere and ocean: a review, *Journal of Oceanography*, 63(5), 721-744, 2007, 10.1007/s10872-007-0063-0

Kossin J.P., K. A. Emanuel, G. A. Vecchi GA : The poleward migration of the location of tropical cyclone maximum intensity, *Nature* 509:349–352, 2014, doi: 10:1038/nature13278

Leipper, D. F., and L. D. Volgenau: Hurricane heat potential of the Gulf of Mexico, *Journal of Physical Oceanography*, 2(3), 218–224, 1972, doi:10.1175/1520-0485(1972)002<0218:HHPOTG>2.0.CO;2.

Microwave OI SST data are produced by Remote Sensing Systems and sponsored by National Oceanographic Partnership Progran (NOPP) and the NASA Earth Science Physical Oceanopraphy Program, Data are available at www.remss.com

Powell, M. D., P. J. Vickery and T. A. Reinhold: Reduced drag coefficient for high wind speeds in tropical cyclones, *Nature*, 422, 279-283, 2003, doi:10.1038/nature01481

Shay, L. K., G. J. Goni, and P. G. Black: Effects of a warm oceanic feature on hurricane Opal, *Monthly Weather Review*, 128(5), 1366–1383, 2000, doi:10.1175/1520-0493(2000)128<1366:EOAWOF>2.0.CO;2.

Sriver R. L. and M. Huber: Observational evidence for an ocean heat pump induced by tropical cyclones, *Nature*, 447, 577-580, 2007, doi:10.1038/nature05785

Wada, A., and N. Usui: Importance of tropical cyclone heat potential for tropical cyclone intensity and intensification in the western North Pacific, *Journal of Oceanography*, 63(3), 427–447, 2007, doi:10.1007/s10872-007-0039-0.

Wada, A., M. F. Cronin, A. J. Sutton, Y. Kawai and M. Ishii: Numerical simulations of oceanic pCO2 variations and interactions between Typhoon Choi-wan (0914) and the ocean, *Journal of Geophysical Research* - Oceans, 118(5), 2667-2684, 2013, 10.1002/jgrc.20203

## コラム5　気象大学校と私

私は気象大学校の出身です。1学年15人程度、学生部60人程度の単科大学です。入学試験、特に英語、数学、物理の専門試験の問題は難しく、また競争率が高く、狭き門です。私が受験したときは受験者が１０００人以上いました。２０１５年は応募者４０１１名で合格者40名なので、10人に1人というところでしょうか。

一般の大学と大きく違うところは、気象大学校に入学する＝国家公務員になる、ということです。国家公務員なので給料が出ます。そうです。気象庁職員として4年間（または5年間）、気象庁の業務に関わる専門分野の勉学にいそしみ、4年後（または5年後）の人事異動（気象台などへの配属）を受けることになります。なかには大学院へ進学するなど、退学して別の人生を歩む方もいます。気象大学校では留年は1回しか許されていません。また進級は年々厳しくなってきているようです。私の学年を例に挙げると、同期入学19名で、同期卒業14名でした。大学校で5年過ごす人の事情はそれぞれです。

気象大学校について簡単に説明しましょう。千葉県柏市にあり、気象庁の施設等機関です。文部科学省が所管する大学に相当する大学部と、職員の研修を目的とする研修部の2つの部があります。大学部課程を修了し、無事卒業すると、独立行政法人大学評価・学位授与機構から学士の学位を受けることができます。私が気象大学校を卒業する前年（1991年12月18日）に気象大学校は学士授与校として認定されたため、私は学士をもっていますが、2年上の学年より上の代の人は学士をもっていないことになります。

1922年に前身の養成所が設置され、1943年に千葉県柏市に移転します。その後、1989年には新校舎が完成し、東京管区気象台が管理する東京レーダーも大手町から移転してきました。この1989年に気象大学校に入学できた私はラッキーでした。

気象大学校の教育課程は2015年現在、教養、基礎、専門の3系列で構成されます。これは1997年から実施されているもので、それ以前は教養と専門の2系列、専門については基礎と応用に分けられていました。

これからお話しする内容はあくまで私が大学校生だったときの話です。「総合科目」という科目があって、非常に印象に残っています。これは気象庁内部や他大学など外部の方が来て、その方の専門についてプレゼンテーションしていただくというものです。外国の研究者が来たら、当然講義は英語となります。人選は担当教授の腕の見せどころです。私が最も印象に残ったのは小倉義光博士です。2回講義されたのですが、はじめの講義は大学院相当の講義をされていた（私には理解できない）ようで、あまりにも学生の反応がよくなかったためか、2回目の講義はやさしくなったことを覚えています。

大学の規模が小さいため、セミナーや卒業研究は、1対1どころか先生2対学生1ということもあり、非常に恵まれていました。しかも本人の日ごろの行ないがよければ、学生から先生にアプローチしてセミナーを開講してもらい、そのまま指導教官を得ることができることも大学校の利点だと思います。

私の場合、大気海洋物理学と海洋生物学の原書講読をそれぞれ専門の先生に担当してもらいました。面白いことに、この時期にセミナーで学んだ分野が、私の現在の研究活動のベースになっています。私の卒業研究は、海洋大循環モデルを用いた確率論的な研究だったのですが、年度後半の期間、週1回の頻度で、気象研究所海洋研究部（現、海洋・地球化学研究部）にお邪魔して、その当時のスーパーコンピュータを使わせてもらいました。この研究の成果は査読論文にはなっていないものの、1993年の日本海洋学会秋季大会で発表しています。また海洋生物学を受けもった先生とは、大学校卒業後に日本海における酸性雨の共同研究を実施し、この成果については査読論文としてまとめました。

私が幼少のときから気象庁や気象大学校にあこがれていたのかというと、決してそうではありませんでした。実のところ、私は決して気象が好きな少年ではなかったのです。高校では地学の授業がなかったため、勉強する機会すらありませんでした。自分の将来として、気象や海洋を専門とするなんてまったく考えることなく、好きな数学を活かして学校の先生になるのかな、と漠然と考えていました。実は数学者アーベルにあこがれていたのですが、大学で数学の研究をしたいと高校の担任に話したところ、まったく相手にされなかった記憶があります。

気象大学校は兄が入学案内を持ってきてくれて初めて知りました。いざ受験というときになって、友人に「将来どの分野が自分に合っているかわからないのに、大学入学時に気象庁に入るなんて、自分には考えられない」と言われたことを覚えています。結局、このときは気象大学校には縁がなく、他大学の数学科に進学することとなりました。

大学に入学するやいなや、バブルが崩壊しかけていた時期にもかかわらず、段ボール数箱分の就職案内が送られてきました。アルバイト先の学習塾（もちろん数学担当！）でも、たいへん親切にしてもらいました。社会は気象大学校の受験に失敗した私に非常に好意的だったようです。

そうしたなかで、私は再受験し、気象大学校へ入学することを選びました。最初に入った大学は、結構面白い授業もあり、試験も厳しく、授業料が高いことを除けば、いいところだったのだろうと今でも思っています。しかし「社会に役立つ科学」「環境問題、社会問題とつながる」そして「自分のもっているスキルが活かせる」応用科学を職業としたいという願望が、不幸にもその大学の授業を受けるにつれ、日に日に大きくなったのです。

この願望は、今でも私が研究を続けていくうえでのモチベーションになっています。偏差値や点数、席次は学生時代、時と場合によっては執着する必要はありますが、かならずしもそれが科学者としてのキャリアを決めるわけではないのです。

## コラム6　あなたの専攻は何ですか?

2011年8月、台湾で開催されたアジアオセアニア科学会合で招待講演をする機会がありました。招待といっても、旅費を出してもらえるわけでもなく、セッションの議長がたまたま選んでくれただけのことと思います。東日本大震災の直後であったため、知り合いの外国の研究者から「大丈夫だった?」と頻繁に声をかけられたことが今でも印象に残っています。

私は台風と海洋の相互作用に関するセッションに参加したので、3・2節の研究成果を気象学、海洋学を意識することなく発表しました。なお、これが縁となって、以降のアジアオセアニア科学会合では、私も議長や共同議長としてこの会合に参加することになりました。

発表した日の夜のことです。議長を含む関係者と会食したあとの車中で突然「あなたの専攻は気象学ですか？　海洋学ですか？」と尋ねられました。このときはまだ博士（理学）を取得していなかったので、「私は公務員で、仕事として研究をしているので、専攻はないのです。仕事として命じられたことをやっているだけです」と、つたない英語で答えた記憶があります。

その後、自分の専攻は何なのか？　しばらく考えました。気象大学校の卒業論文は海洋学で取得しています。東京大学で得た学位はあくまで理学なので、気象学か海洋学か、博士論文著者である私にすらどっちなのかわかりません。第7章で紹介されている「Hot Spotプロジェクト」のウェブページには、公募研究の研究代表者である筆者の紹介として学位が書かれているのですが、前期は「海洋学」と紹介されていた学位は、後期では「気象学」と変わっていました（あれ?）。気象学でも海洋学でも、私の行なっている研究は台風と海の関わりなので、どちらでもよいのですが。

場所は変わって、米国で2年に1度開催される、ハリケーン・熱帯気象国際会議でのお話です。このの会議ではポスター発表をしました。このときも若手研究者から「あなたの専攻は気象学ですか？　海洋学ですか？」と尋ねられました。でもこのとき、私が答える前に、たまたまいっしょになった学生が「自分は海洋の研究をしています」といい、それを受けて質問した人が「自分は台風のモデル研究をしています」といったのです。そこで自分は「私はあなたたちを組み合わせた研究をしているのです。この部分は台風モデルで、波浪と混合層は海洋学ですよね」。海の研究者と大気の研究者が私の面前で相互作用した瞬間でした。ちなみに私は界面の役割ですね。

最近、便利な言葉を覚えました。本章でも使った「学際」という言葉です。英語でinterdisciplinaryと書きます。本章でも紹介しましたが、物理的な大気海洋結合モデルに、炭素平衡モデルという海面の二酸化炭素分圧を計算するモデルを加えて、台風通過時、通過後に海洋から大気へ放出される二酸化炭素の輸送量や酸性度の変化を調べました。台風によって大気中の二酸化炭素は増加するのか？　海は酸性化するのか？　面白い研究テーマだと思いませんか？　こうしたアイデアを元に研究を実施し、査読論文にまとめるという作業は面白いものです。でも、査読者選びが大変です……、学際というのは、これまで専攻という枠にとらわれていた研究を異質のものと組み合わせることにより、新たな発見、研究の進展、そして社会への新たな貢献へと結びつける、新しい専攻分野を発見するための用語なのかもしれませんね。

そうはいうものの、私の研究は、地球科学や計算機工学といった科学の、ほんの一部を結びつけたにすぎないものかもしれません。そう考えると、将来私たちが取り組まなければならない研究課題は無限にあります。3・3節では、次の挑戦としてバイオロギングというキーワードを紹介しました。動物の生態を理解することが台風の予報精度の向上につながるのでしょうか？　このように自らの研究動機と深く結びつく研究を探すこと、探求することに関して、これまでの専攻という枠は、実は関係ないのかもしれません。

ただし、学際の研究をするには、専攻を超えたところで、協力体制を構築する必要があります。そのためには相手の研究分野を理解したり、幅広い教養を身につけたりすることも大事です。コラム5でも紹介したように、気象大学校で受けた4年間の教育を含むさまざまな経験は、きっと異質なものを受け入れやすくするという側面で、意義があったのかもしれません。これからも専攻は何ですか？　と聞かれたら、国家公務員の技官（研究官）ですと答えようかな？

第4章

小田僚子

# 東京湾と空の研究

「海」と聞くと、「果てしなく広がる大海原」をイメージする人が多いのではないでしょうか？　島国・日本は、オホーツク海・太平洋・日本海・東シナ海といった海に囲まれています。このような広大な海が陸地に入り込んだ部分を「湾」とよんでいます。日本で「○○湾」とよばれる場所は、海上保安庁が刊行する海図および水路誌に掲載されている限りでも、４００か所以上存在しています。陸上で生活する私たちにとって、身近な海といえるでしょう。

ここで、海図とは、航海するうえで欠かせない「海の地図」であり、水深や海底の地質、航路標識などが記載されているものです。水路誌とは、海図には載せきれない沿岸地形や港湾の状況などの情報がまとめられたもので、海図と併せて用いられます。

ちなみに、「○○灘」とよばれる場所がありますが、これらは昔から海流や潮流（海の中の流れ）が速かったり波が高かったりして、航海が困難な場所とされています。

「海」は暑い夏の定番お出かけスポットですよね。みなさんが「海に行こう！」といって元気に出かける場所は、じつは「○○湾」に面している海水浴場かもしれません。どうですか？「果てしなく広がる大海原」であった海のイメージが、親しみのある身近な光景へと変わってきましたか？　この章では、私たちにとって身近な海と空の関係についてお話しします。

# 4・1　陸地に入り込んだ身近な海――東京湾を知る

日本に400か所以上も存在するとされる湾のうち、ここでは日本の首都圏の海原、「東京湾」に着目し、東京湾と都市大気との関係について話をしたいと思います。みなさんの目線をグッと陸の近くに向けて、小さな海物語を楽しんでください。

## ・東京湾はスレンダーボディ

日本三景といえば松島、天橋立、宮島。日本三名泉といえば草津温泉、有馬温泉、下呂温泉。日本には昔から「日本三大〇〇」というものがありますね。実は湾にも「日本三大湾」とよばれるものがあります。東京湾は、三重県・愛知県に面する伊勢湾、瀬戸内海の東端に位置する大阪湾と並ぶ日本三大湾のひとつで、水域面積は最小ですが、沿岸域に工業地帯が立地し、流域人口の大きい湾です。東京港・横浜港・川崎港の国際戦略港湾、千葉港の国際拠点港湾、横須賀港・木更津港の重要港湾を含み（2015年9月現在）、日本を代表する国際海上輸送網の拠点として、経済上も重要な役割を担っています。

このように頼もしい東京湾ですが、その「体形」はとってもスレンダーでスタイル抜群です。

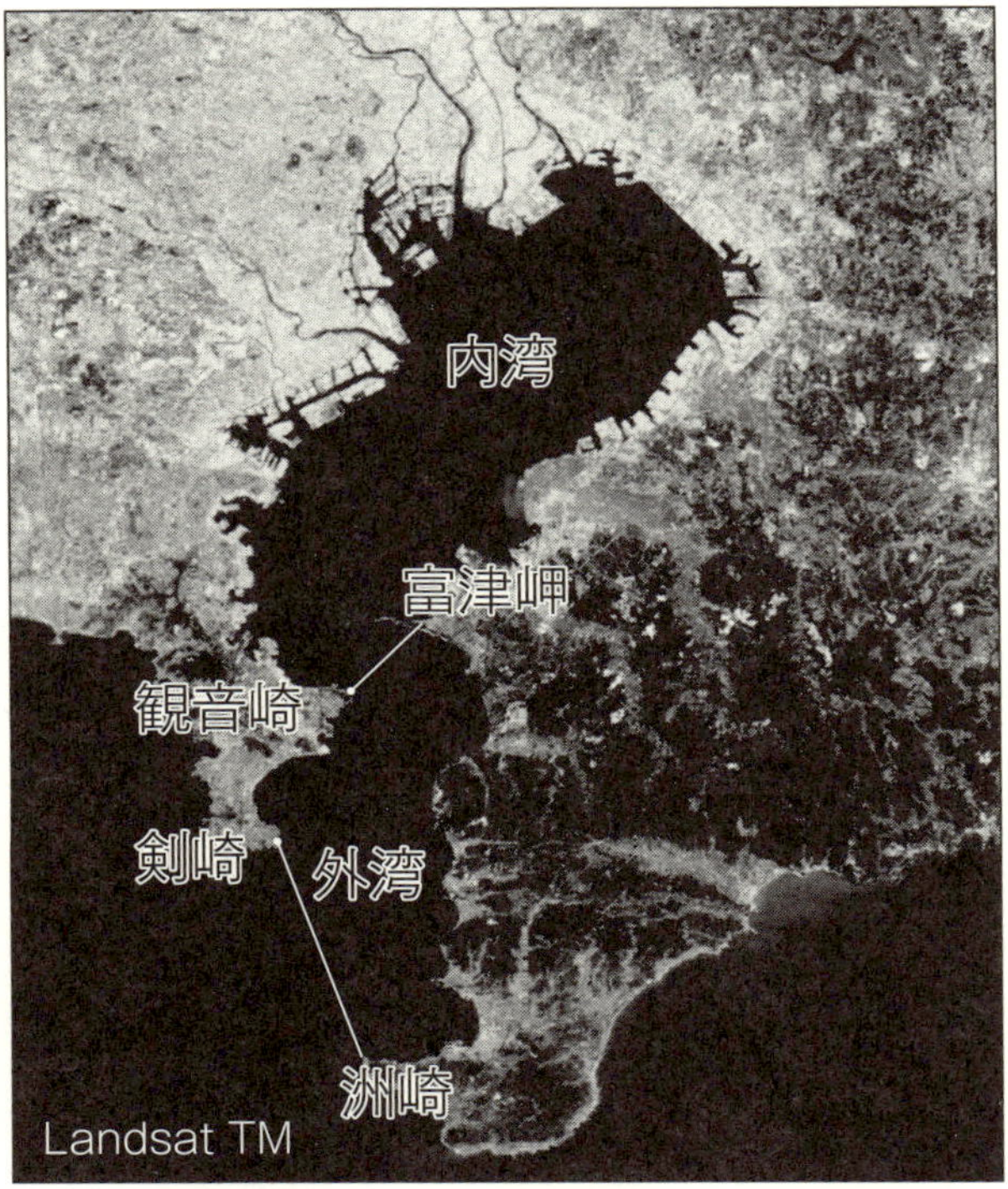


図４・１　東京湾の衛星写真。

東京湾は、東京都・神奈川県・千葉県に囲まれており、内湾と外湾の２つの領域に分けられます。観音崎（神奈川県横須賀市）と富津岬（千葉県富津市）を結ぶライン以北を内湾、そこから剣崎（神奈川県三浦市）と洲崎（千葉県館山市）を結ぶラインまでを外湾とよんでいます。

図４・１は東京湾を上空から撮影した衛星写真です。東京湾のサイズは、長さ（南北）が約70

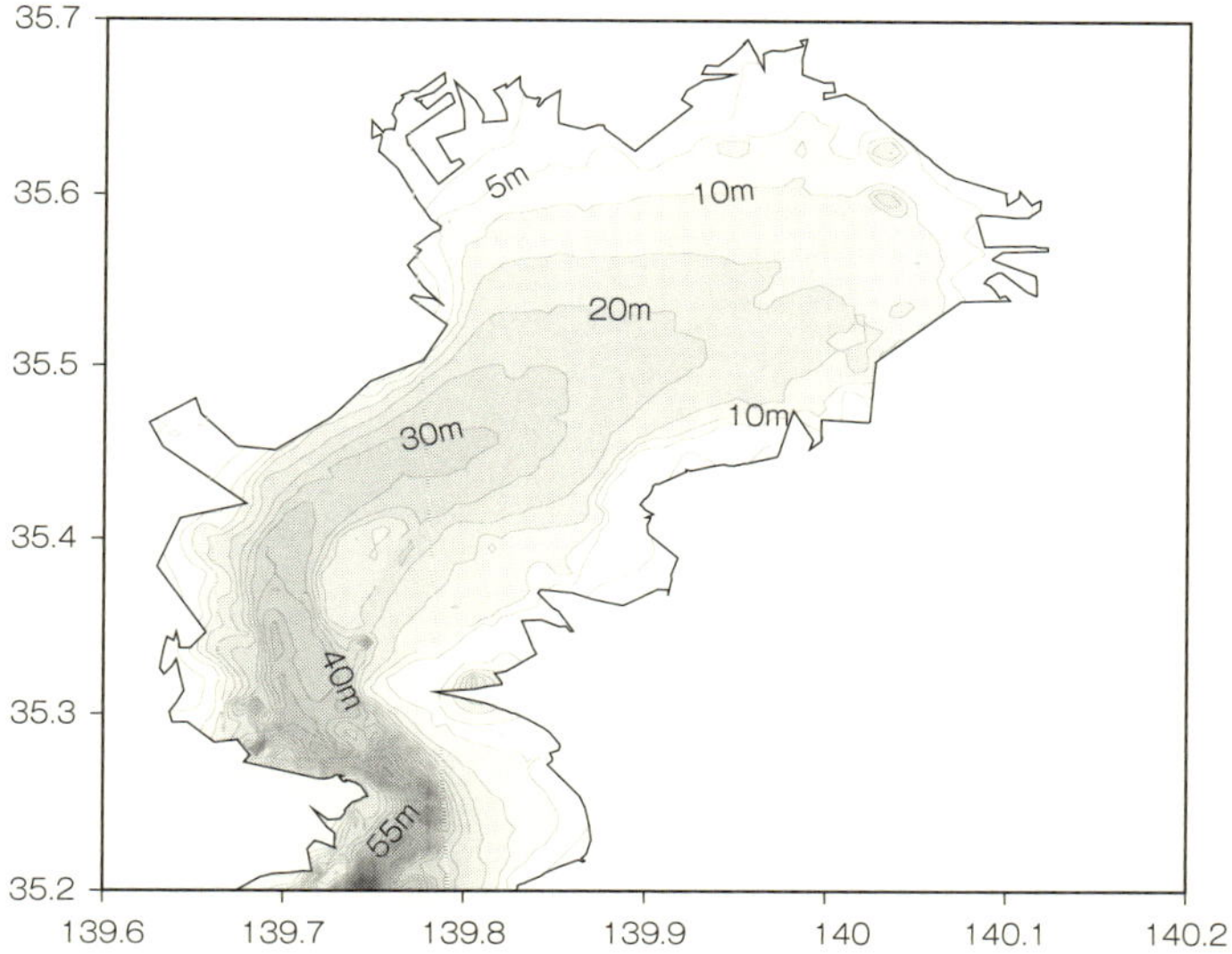


図４・２　東京湾内の海底地形図（データ出典：日本海洋データセンター
http://www.jodc.go.jp/data_set/jodc/jegg_intro.html）。

キロメートル、幅（東西）が約20キロメートル、面積が１３８０平方キロメートルです。伊勢湾の面積は２３４２平方キロメートル、大阪湾は１４４７平方キロメートルなので、三大湾のなかでは一番小柄です。

東京湾の「体形」で注目すべきは内湾の境界部分、「ウエストのくびれ」です。約７キロメートルしかありません。衛星写真のなかにキュッと細いくびれが見えますよね？　このくびれにより、東京湾は外海（ここでは太平洋）との海水交換がしにくく、閉鎖性の高い水域となっています。これは東京湾の大きな特徴のひとつです。

それでは、東京湾の深さはどうなっているのでしょう？　内湾の平均水深は約15メートルで、湾奥部から湾口部に向けて徐々に深くなり、最終的に水深は50メートル以上になります（図4・2）。内湾・外湾を合わせた平均水深は約39メートルです。伊勢湾は約17メートル、大阪湾は約28メートルなので、三大湾のなかでは最も深いですね。ちなみに東京湾は、内湾は浅いのですが、外湾から南にかけて急に深くなり、その水深は５００メートル以上に達し、そこは東京海底谷とよばれる地形となっています。東京湾で採れる魚というと、アナゴやスズキといった江戸前寿司の定番ネタを思い出しますが、深海ザメも見られるようです。東京湾にも深海魚がいるなんて、ちょっとびっくりですよね。

## ●東京湾と都市気象の関係を知るために――モニタリングポストをつくろう！

赤道海域東側のペルー沖で、海面水温が平年より高い状態が続くエル・ニーニョ現象などで知られるように、海面水温とその分布の変化は地球規模の気候変動に重大な影響をおよぼすことが指摘されています。例えば、エル・ニーニョ現象が発生すると、日本付近では冷夏・暖冬になるといわれています。エル・ニーニョ現象と気候変動との関係については、第6章や第2弾第1章で詳しく解説されているので、そちらをご覧ください。

一方で、「都市に隣接する水辺が、都市の気温や風にどのような影響をおよぼすのか」といった、都市スケール、つまり領域規模の現象についてはどうでしょうか？　これについて、海面水温の日昇温による海陸温度差の弱まりが、地上気温を高くすること（Kawai *et al.*, 2006）など、領域規模においても、海面水温と沿岸大気の変化との結びつきが指摘されています（Kawai and Wada, 2007）。しかしながら、地球規模の現象と比較すると、その実態は意外にもよく知られていないのです。

その原因のひとつに、海上における気象・海象観測が、非常に難しいことがあります。もちろん、この本で紹介される海での観測はどれもこれも、とても大変な観測です。ここで話したいのは、「都市スケールで海面水温と気象との関係を見出すための観測システムの整備」が難しいということです。

ひとことで「観測」といっても、その手法はさまざまです。解明したいと思う現象の時間スケール・空間スケールに応じて、観測点の配置や観測頻度を変える必要があります。時間スケールと空間スケールは、おおむね正の相関（時間スケールが長いほど、空間スケールは大きい）があり、例えば台風の水平規模（空間スケール）は数百〜千キロメートルで、寿命（時間スケール）は数日間、積乱雲の水平規模は数キロメートルで、寿命は数時間です。都市スケールの現象を対象とする場合には、おおよその目安としては数キロ〜数十キロメートル間隔で、月変化ではなく日変化（1日の間に起きる変化）を把握したいところです。つまり、領域規模の現象を把握するには、地球規模よりも密に観測点を配置し、観測頻度も高くする必要があります。

日本では、世界的に見ても非常に密に地上気象観測が実施されています。AMeDAS（アメダス）という言葉は聞いたことがあるでしょう。これは、Automated Meteorological Data Acquisition System の頭文字をとった略称で、地域気象観測システムのことです。このAMeDAS は、日本全国で約17キロメートルに1か所の割合で設置され、観測点により観測する要素は異なるものの、気象の観測が常時実施されています。陸上では、このように密な気象観測が実施されていますが、一歩海に足を踏み出してみると、その数は激減します。

空と海の関係を結ぶ鍵は「熱」です。都市スケールの現象を知るためには、海面から大気へどれだけの熱が供給されるのか、大気から海へどれだけの熱が吸収されるのか、を知る必要がありあます。具体的にいうと、顕熱フラックス、潜熱フラックス（第3章参照）が、いかに気温や風といった大気現象に影響を与えているのかが鍵となり、これを見積もる際の重要なパラメータが海面水温です。

図3・3で示されているとおり、海面水温は海面に入射する正味の放射量と顕熱フラックス、潜熱フラックス、そして図には明示されていませんが、海中伝導熱量とのバランスで決定されます。正味放射量とは、太陽から海に入射する短波放射量と海面で反射する短波放射量、大気中の水蒸気などが放出する赤外放射量と海面から大気に向けて放出される赤外放射量を考慮して、最

終的に海面が受け取る放射量のことです。海の場合、海面を通しての熱のやりとりだけでなく、横方向に出入りする熱量（例えば東京湾の場合、外海との海水交換により生じる熱輸送量など）も考える必要があるため、海面水温の変化のメカニズムはとても複雑ですが、ここではとりあえず横方向の熱輸送量には言及しないことにします。

さて、この重要なパラメータである海面水温ですが、一般的に海は陸に比べると熱容量が大きいため（第2章参照）、海面水温の日変化は無視できるとして、多くの気象モデルにおいては、日変化一定の海面水温を境界条件として使用してきました（「気象モデルって何？」「境界条件とは？」と思った人は、第8章を見てくださいね）。ここで熱容量とは、物体の温度を1度上昇させるために必要な熱量のことです。もう少し具体的にいうと、気象モデルでは、衛星観測で得られた水温と、船舶やブイなどで測定された現場水温などを融合させて、規則的な格子点データとして作成した海面水温情報を用います。このようなデータを客観解析値といいます。

地球規模の現象を知りたい場合には、海面水温情報を1日ごとに変化させる（日変化を一定として扱う）だけでも、十分な時間解像度だと思います。しかし都市スケールの現象を知りたい場合にはそれでいいのか、かなり気になります。

東京湾の海面水温の日変化は、本当に無視できるほど小さいのでしょうか？

すでに述べたように、沿岸海域における気象・海象の直接観測地点は、最近では、いくつかの海域で積極的に整備が進められていますが、地上気象観測網に比べると非常に少ない状況です。いずれも外海との水の交換が少ない閉鎖性海域であり、貧酸素水塊（水中の溶存酸素濃度が低い水の塊）の発生などによる、生物生息環境の悪化が問題となっている三大湾では、国土交通省が平成22（２０１０）年度から東京湾で4か所、伊勢湾で3か所、大阪湾で13か所にモニタリングポストを新設し、水温、塩分、溶存酸素量などの連続観測が開始されました。東京湾では現在、海面水温や気温、風向風速の観測を含む気象海象モニタリングポストが5か所で運用されていますが、多くは湾奥部に集中しています（２０１５年9月現在）。

また、自治体によっては、船舶による面的な海面水温観測が実施されていますが、その頻度は月に1度程度であり、直接測定に関する限り、得られる海面水温情報は時空間的に粗いのが現状です。

一方、衛星による海面水温の間接測定では、湾を覆う高い空間情報が得られるものの、雲がない状況でのみ1日数回得られる程度です。そして残念なことに、東京湾上空は意外と雲のある日が多いため、東京湾全域の海面水温情報の取得率はさらに少なくなってしまいます。つまり、都市スケールで考慮されるべき水温の日変化情報は不十分といえます。

そこで筆者らは、東京湾の海面水温変動の実態をつかむべく、直接観測により高い時間・空間解像度で、海面水温と海上気温のデータを取得するモニタリングポストの構築に乗り出しました。どのような観測システムかというと、東京湾内湾の既存の灯標や灯浮標など、計14地点に水温計と気温計を設置し、それぞれ10分間隔で海面水温、海上気温を連続観測するというものです(ちなみに、当時東京湾にあった気象海象モニタリングポストは1か所だけでした)。月に2~3回、船で現場を訪れ、データ回収と機器のメンテナンスをするのですが、結構大変な作業でした。この観測時の苦労については、ぜひコラム7を見てください。

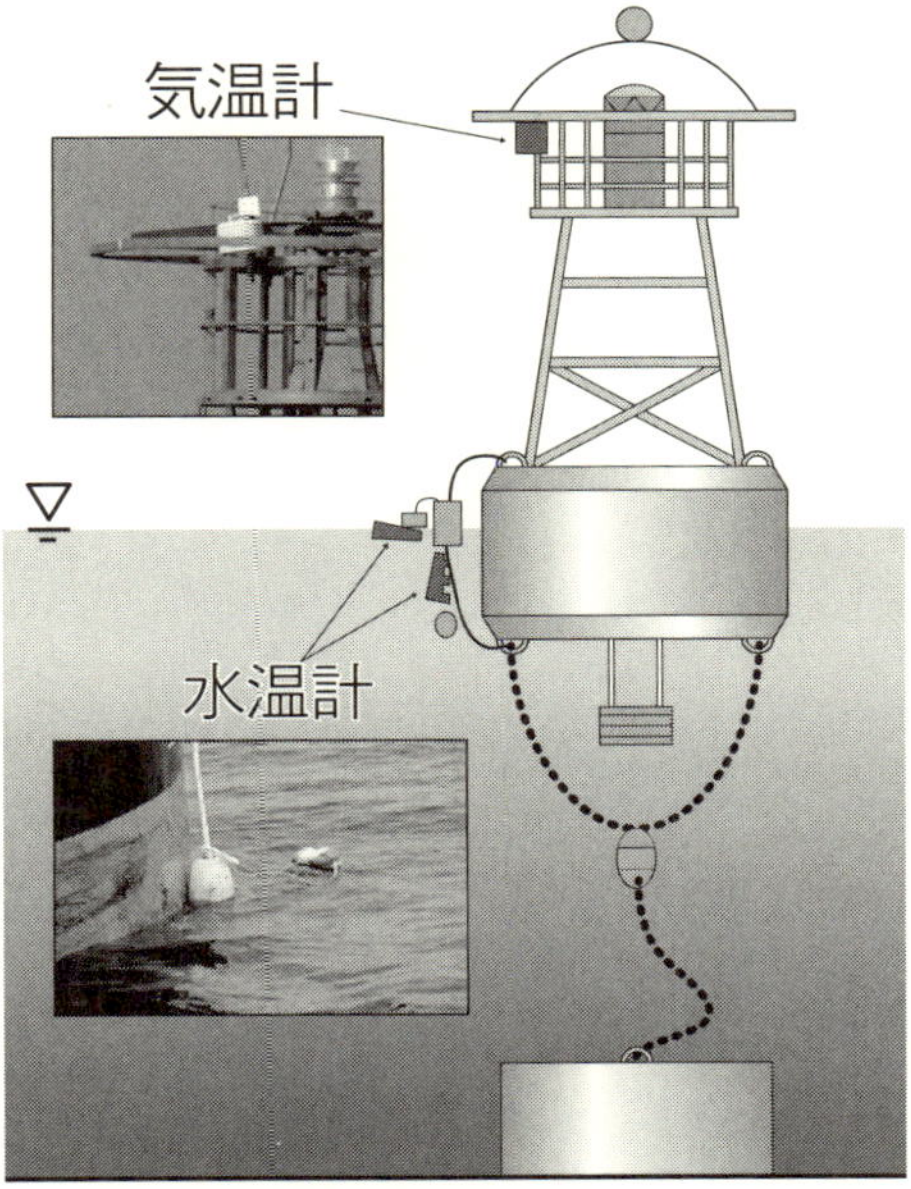


図4・3　灯浮標への水温計・気温計の設置状況の模式図。

この観測は2006年11月から2007年9月の約1年間のみ実施しました。図4・3のように水温計を小型のフロートに取りつけて波の動きに合わせて上下するような工夫をし、水面下約1センチメートルの温度を測定しました。この章ではこれを海面水温とします。海面水温の定義については、第3章を参照してください。

東京湾の海面水温は、湾奥側も湾口側も同じだと思いますか？　夏と冬で、何か違いはあると思いますか？

## ・季節で逆転！　東京湾の海面水温分布

それではさっそく、東京湾の海面水温の空間分布（面分布）を見てみましょう。

図4・4は、夏（8月）と冬（2月）の海面水温分布です。みなさんの予想は当たっていたでしょうか？　夏は暖かく、冬は冷たくなる、という季節変化は想像どおりだと思いますが、実は東京湾の「海面水温が高くなる場所」も季節によって違うのです！　海面水温の空間分布から平均的に見ると、冬場は湾奥が低温で、湾口に向かって高温になります。この傾向は、春の4月頃を境に逆転し、夏場には湾奥が高温、湾口が低温という分布を示します。4月頃は、東京湾全体でほとんど同程度の海面水温になります。季節による温度変動幅は、湾口よりも湾奥ほど大きい傾向にあります。

どうしてこのような海面水温分布になるのでしょうか？　まず考えられるのは、混合層の深さです。東京湾の混合層の深さは海底地形とも関連しています。東京湾の海底地形についてはすでに述べたとおりで、湾奥部から湾口部に向けて徐々に深くなっています（図4・2参照）。つま

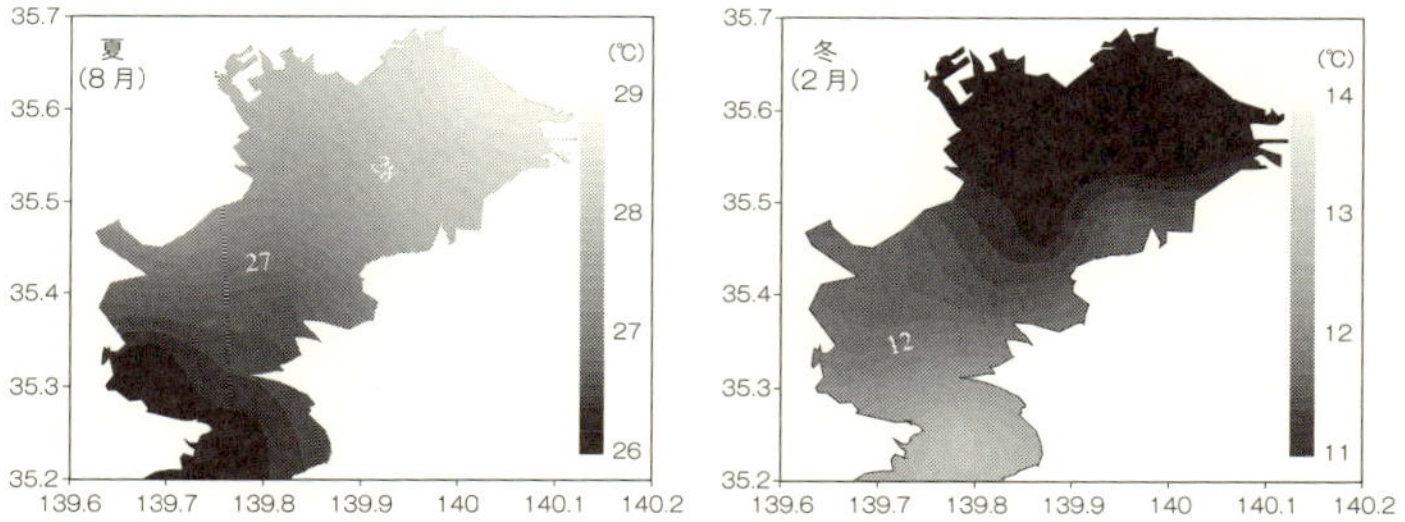


図4・4　東京湾海面水温の月別空間分布図、左：夏(8月)、右：冬(2月)。データは降水量が0 mm/dayである条件を抽出している。Oda and Kanda (2009) をもとに改編。

り東京湾は湾奥部ほど水深が浅いため、湾口部よりも、海面から海底までの海水がもつ熱容量は小さいといえます。東京湾では、水深が浅く、混合層が浅い湾奥ほど熱しやすく冷めやすい、また水深が深く、混合層が深い湾口ほど熱しにくく冷めにくいという状態にあると考えられます。

図4・4から、はっきりした季節変化があるのはわかりました。では日変化はどうでしょうか？

まず湾口と湾奥で、海面水温の日変化を比較してみます。前述の理由から、やはり湾奥での日変化が大きくなっています。また日変化も季節により特徴が異なり、夏には湾全体で1・0度以上の日較差(最高値と最低値との差)があったのですが、冬には日較差は小さくなり、0・5度以下でした。

これは、以下に説明する海水の安定度が関係していると考えています。水や空気などの物質が、温度の違いによる密度差によって鉛直的に混ざり合わずに層を成すことを

「温度成層」といいます。また、重い物質（水の場合は低温水）が下で軽い物質（高温水）が上にある状態を「安定状態」、その逆を「不安定状態」といいます。冬は海上の気温が水温よりも低くなります。海水の温度は海面付近ほど低温（密度が大きい）となり、下へ沈みこもうとする動き（鉛直混合）が生じます。そのため、海面付近と海中の海水との温度差が小さくなり、成層は小さく、もしくは見られなくなります。夏はその反対で、海面付近ほど高温になり、成層は大きくなります。ただし、この海中で生じる混合には、海上での風速も大きく影響します。風速が大きい場合は海中の鉛直混合や流れが活発となり、海表面に入射した熱が海底へと効率よく運ばれるため、夏でも温度成層が生じない場合があります。

観測期間中、夏には湾奥で最大５・５度、湾全体では最大２・９度もの日較差が生じている日がありました。湾口部では潮汐変動に対応した明瞭な海面水温の変動や、黒潮の接近にともなう海面水温の上昇が観測されました。また、湾奥の陸に近い観測点では海面水温が急激に２度以上も上昇し、これは温排水の影響と考えられます。このように海面水温の観測データから、地点ごとに特徴が異なるのを初めて知ることができました。

すでに述べたとおり、海洋では海面水温の変化は小さく、気象モデルでも日変化一定と仮定されることが多いのですが、沿岸部ではこのように明瞭な空間分布の変化や日較差が観測されており、東京湾全体の海面水温を一様の温度分布かつ日変化一定として考えるという仮定は適していないことがわかりました。

ここまでは、都市スケールのなかでの海面水温の季節変化・日変化について、観測の結果に関する話をしてきました。実際には外海水の流出入や、湾奥部においては河川水の流入、工場からの温排水の流入などの影響があること、また海における成層の形成には水温だけでなく塩分も大きく関わってくることから、東京湾の海面水温の変化には多くの複雑な要因がからんでいます。他の三大湾である伊勢湾・大阪湾も、都市部に隣接していることから、東京湾と同じような理由で特徴のある水温分布を形成します。

それでも長期にわたる変化を見てみると、東京湾の水温は上昇しており、上昇率は伊勢湾・大阪湾よりも大きいという報告があります（八木ら、２００４）。東京湾における水温の変化要因を含む内部の物理過程については、海岸工学分野の研究者たちがその詳細なメカニズムの解明に精力的に取り組んでいるので、ここでは海の中の「深い」話（水深の深いところの話と海面水温形成機構の深い議論）はこれくらいにしておきます。

本章の以降では、観測により明らかとなった東京湾の海面水温の変動が、周辺の都市大気に対して、どのような影響をおよぼすのかに着目して話をしていきたいと思います。

## 4・2　東京湾と都市気象のディープな関係

都市の空に関係する環境問題には、「ヒートアイランド現象」や「局地的大雨」などがあります。ヒートアイランド現象とは、都市部の気温がその周囲にある郊外の気温よりも高くなる現象のことです。気温の空間分布を描いてみると、都市部を中心としてあたかも「島」のような形に見えることから、「熱の島（=heat island）」とよばれています。また、局地的大雨とは、積乱雲が急激に発達し、狭い範囲で数十分という短い時間に総雨量数十ミリという非常に強い雨が降る現象のことをいいますが、数値上の正確な定義はありません。東京湾と接する都市部にも、このヒートアイランド現象や局地的大雨問題があります。ここでは、東京湾が都市気象とどのように結びついているのか、見ていきたいと思います。

### ●東京湾は熱のシンク？　ソース？

冷え性の人にとっては、寒い冬にカイロは欠かせませんね。カイロを持った手は、じわじわと温かくなっていきます。これは、手の温度のほうがカイロの温度よりも低いためで、手が温かくなるのはカイロから熱を奪っているからです。一方で、氷に触れた手は冷たくなります。これは、氷が手から熱を奪っているからです。つまりあなたの手は、カイロに対しては熱のシンク（吸収源）であり、氷に対しては熱のソース（供給源）であるといえます。

それでは、東京湾の熱のシンク・ソース機構はどうなっているのでしょうか？

先ほどの例における手とカイロの温度差のように、熱のシンク・ソースを考えるためには、海面水温と海上気温をそれぞれ知る必要があります。

海面水温についてはこれまで述べたとおり、季節変化がありました。一方、海面水温と同時に観測した海上気温の結果を見てみると、空間的なばらつきは海面水温より小さいものの、その季節変化は海面水温と同様で、冬は湾口が高温で湾奥が低温化しており、夏はその逆という傾向であることがわかりました。

海面水温と海上気温がわかったところで、この2つの「温度差」に着目してみましょう。

図4・5は、夏（8月）と冬（2月）における海面水温と海上気温の差を示した空間分布図です。正の値は「気温よりも海面水温が高い状態」であり、大気から見て東京湾が熱のソースであることを意味します。熱のソースとはすなわち、顕熱フラックスが正であるとも言い換えることができます。冬の東京湾は全体的に熱のソースとなっているようで、海上の大気を温めていることがわかりました。東京湾が熱のソースとなっているのは、おおむね11月から3月にかけてです。

5月以降から夏にかけてはまた違った傾向を示しています。図4・5の夏の結果を見てみると、

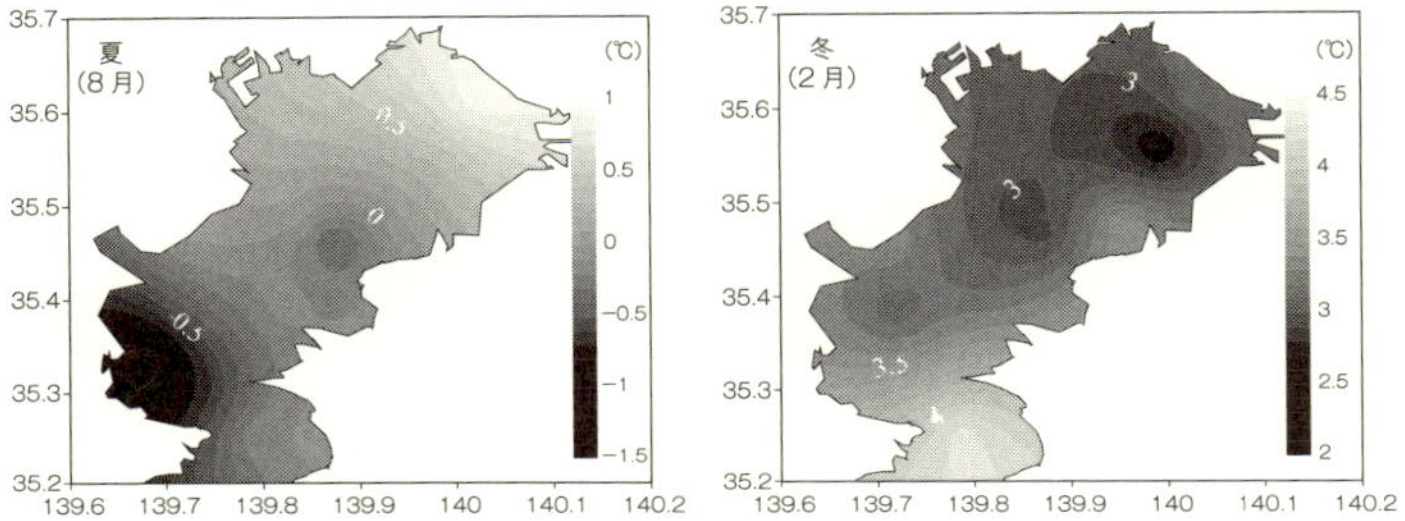


図4・5　東京湾の海面水温と海上気温の差の月別空間分布図、左：夏（8月）、右：冬（2月）。データは降水量が0 mm/dayである条件を抽出している。Oda and Kanda（2009）をもとに改編。

湾奥では冬と同じく正の値ですが、湾口部では負の値になっています。つまり湾口部では熱のシンクとなり、東京湾が海上の大気から熱を吸収する傾向にあることがわかりました。熱容量の観点で解説したとおり、海面水温の季節による温度変動幅は、湾口のほうが湾奥よりも小さかったのに対し、海面の熱収支に関わる「海面水温−海上気温（≒顕熱フラックス）」の値は、湾口部で大きくなることが、観測により明らかとなりました。

例年、都心部ではうだるような夏の暑さが続きますが、東京湾が少しでも大気の熱を吸収してくれているなんて、陸上で生活する私たちにとってはありがたい存在ですね（海の中の生き物にとっては困ることも多いと思いますが……）。

## ● 海風は気持ちいい？

空と海の関係を結ぶ鍵は「熱」ですが、東京湾と都市気象の関係を結ぶもうひとつの大事な要素に「風」があります。東京湾から都市部に向かう水平方向の熱輸送には風が担う役割が大きく、風速・風向にも注目する必要があります。温度や水蒸気などの物理量が、風（流れ）によって運ばれることを「移流」といいます。東京湾が海陸風循環をとおして、ヒートアイランドの形成や強雨の発生に影響をおよぼしていることは、これまでも指摘されていますが（藤部ら、２００２、など）、海面水温とヒートアイランドの形成や強雨の発生との関係については明らかにされていません。

風は東西南北のさまざまな方向から吹いてきますが、日本は季節風の影響で、一般的に冬は北寄り、夏は南寄りの風が多くなります。このため「都市が東京湾の影響を受ける」という視点で見る場合、南寄りの風の頻度が多い夏に、東京湾からの影響が顕著になるといえます。そこで、ここでは夏を対象に、まずは海面水温と風速との関係について見てみようと思います。

夏季日中で海上風が南寄りの状況における海面水温について、海上風速が毎秒５メートル未満と毎秒５メートル以上に分けて比較してみました。すると海上風速が毎秒５メートル以上の場合、海面水温は海上気温よりも顕著に低くなる傾向が見られました。これは、南寄りの風により湾口部の低温な海水が湾奥部へ吹き寄せられてくることや、風速が強まって海表面が波立つことで成層が崩れ、海に入射した熱量（日射）が海中へと効率よく運ばれるようになり、その結果として海面水温が低下したためと考えられます。

同様に、顕熱フラックスと風速との関係について検討してみました。するとやはり、顕熱フラックスには顕著な風速依存性が見られ、風速が強まるほど顕熱フラックスが負の値になりました。これはつまり、風速が強まるほど東京湾は熱のシンクになるということです。夏に強い南風が吹くと、陸上では海風の流入量が増えるだけでなく、海風自体の温度が下がることで、都市のヒートアイランドを緩和する効果がある可能性が示されたことは興味深いですね。

なお、ここでは「風速が強まるほど海面水温が低下する」という説明をしてきました。では「南風が強まるほど暖かい南寄りの風によって海上気温が高くなり、顕熱フラックスが負になるのでは？」という疑問が生じるかと思います。この点についても観測結果より検討しました。しかし、風速が強まるほど気温が上昇する傾向は見られませんでした。また、風速変化にともなう気温変動よりも水温変動のほうが大きい傾向にありました。これらのことから、風速が強まるほど顕熱フラックスが負になる傾向というのは、海面水温が低下することが大きな要因であると考えられます。

それでは実際に南寄りの風が吹くと、陸上の気温はどのように変化するのでしょうか？

それを確かめるため、陸上で観測されている気象台およびアメダス気温データのうち、東京湾からほぼ同一直線状にある新木場（２００９年５月29日以降、観測場所の移転に伴い「江戸川臨海」に名称変更）・東京・練馬の３地点に着目して、陸上気温の風速依存性について調べてみ

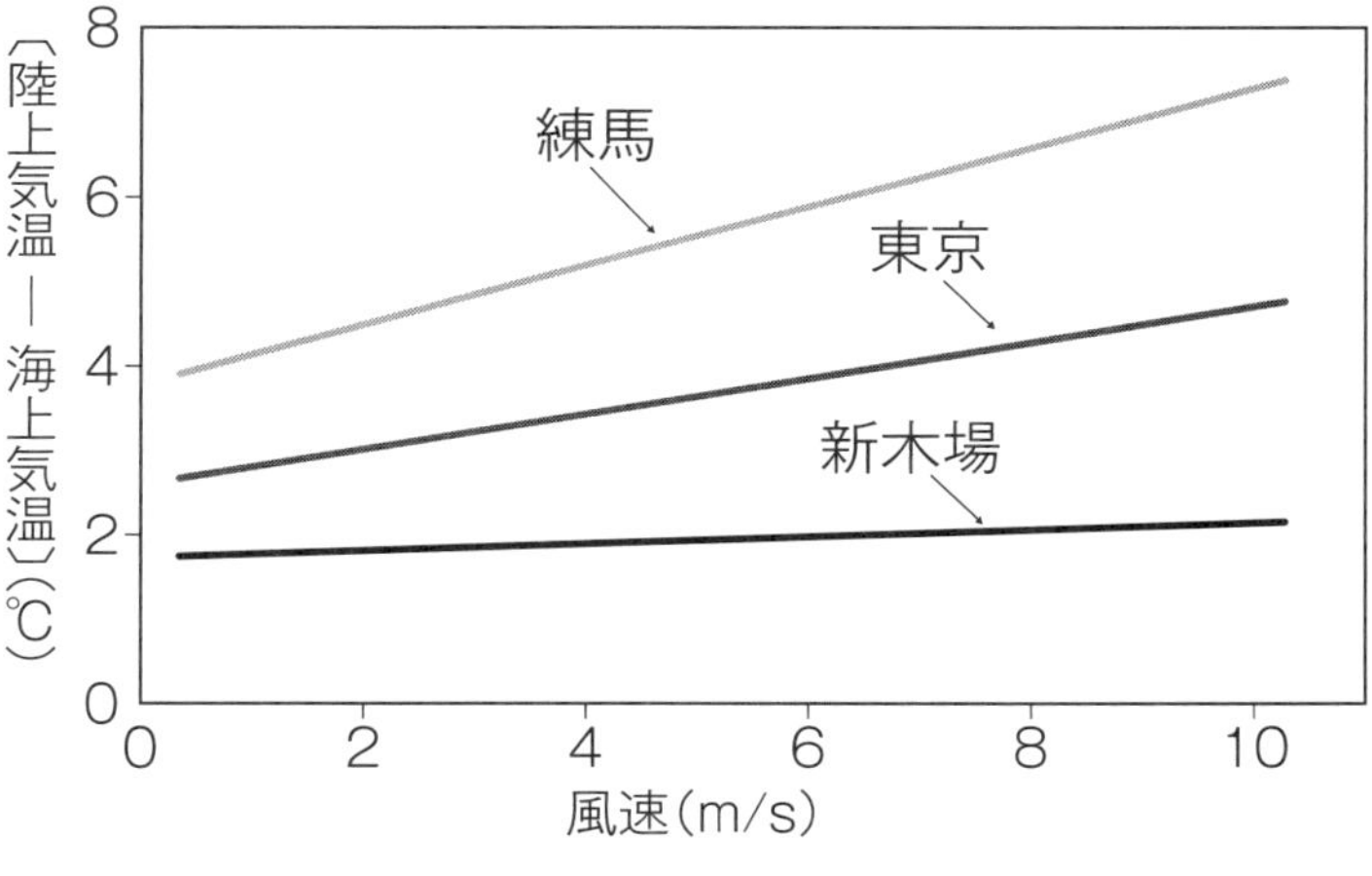


図４・６　陸上気温の風速依存性。データは降水量が 0 mm/hour、海上風向が南〜南西、陸上の各地点の風向が南東〜南である条件を抽出している。Oda and Kanda（2009）をもとに改編。

ました。その結果を図４・６に示します。この図は横軸に海上風速、縦軸は陸上気温から海上気温を引いた値（気温偏差）を示しています。なお新木場は東京湾沿岸部に位置し、東京と練馬はそれぞれ湾から約10キロメートル、約20キロメートル内陸にあります（コラム7の図を参照）。

図４・６を見ると、沿岸部の新木場から都北西部の練馬に向かって、気温偏差が増大していることがわかります。また、この気温偏差は風速が増すほど大きくなっています。風速が増して海風が内陸へ侵入するほど、陸上気温が海上気温に近づくわけではなく、沿岸部の新木場では風速に関係なく、ほぼ一定であって、東京や練馬ではむしろ差が大きくなって

いますね。これは、各地点において、風速増大にともなう気温日変化の変動が異なるためだと考えられます。

　そこで、海上風速毎秒5メートル未満の弱風日と、毎秒5メートル以上の強風日に分けて、平均的な気温の日較差を調べてみました。風速が強まると海上気温は低下しました。また日較差も小さくなり、弱風日では4・1度、強風日では2・1度と、日較差の差は約2・0度あることがわかりました。同様に、練馬を除く陸上気温も風速が強いほど日較差は小さくなり、その差は新木場で約2・3度、東京で約0・9度となります。新木場の日較差の差は東京湾におけるそれと大差ないため、図4・6で示すように、気温偏差が風速に関係なく、ほぼ一定になると考えられます。東京では東京湾と比較して、風速増大にともなう日較差の低下は小さいことから、風速が増すほど気温偏差の値が大きくなっています。

　こうした調査結果から、日中の都市大気における東京湾の海風による冷却効果をまとめると、次のようなメカニズムが考えられます。

1　夏に南寄りの海風が強まるほど、湾口からの低温水の吹き寄せや海中の成層化が弱まることで、東京湾の海面水温が低下する。
2　東京湾が熱のシンク（顕熱フラックスが負）となり、海上気温の上昇が抑制される。
3　陸上と比較して冷涼な海風により、陸上の沿岸部における気温上昇が、海上における気温低下率と同程度に抑制される。

4 海風が内陸に侵入するにつれて、陸面加熱（地表面は熱のソースとなる）の影響により、次第に海風冷却効果が減少する。

5 その結果、風速が強まるにつれて、陸上では沿岸からの水平気温勾配（陸上気温と海上気温との差）が強まる。

こうして、東京湾の海面水温の変化は、夏季日中の都市気温の形成に少なからず影響をおよぼしていることがわかりました。

ここまではすべて、観測結果から海面水温と都市気象の関係について検討してきました。特に顕熱フラックスの変動に着目してきましたが、本章での観測では、水蒸気を測定していなかったために、潜熱フラックスの湾内分布や時間変動特性についてはわかっていません。つまり、東京湾がどれほど大気を湿らせているのかについては検討できませんでした。海では顕熱フラックス以上に潜熱フラックスが大きいため、海面水温の形成メカニズムを考えるうえでも無視できません。東京湾が大気にもたらすインパクトの全容が明らかになるには、今後の研究の進展が期待されます。

最後に少しだけ、気象モデルを用いた結果も紹介したいと思います。本章で紹介した東京湾内の海面水温多点観測により得られた海面水温データを、領域気象モデルの初期条件として導入し、海面水温一定とした場合と比較してみました。すると、陸－海表面の温度コントラストが変わることにより、内陸における風の収束（上昇気流が生じ、積乱雲が発生しやすい）ラインが異なる場合があることもわかりました。また、海面水温の空間分布の変化は、陸へと移流される水蒸気や汚染物質の量などの分布も変化させることが指摘されています（Holt *et al.*, 2009）。海面水温の変動は雲の発生する場所、もっというと、局地的大雨の発生場所にも影響をおよぼす可能性があるといえるでしょう。

局地的大雨やヒートアイランド、大気汚染といった都市気象問題を予測・解明するには、気象モデルの活用が欠かせません。しかしながら、その精度を高めるうえでも、現場観測は必要不可欠です。本章の観測では、都市に隣接する水圏である東京湾に着目してきました。東京湾は大海原と比べると、とても小さな海です。その海面水温なんて無視してもいいと思われるかもしれませんが、都市スケールの現象では影響力はあるのです。「急に雨が降り出した」とか「今日は少し涼しいな」と感じたとき、その現象にはあなたの身近な海も関係しているかもしれないことを、ちらっとでも思い出してくださいね。

## 参考文献・引用文献


Holt, T., J. Pullen and C. H. Bishop：Urban and ocean ensembles for improved meteorological and dispersion modelling of the coastal zone, *Tellus*, 61A, 232-249, 2009, doi:10.1111/j.1600-0870.2008.00377.x

Kawai, Y., K. Otsuka and H. Kawamura：Study on diurnal sea surface warming and a local atmospheric circulation over Mutsu Bay, *Journal of Meteorological Society of Japan*, 84(4), 725-744, 2006, doi: 10.2151/jmsj.84.725

Kawai, Y. and A. Wada: Diurnal sea surface temperature variation and its impact on the atmosphere and ocean: a review, *Journal of Oceanography*, 63(5), 721-744, 2007, doi:10.1007/s10872-007-0063-0

Oda, R. and M. Kanda: Observed Sea Surface Temperature of Tokyo Bay and Its Impact on Urban Air Temperature, *Journal of Applied Meteorology and Climatology*, 48(10), 2054-2068, 2009, doi: 10.1175/2009JAMC2163.1

藤部文昭、坂上公平、中鉢幸悦、山下浩史「東京23区における夏季高温日午後の短時間強雨に先立つ地上風系の特徴」『天気』49号、３９５－４０５、２００２年

八木宏、石田大暁、山口肇、木内豪、樋田史郎、石井光廣「東京湾及び周辺水域の長期水温変動特性」『海岸工学論文集』51号、１２３６－１２４０、２００４年

伊勢湾再生推進会議「伊勢湾再生行動計画（第一回見直し版）」
http://www.isewan-db.go.jp/ise-gaiyo/A1a.asp

海上保安庁　海洋情報部　海の相談室　閲覧資料

気象庁「気象統計情報」
http://www.data.jma.go.jp/gmd/cpd/data/elnino/learning/tenkou/nihon1.html

国土交通省　関東地方整備局「東京湾及びその流域の概要」
http://www.ktr.mlit.go.jp/ktr_content/content/000010108.pdf

国土交通省　港湾局　http://www.mlit.go.jp/common/000110973.pdf

## コラム7　東京湾クルーズ

4・1節で記したように、東京湾と都市気象の関係を知るために、まずはモニタリングポストを構築するところからスタートしました。東京湾内湾にある既存の灯標や灯浮標など、計14地点に水温計と気温計を設置し、助走期間を含め2006年10月から2007年9月の約1年間にわたって観測を実施しました。図4・7の東京湾内に示す白丸が観測サイトの位置を表します。

「東京湾で約1年間、水温と気温の観測をしました」と文字で表わすと、いとも簡単な一文ですが、実際には苦労の連続でした。観測は自分の好き勝手に行なえるものではありません。その場所を管理している機関に、ちゃんと許可を取る必要があります。本観測の場合、東京湾を管理している第三管区海上保安部をはじめ、約20か所の関係機関の理解を得るところから始まりました。「東京湾で観測をしたい」と思ってから数か月は、いわゆる観測（機器）の準備ではなく、身なりを整えて、関係機関に観測の相談と許可のお願いに伺う日々で、実際に観測を開始できたのは半年以上経ってからのことでした。当時学生だった私は、社会の仕組みや厳しさを学ぶとともに、人とのつながりの大切さも実感しました。

無事に観測を開始してからは、データ回収と機器メンテナンス、そしてデータ解析の毎日です。毎月船に乗って観測サイトをまわるのですが、時間の制約上、14地点を1日でまわることはできないため、月に2〜3回の頻度で乗船していました。屋外観測の大変さのひとつは天候に左右されることとです。「この日に観測しよう！」と思っても、本観測の場合には安全上の理由により、風が強いと出港できません。また内湾とはいえ、常に波が穏やかなわけではなく、冬は寒くて手が動かなくなるなど、作業が厳しいと感じる場面も多くありました。

船での観測というと、この本でもたびたび登場する観測船をイメージする人が多いと思いますが、ここでは大型の観測船ではなく、小回りの利く漁船で観測場所に赴きました。漁船で灯浮標や海上構造物に超接近し、乗り移ったりしていた作業風景は、他の船舶から見ると怪しく映ったようで、たびたび海上保安部に通報が入っていたとも聞きました（もちろん、ちゃんと許可を取っているので問題はありません）。

観測開始当初は水温計が流失してしまったり、故障が相次いだりして、観測の継続に不安を覚えることもありました。本観測により得られる唯一無二のデータが、東京湾と都市気象の関係の一端を解く鍵になるんだ、というモチベーションと、公的な予算で行なわれているという責任、それから本観測に理解を示し協力してくれた人たちへの感謝の気持ちで、観測を続けることができたと思います。このように危険のともなう大変な作業にご協力いただいた、新日本環境調査株式会社のみなさま、それから漁船の船長や関係者のみなさまには、心から感謝しております。

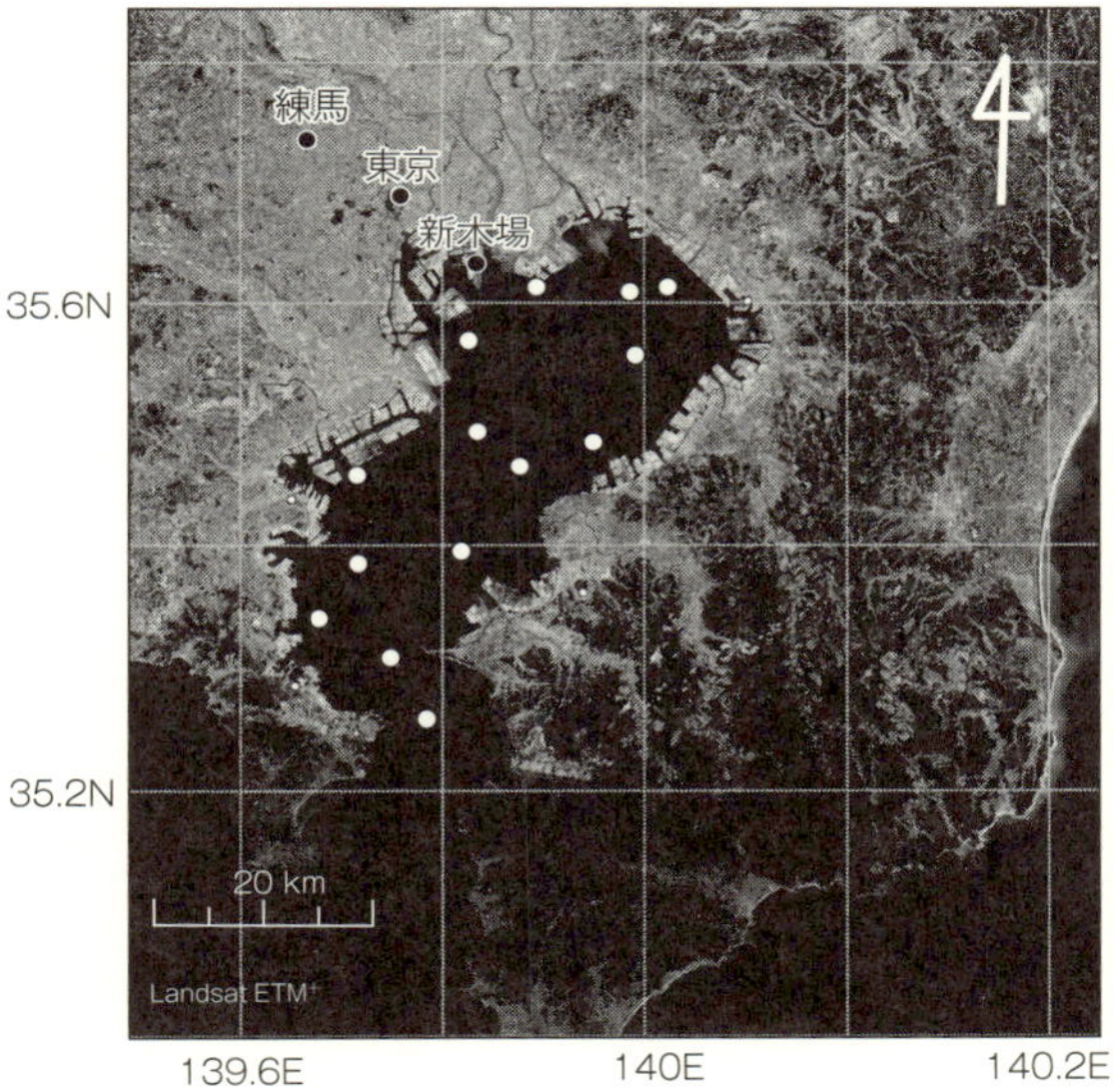


図4・7　東京湾海面水温の観測地点。東京湾内の図中白丸で示す 14 地点で水温・気温の観測を行なった。

図4・8　東京湾海面水温観測の作業風景。（左）漁船の甲板上での作業。右から 2 人目が筆者。（右）灯浮標上での作業。

観測は大変でしたが、海から都市を臨み、普段見慣れない景色を堪能できるという楽しみもありました。有名テーマパークから打ち上がる花火を、海から見た経験がある人は少ないでしょう。また、都市上に発達する大気境界層を初めてはっきりと目にしたのも、この観測のときです。観測が終了してからは、陸から海を眺める回数のほうが多くなってしまいましたが、都会の喧騒《けんそう》に疲れたときには、身近な海を船でクルーズするのもお勧めですよ。

## コラム8　女性研究者は珍しい⁉

私の人生の転機のひとつは、小学校高学年から中学生にかけての時期でした。1993年に奥尻島への津波災害を引き起こした北海道南西沖地震、1995年には阪神・淡路大震災を引き起こした兵庫県南部地震が発生しました。自然の猛威を目の当たりにし、「地震は怖い」という思いに加えて、「自然災害による被害を何とか少なくできないものか」と真剣に思うようになりました。こうした思いから、自然と私は土木工学の道へと進んでいきました。

中学校を卒業後は、地元の苫小牧工業高等専門学校へ進学、そして東京工業大学へと編入学し、そのまま博士課程を経て、気がつくと世間から「研究者」とよばれる立場になっていました。小さな頃に「将来の夢は研究者です」といった覚えはありませんが、「いまだ解決していない自然現象のメカニズムは何なのか？」ということに興味をもちつづけた結果、いつの間にか「女性研究者」の仲間入りをしたようです。

男性研究者とはあまりよばれないのに対し、女性研究者という言葉はよく耳にします。研究者といえば、男性の職業であるというイメージが強いのでしょう。たしかに数値上の絶対数では、女性の研究者の割合は低いです。しかし私の印象では、学会の講演会場に行って女性が極めて少ないと感じたことはありませんし、さまざまな研究分野の第一線で活躍されている女性研究者がいることも事実です。客観的に見ると、女性研究者はまだまだ珍しい存在なのかもしれませんが、当の女性研究者（私）自身は、自分が珍しい存在だとは特に思っていません。私の場合、そもそも中学卒業後から工業系の道に進み、当時から圧倒的に女性の比率が少ない環境で生活してきたこともそう思う要因なのかもしれません。

気がつくと研究者になっていた私ですが、今になって自身の職業について悩むこともあります。研究者とひとことでいっても、公的研究機関、民間研究機関、教育機関など、その所属はさまざまです。大学の研究者は、研究だけではなく教育活動とそのほかの事務的業務もこなすことになります。現在1児の母となった私は、これまで仕事優先だったスタイルが家事育児に割く時間が増えたため、ワークライフバランスをうまくとることができず、オーバーフロー気味です。以前はおおむね自分のペースで研究に没頭する時間もつくれましたが、今はなかなかそうもいかなくなっています。研究ができる環境に身を置けていることを幸せだと思う一方、その研究活動自体と各種業務で平日以外も仕事に割く時間が多いため、幼い子供のことを考えると胸が痛むこともしばしばです。自己管理能力を高める必要性を痛感しています。子供をもつまで、自分が女性であるということを研究者として意識することはありませんでしたが、母親となり、ワークライフバランスを気にするようになって、初めて「女性研究者」を意識しはじめた次第です。

第5章

猪上淳

# 北極の海と空の研究

みなさんは、海に浮かんでいる氷と聞くと、どのようなものを想像しますか？　氷河の一部が海に激しく落ちていくシーンでしょうか？　それとも海一面に広がった海氷でしょうか？

陸上で長年降り積もった雪が固まってできた氷床や氷河は、沿岸部にたどり着くと崩れ、氷山となって漂流しはじめます。陸上の氷が海に出ていくと、海面水位が上昇するなど、沿岸部に住んでいる人々の生活にも影響が出るといわれています。

一方、海自身もマイナス1・8度くらいになると氷になります。塩分が多少含まれているので、なめるとしょっぱいです。これが海氷です。海氷の厚さは数メートル程度であることが多く、氷山に比べて薄く割れやすいことが特徴です。

この海氷の面積が北極海で近年縮小してきていることを、どこかで聞いたことがあるかもしれません。この章では、海氷が減ることと私たちの生活はどのような関係にあるかを見ていきたいと思います。

# 5・1　大気と海洋にはさまれて

## ・海氷は厄介者？

北海道のオホーツク海側は2月になると流氷で閉ざされ、白い海になります。海が海氷で覆われると、沿岸部は暖かい海から熱が来なくなるため、一段と寒くなります。この寒さと海氷（流氷）を目当てに、国内外からたくさんの観光客がオホーツク海沿岸部を訪れます。この時期、海氷は海流・潮流、風によって動くので、次の日にはずいぶん沖合に行ってしまうこともあり、日々の海氷の動向に一喜一憂する人々の姿が目立ちます。一方、漁業関係者にとっては、冬は船を操業できなくなるので、海氷は厄介者と思われています。しかし、海氷下は植物プランクトンの生育場所にもなっており、春から夏にかけての漁業を占ううえで、海氷の動態は注目されています。

かくいう筆者は、北海道の南部に位置する函館市出身で、オホーツク海とは特別な縁はありませんでした。大学院生になって、北海道斜里町でラジオゾンデ観測に参加したときが海氷初体験です。ラジオゾンデ観測では、気圧、気温、湿度などの気象要素を測定するセンサーと、測定結果を送信する無線送信機を備えた気象観測器をゴム気球に吊るして飛ばすことで、地上から高度約30キロメートルまでの気象要素を観測します。この観測の課題は、海氷の有無で海から出る熱がどのように変化するかという、シンプルかつ実証が困難なものでした。海氷の面積、あるいは気温や風速などが、大気・海洋・海氷間の熱交換を決めているということに何となく気づかされた、２０００年前後の学生時代でした。

ところで、海氷はどのように形成されるのでしょうか？　冷凍庫を思い浮かべてください。製氷皿に冷たい水とお湯を入れた場合、どちらが早く凍るでしょうか？　また、マイナス20度とマイナス10度の冷凍庫では、どちらが早く凍らせることができるでしょうか？　冷たい水で、強く冷やせば早く凍りますよね。北極海でも海氷のできやすさは、気温と水温が非常に重要な要素です（海水に含まれる塩分濃度も海が凍る温度、すなわち結氷点を決めるのに重要な要素ではあります）。特に、海氷の形成には、温度差と風速で決まる、大気海洋間の熱交換過程が重要です。

海水中の真水成分が凍結しだすと氷晶ができます。それらがゆっくりと成長して、薄い海氷が形成されたり、波やうねりなどによって氷晶が併合して、次第に縁がまくれた円形状の蓮葉氷が形成されたりします。さらに大気の冷却が継続すると、次第に海氷の厚さは増していきます。このように、初期の海氷は熱力学的に成長していきます。海氷は、海流や風で流される際に、氷盤同士がぶつかり合い、片方がのし上がってさらに厚くなる力学的な成長過程もあります。

このように海氷のでき方は複雑ですが、融け方はさらに複雑です。融解の一番の熱源は太陽放

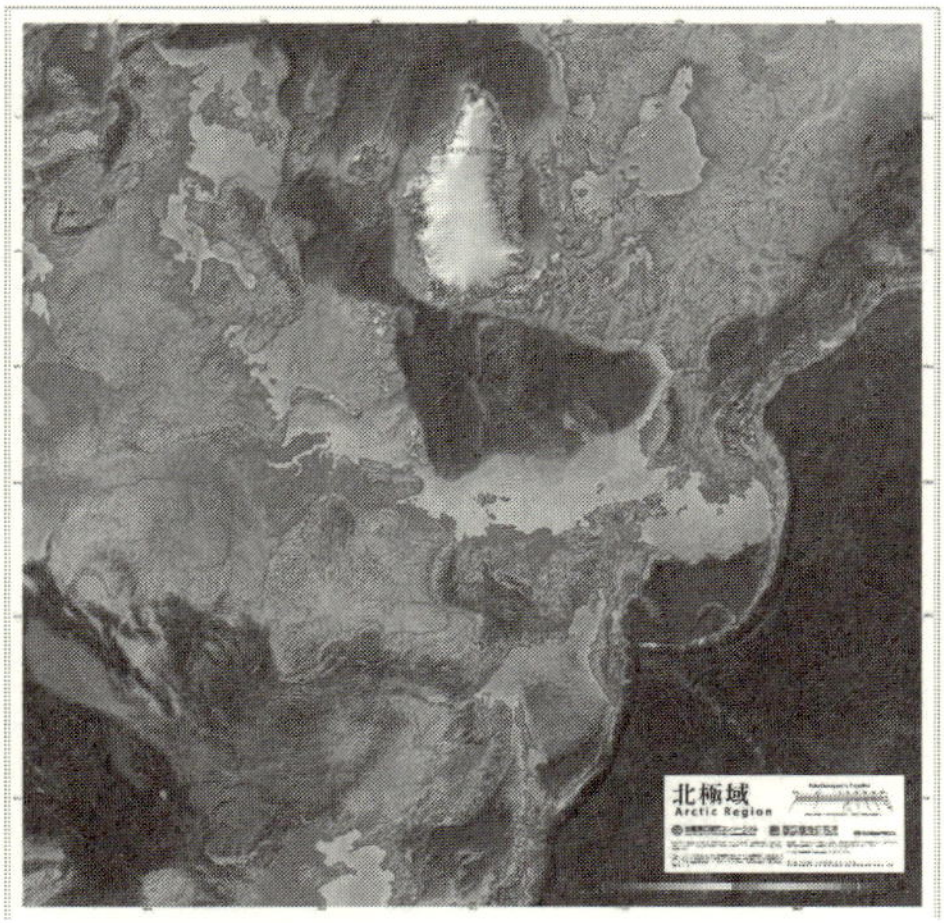


図5・1　北極域地図（提供：北極環境研究コンソーシアムと国立極地研究所）。

射です。太陽放射は緯度によって大きく異なります。北極域では夏の間は夜がない白夜なので、海氷面は一日中太陽放射にさらされます。したがって夏至の前後から急激に海氷の融解が進行するわけです。さらに7月から8月頃になると、海氷の底面や側面からの融解も顕著になります。融解期には海も暖まり、海氷を融かすだけの熱が備わってくるからです。

海氷の形成・融解には、大気と海洋の熱バランスが密接に関わっています。

ここでは北極海（図5・1）に着目します。地球の冷源域である極域は、特に冬から春にかけて、陸上は雪で、海は海氷で覆われます。雪氷は、高緯度で受け取る日射の大半を反射する重要な気候学的役割があるにもかかわらず、その季節変化については未知な部分が多いので

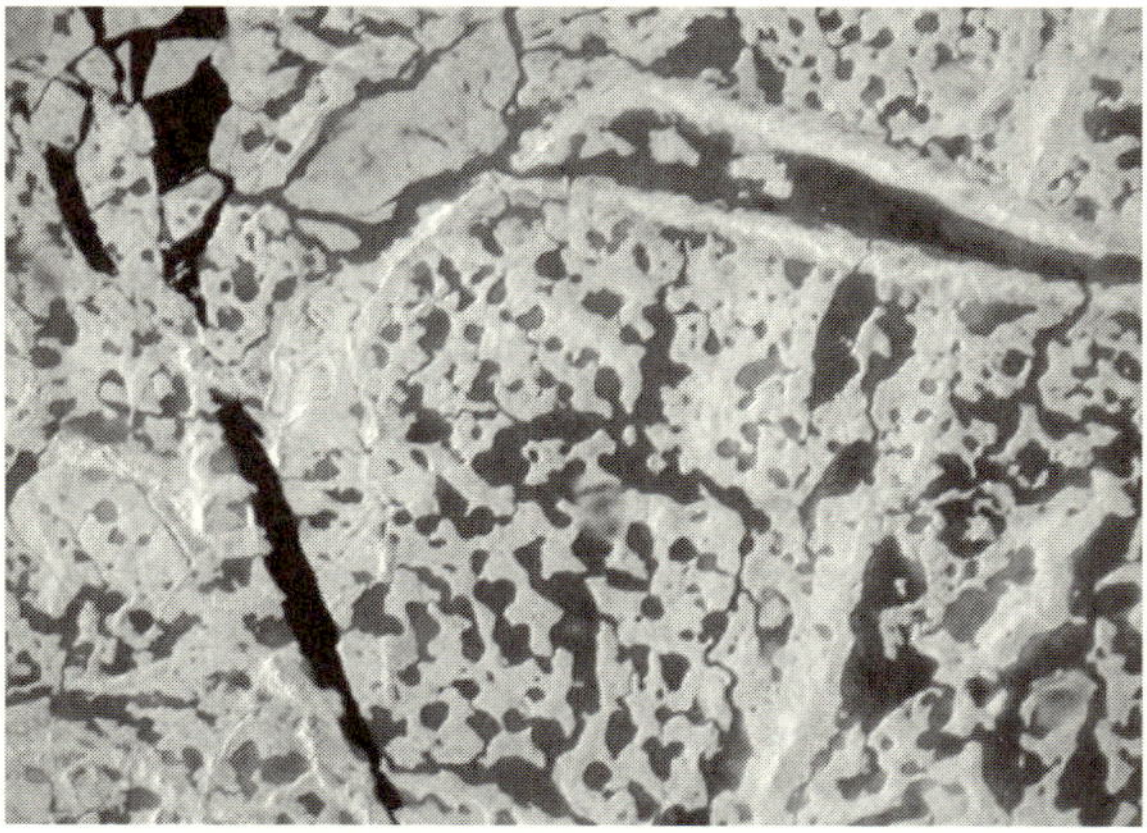

図5・2　北極海の融解期の海氷の表面。融氷水が池のように溜まっている（メルトポンド）。

す。雪氷は人間がアクセスしづらい地域にあることが多く、通年のデータを取得するには環境が厳しいことが原因です。海氷の反射率ひとつとってみても、その季節変化はどのようになっているのか、観測すればわかることなのですが、それがなかなかできなかったわけです。

さらに、広域の観測が可能な衛星観測を用いても、積雪や海氷の厚さ（積雪深や海氷厚）の情報に関するデータについては、不確定性が大きいのが実情です。

特に海氷に関しては、氷上での通年観測が著しく困難なため、海氷をつくったり融かしたりするプロセスを数値モデルのなかでどのように組み込めばよいか、その検証データが不足しているわけです。

そこで、海氷そのものの気候学的役割を理解するために、海氷上の熱収支の季節変化を詳細に調べる巨大プロジェクトが、１９９７年に走り出しました。砕氷船を北極海域に1年間閉じ込めて、大気、海氷、海洋の通年観測データを取得するというプロジェクトで、アメリカが中心となって行なわれました（ＳＨＥＢＡプロジェクト：Uttal *et al.* 2002)。

北極海は、夏は白夜、冬は極夜ですから、海氷の成長に重要な気温の寒暖は、おおよそ日射（太陽放射）で決まります。ＳＨＥＢＡプロジェクトにより、夏に北極海上で受け取る日射量は、反射板である海氷の性質によって大きく変化することがわかってきました。また、氷上の積雪の状態、雪や氷の融け水でできた池の面積や深さ、それらが再凍結したときなど、春から秋にかけては時々刻々と海氷表面の状態が変化することがわかりました（図５・２）。

## ●海氷が少なくなると加速する北極の温暖化

２０００年代に入り、北極の研究業界では、衛星観測により海氷面積の急速な減少が確認されはじめていることが話題となります。北極海の海氷面積は例年、９月に最小、３月に最大を迎えますが、特に最小面積については２００２年以降、記録がどんどん塗り替えられ、最近では２０１２年に最も面積が小さくなり、９月には北極海の半分程度しか海氷で覆われなくなりました（図５・３）。大変な事態です。海氷は雲と同様に宇宙から見ると白く見えます。夏に降り

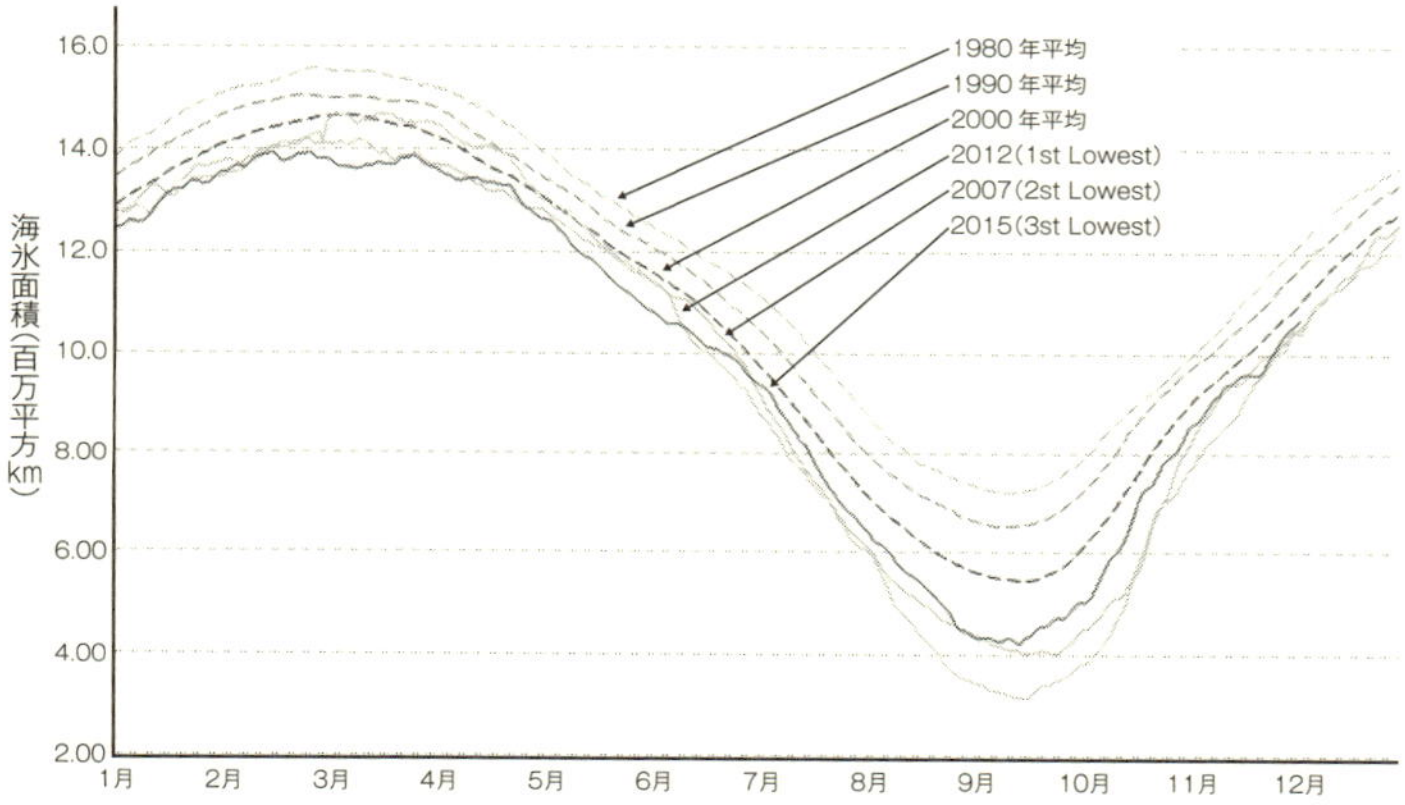


図5・3　北極海の海氷面積の季節変化（提供：北極域データアーカイブ）。

注ぐ太陽放射の大部分は、白い海氷によって反射されるのですが、その反射板が夏季になくなると、一転して海の色は青黒くなり、海水にその熱が効率よく吸収されることになります。すなわち、夏季に海氷がなくなることで、海が温暖化するのです。ちなみに夏季における大気下層は、海氷や冷たい融氷水があるため、この30年ほどはほとんど温暖化していません。

海水は熱を溜め込んだままでは、海氷をつくることができません。冬になると海水は寒冷な大気にどんどん熱を奪われ、水温は低下し、結氷点に達すると海氷ができはじめます。一方、大気は放出された海の熱により、暖められます。そうです、大気の温暖化は夏よりも冬に急速に進行するのです。人間にしてみれば、例えば過去にマイナス35度であった冬が、最近ではマイナス30度になったとしても、寒いことに変わりはありません。しかし、海氷の成長の観点から見ると、温暖化により海氷の成長速度が減速するため、結果として春を迎えた海氷はひと昔前よりも薄くなります。薄い海氷は動きやすく割れやすいので、同じ気象条件でも海氷はより一層なくなりやすくなります。「温暖化で海氷が融けてなくなる」とよくいわれますが、夏の海氷の減少と冬の気温の上昇という、季節の異なる2つの現象が密接に関わり合っているのです。このなかでも、海氷に熱が蓄積されることによる温暖化によって、ますます海氷が冬に成長しにくくなっていることが、海氷の減少に一番影響しているように思われます。海氷が減少し、なくなることで、より暖かい海水が大気に触れるようになります。大気は海氷上では冷たく、海水上では暖かいので、海氷域と海水域の境界では、地表面付近の気温の水平分布や鉛直分布、特に大気下層の寒暖の差をつくりだします。この差が大きくなると、より強い対流が生じて、低気圧がより発生・発達しやすい環境になります。

2010年9月下旬に、海洋地球研究船「みらい」で北極海を観測していたときです。北緯79度の高緯度海域なのに、気温はゼロ度前後で、北極海にしては暖かい南風が吹いてきました。時期と緯度を考えると異常な事態です。それでも南風で海氷が北に押し流されるのをいいことに、「みらい」は北緯79・2度にまで到達し、この船の周航以来の最北観測点を記録しました。

そのときです。船に搭載されているドップラーレーダーが、寒冷前線のような強く細長い降水帯

図 5·4　海洋地球研究船「みらい」が北極航海で観測した北極低気圧（2010 年 9 月 25 日）。中心部分でドップラーレーダー観測、ラジオゾンデ観測等を実施。

が通過している様子をとらえました。船が取得している衛星画像では時々刻々と雲が渦巻きはじめています。船の直上で低気圧が発達していたのです（図５・４：みらいは低気圧の中心部に位置する）。前線通過後、今度は海氷上からの寒気が北風となって観測点へ流入します。砕氷船ではないこの船にとって、結氷は恐ろしい事態です。そのため、いち早く南下を開始しました。

その結果、低気圧は「みらい」を追いかけてくるかたちとなったため、しばらく低気圧中心部分でのラジオゾンデ観測とドップラーレーダー観測が続きました。これまでの「みらい」の航海では、気象観測は「おまけ」のような存在で、その他の海洋観測がメインミッションであることが多かったのですが、このときだけは気象観測以外のミッション（海水の採水やプランクトン採取）は数日間キャンセルされました。強風と高波で甲板作業が困難だったからです。もちろん気象屋さんだけは大喜びです。

通常、この時期の対流圏の天井（対流圏界面）は地上から9キロメートルくらいなのですが、このときは急激に高度を下げ、高度5キロメートルくらいまで落ち込みました。ラジオゾンデが送ってくる上空のデータを見ながら、一般的な気象の教科書でしか見たことのない、圏界面の折れ込み（対流圏界面が極端に押し下げられている様子）を目の当たりにして興奮していました。北極海の海氷縁でも中緯度と同様の前線をともなう低気圧の発生・発達過程が観測されました。この観測結果に、海洋観測結果を組み合わせることで、寒冷前線の通過前後で海洋混合層の水温が2度程度低くなり、海から大気へ熱が放出されたことも確認できました。なるほど、大気海洋相互作用は北極の低気圧の発達を理解するうえで重要だと思ったのはこの頃からです。

## ●海氷の減少はユーラシア大寒波をもたらしたのか？

海氷面積が毎年のように最小値を更新するなか、２００５年も特に興味深い年でした。まず、ロシア側で低気圧、アラスカ側で高気圧という気圧配置が特徴でした。このため例年よりも海氷が風で吹き流されて、なくなりやすい年でした。それにともない、北極海から大西洋側へは海氷が流出するという特異な年でもありました。

そうしたなかで、この年が記憶に強く残ったのは、続く２００５／２００６年冬にまったく別な現象として「平成18年豪雪」による大雪にともなう災害に、日本各地が見舞われたためです。２００５／２００６年冬、12、1月の気温は、平年より3度も低く、ラ・ニーニャ（第6章参照）や負の北極振動、成層圏突然昇温など、日本に寒波をもたらすと考えられている現象について、各専門家がさまざまな視点で原因究明に取り組んでいました。

筆者も、ちょうど北極研究を始めて間もない頃でしたが、実際に現場海域に行ったりしていて、北極の何かが日本に影響しているのかもしれないと推察していたわけです。もし北極の海氷面積の小ささが平成18年豪雪に何か影響を与えているなら、天気予報や季節予報に役立つかもしれないとアイデアが思い浮かびました。

そこですぐに共同研究者である、現在は新潟大学准教授の本田明治博士と、海氷の多い年、少ない年で東アジアの気温がどのように異なるのかを調べました。案の定、北極海の海氷面積が小さい年の冬は日本付近が寒くなるという、統計的にも有為な関係が得られ、数値実験による追試でも確認できたので、論文にまとめ、発表しました（Honda *et al.* 2009）。

地球は温暖化しているのに冬が以前よりも寒いという矛盾について、その当時は本当なのか当事者も半信半疑でした。しかし２００５年以降、たびたび寒冬に見舞われ、しかも日本だけではなく欧米でもそのような年が目立ちはじめていることに、世界中の研究者が気づきだしました。そこで、北極の温暖化と中緯度の寒冷化という科学的にも興味深い現象に対して、各専門家が各専門分野からアプローチを始めることとなったのです。北極の気候変動を専門としている研究者としては、海氷の減少がどのようなプロセスを経るのかを示すのが腕の見せどころです。国際学会などでは、このトピックに関する特集が何度も企画されました。大気海洋間の相互作用による熱的応答、対流圏と成層圏の相互作用、中緯度と高緯度の相互作用、大気と陸面との相互作用など、北極の気候システムはさまざまなプロセスが入り乱れているため、そこから本質を抽出する作業は困難を極めます。

個別の詳細なメカニズムは割愛しますが、時間が経つにつれ過去の研究で見落としていた点などが見つかり、研究者の提唱するメカニズムも更新されていきます。

例えば筆者が２０１２年に提唱したメカニズムは、北極海の一部であるバレンツ海の海氷面積が小さいと、海面水温の分布が変化し、低気圧経路が北極海内部へ侵入する傾向が強くなるため、北極海上には暖気が流入し温暖化するというものでした。これは裏返すと、もともと暖気が流れ込んでいたユーラシア大陸上にそれが来なくなるため、中緯度は相対的に寒冷になるということも意味します (Inoue *et al.* 2012)。

しかしその後、筆者が受け持っていた大学院生に中緯度の海洋変動も含めた解析を行なってもらったところ、実はバレンツ海の海氷面積も低気圧の経路の変動も、より広域の中緯度の海洋変動とその大気応答による影響の可能性もあるという結果が得られました（Sato *et al.* 2014）。

現在では中緯度の寒冷化は、北極起源であるというメカニズムと、中緯度起源であるというメカニズムがあり、私たちは前者から後者へ、その見方が変わりつつあります。時間・空間スケールの切り取り方次第で、大気・海氷・海洋の立場・役割が七変化するさまは実に奥深いです。「海氷が減少しつづければさらに寒冷化が進むのでしょうか？」という質問をよくされますが、温暖化の過渡的な状況下において、北極の海氷の空間分布が将来的に持続するとは考えづらく（消滅傾向にあるため）、今後は徐々に温暖化していくと考えられます。これも実は海氷中心の見方にすぎず、中緯度海洋などの立場からすると、異なる結末が待っているかもしれません。１９９０年代後半頃は、北極振動指数（北極域と中緯度における南北の気圧のシーソー的変動の指数）は温暖化すると正（日本は暖冬傾向）に振れるといわれていました。最近では、北極振動指数は負のほうへ振れることもあり(日本は厳冬傾向)、北極振動指数自体が以前よりも注目されなくなっている状況です。10年後には中緯度寒冷化の話題も忘れ去られ、別の極端気象現象が研究の流行になるかもしれません。流行を追うのは簡単ですが、流行を先取りするには何に着目すればよいのか考えながら研究しています。

# 5・2　海氷に阻まれて

## ●砕氷船がなくても北極研究をリード？

日本には、北極海を観測するための砕氷船がありません。砕氷艦「しらせ」は、南極地域観測事業用の輸送艦であるため、北極海に行くことはないのです。したがって、日本人研究者が北極海を観測するには、砕氷船ではない船で海氷のない海域を調査するか、他国の砕氷船に便乗するか、多額の予算を割いて砕氷船をレンタルする必要があります。

私は、海洋研究開発機構の海洋地球研究船「みらい」という耐氷船に乗る機会に恵まれていたので、自然な流れでその船を使った観測研究を始めました。海洋を研究する研究所だったので、気象学的に北極海を調べるのには肩身の狭い思いを当時は抱いていましたが、一度乗船すると、海氷がなくなった北極海での気象現象が海洋変動と密接に関連していることがわかり、大気と海洋の同時観測の必要性を感じました。なんといっても、北極海で発達する低気圧のど真ん中でラジオゾンデ観測、ドップラーレーダー観測、海洋観測を実施できるのは世界のなかでこの船だけです（図5・4）。

さっそく論文にその成果を発表すると（Inoue and Hori 2011）、アメリカ海洋大気局

(National Oceanic and Atmospheric Administration：NOAA）とか、ドイツのアルフレッドウェゲナー極地海洋研究所（Alfred Wegener Institute for Polar and Marine Research：AWI）など、北極研究を代表する研究機関から注目されるようになりました。そしていまでは、国際北極プロジェクトで「MIRAI」は一目置かれる存在となっています。

「みらい」が幸運だったのは、実は砕氷機能がなかったことかもしれません。海氷がどんどんなくなっていく現在、海氷が残っている特定の海域を、他国の砕氷船と一緒に観測・調査することに、どのような科学的な意義があるのでしょうか？　北極海では、ひとつの国で全体をカバーできる観測はできません。それぞれの国がそれぞれの強みを活かした観測研究体制が必要です。日本は偶然にも、北極海の海氷がなくなってしまった海域を10年以上観測してきており、海氷のない北極海のデータの蓄積が強みです。

また、海氷がない海域で、どのような観測戦略を立てるかも重要です。2013年、2014年の航海では、貴重な数週間のシップタイム（観測活動に使える時間・日数）を定点観測に投資し、これまで広域観測中心だった航海から、大気・海洋の時系列データを詳細に取得するという方針に切り替えました。これにより大気の季節進行にともなう海洋の冷却の様子や、風による混合層の発達が海の生態系の鉛直分布に影響を与えることなどが明らかになりました。

## ・大寒波と経済・保険業界

ファイナンシャル・プランニング技能士（2級）でもある筆者は、日々の経済的な事象が気候変動と何か関係がないか、毎日、新聞記事をチェックしています。エル・ニーニョ現象の予報（日本は冷夏、暖冬傾向になるといわれている）が発表されたときは、経済界は敏感に反応します。衣料系、資源系、農作物系など、さまざまな指標が連動します。

２０１５年夏はエル・ニーニョ現象のため冷夏と思いきや、ふたを開けてみれば猛暑で、経済界は混乱しました。また、8月には天候不順で平年よりも寒くなるなど、ひとくくりで3か月平均の気温から今年の夏は、冬は、などと語るのは難しくなってきたように思えます。そんななか、やはり最近気になるのは、北極とリンクした中緯度気候の影響です。

２０１４年2月、山梨県を中心に大雪が降り、農家のビニールハウスが倒壊し、野菜の値段の高騰などが危惧されました。その大雪に関連する保険事故の受付件数は24万件に上り、また台風並みの被害額となりました。大雪の爪痕は、経済活動においてさまざまな品の生産や消費にも波及しました。例えば陸路の分断で部品・資材の調達ができず、車の工場は操業を停止し、住宅建設にも遅れが生じました。消費増税を目前にした車の駆け込み需要にも冷や水が浴びせられ、週末の外食などの消費支出も落ち込みました。

北米でも寒波・大雪の影響は大きく、２０１４年に私が日本経済新聞と読売新聞を中心に関連ニュースを追っていたなかでは、「寒波の影響で牛の生育が遅れ、米国産牛原皮が2割高」（4／5）、「米企業寒波響き増益縮小」（4／7）、「米航空3社寒波で明暗」（4／26）、「ウォールマート寒波で5％減益」（5／16）、「米の天然ガス寒波の余波で値上がり基調」（5／16）など、数か月にわたり経済を揺らしていました。11月には再びアメリカが寒波に見舞われ、「シカゴ穀物軒並み上昇」（11／14）、「米の天然ガス5か月ぶり高値」（11／22）など、引き続き世界経済を揺さぶっています。

冬季エル・ニーニョ現象が引き起こす遠隔影響（暖冬傾向）は、季節予報でよくお目見えしますが、2015／2016年冬を除き、ここ数年はあまり当てはまっていないような印象があります。北極が著しく変化している現在、将来の気候に対しても遠隔影響が果たして当てはまるのかどうか、検討が必要な時期が到来したのかもしれません。夏季エル・ニーニョ現象と対応していると思われていた、日本付近の気圧分布との結びつきは、近年弱まっているとの報告もあり（Kubota *et al.* 2015）、このことからも、季節予報が困難な時代などといわれています。

## ●予測可能性研究の最前線と人材難

北極研究は政策決定者との連携を強く求められます。これは日本に限ったことではなく、世界的な流れです。遠隔地での研究予算を投資するにはそれなりの成果を、国は期待します。外交戦略・運輸・資源・安全保障など、北極海での局所的な活動においても、何かしらの科学的動機づけが欲しいわけです。科学的活動をしているように見せかけて、本命は別なのかもしれません。日本は２０１３年より、北極評議会にオブザーバー国として参加しています。北極海に面していない国であるため、北極海での直接の利害関係こそ出てきませんが、例えば北極が原因で変動する中緯度の気候・天気などは、経済界に非常に影響力があるため、北極評議会などの枠組みを通じて、北極圏諸国との科学研究上の協力・交流を継続する必要があります。

一方、国内事情に転じると、気象庁の季節予報（３か月予報や寒候期予報）の解説文を見ると必ず、「冬の天候に影響の大きい北極振動の予測は難しく、現時点では考慮できていませんので……」などのような断り書きが見られます。季節予報には北極からの影響があまり考慮されていないようです。北極の研究者としては、なんとか北極からの影響も加味して、できるだけ予報の不確定性を低減することに貢献したいところです。天気予報に使う初期値の作成に必要な観測データを、北極海付近で増やすという案はどうでしょうか？　たしかに、現業レベルで北極海に観測点を増やすのは、日本の領土ではないため、実現の見通しはなさそうです。しかし、試験的に観測点を増やしたり、他の国にも観測頻度を増やしてもらったり、観測点や観測項目の増加が季節予報にどの程度の効果があるのかを示す程度であれば、日本の研究者にもできそうです。

そこで２０１３年から、「みらい」を使ってそのような大掛かりな実験をしました。これまでの日本の実績を評価してくれたのか、ドイツとカナダも協力してくれました。これにより期間限定ですが、北極海周辺でのラジオゾンデ観測網の強化が実現しました。事例解析ではありますが、北極海航路が海氷で閉じてしまった強風事例に関して、天気予報の精度が向上するなど、観測強化の効果はある程度見られました（Inoue *et al.* 2015）。

このような草の根的な活動が、世界気象機関（ＷＭＯ）の極域予測プロジェクト（Polar Prediction Project：ＰＰＰ）の目に留まりました。ＰＰＰの一環として、２０１７年から２０１９年が極域集中予測期間（Year of Polar Prediction：ＹＯＰＰ）と設定されました。ＹＯＰＰに向けて、極域の天気予報などの精度を向上させるため、観測を強化する方向で実行計画が策定されています。このなかで日本における活動は先行研究として注目されています。極域に携わる研究者が少ないにもかかわらず、日本がこのように注目されるのは嬉しい限りですが、研究者人口が減少していく状況で、国としてどのように対応していくのか一抹の不安を覚えます。

ひと昔前は、団塊世代が現役バリバリで、教授・准教授・助教・ポスドク・学生というピラミッド型のヒエラルキーによる大型の研究プロジェクトが乱立していました。大学院重点化とポスドク１万人計画がもたらしたのは、任期つきの多数のポスドクの生産ですが、そのような大型プロジェクトの恩恵で、とりあえず３～５年は研究職としての身分が確保されました。一方、プロジェクトリーダー級の研究者は、雇用したポスドクが研究論文を執筆するので、次の研究予算獲得の実績を挙げることができ、ポスドクとプロジェクトリーダーはwin-winの関係でした。

しかし現在は、ポスドクを募集しても、なかなか希望したレベルの研究者が見つからないほどの人材難に陥っています。少子化で学生・若手研究者が減少しているので仕方ありません。そうなると今後、これまでの研究プロジェクトの勝利の方程式である、大型ピラミッド型の研究体制は成立可能なのでしょうか？　若手世代が10年、20年と経験値を積んでくると、今度は彼ら（私たち？）が大きな研究費を申請・獲得する立場となってきます。そのとき、自分の世代より下には学生とポスドクがいないのです。つまり従来の大型の研究プロジェクトのようなイメージに固執すると、研究が回らないどころか破綻します。研究マネージメントと研究実働部隊の2役を演じる必要がでてきます。

科学研究費補助金の研究調書案を、共同研究者と練っていたときのことです（当時35歳前後）。我々は小さなピラミッドを考えるしかないね、という結論になりました。つまり小規模の研究体制で、ピラミッド構造も小さめにするのです。研究は世界との競争ですから、国内事情がどうあれ、世界から取り残されないように踏ん張るしかないのです。そんな近い将来への漠然とした不安を抱きつつ、アラフォーを迎えた団塊ジュニアは模索しています。

# 5・3 国際化の波に揉まれて

## ・政治・経済問題のなかで転がされる北極研究

北極研究に関しては、いろいろな国から日本との共同研究に関わる会合の開催が外務省などを通じて企画・提案され、その会合には研究者も出席を求められます。いろいろな国とはアメリカ、カナダはもちろんのこと、ノルウェー、ロシア、ドイツなどさまざまです。各国それぞれ思惑はあるのでしょうが、各国の強み（例えば砕氷船や観測基地を使うなど）を活かした共同研究が議論されます。お互いに「こんな研究をやっています」というような、共同研究の可能性を探るお見合いのような場になることもあれば、すでに遂行中の共同研究を政策決定者にどんどんアピールする場合もあります。日本の場合、北極の研究をするためには、こうした関係諸国との協力が必要不可欠となります。特に北極圏あるいは北極海で現場観測を行なうためには、当然ながら持ち込み機材、データの取得、サンプルの持ち帰りなど、それぞれ申請が必要となってきます。国際共同研究は一朝一夕には進展しませんが、このような会合を通じて、きっと科学的ブレイクスルーも出てくると信じています。

研究者による科学的な委員会としては、国際北極科学委員会（International Arctic Science

Committee：ＩＡＳＣ）があります。大気だけではなく、海洋、雪氷など各分野のワーキンググループもあり、日本からも各ワーキンググループに対して2名派遣されています。筆者は大気ワーキンググループのメンバーです。ＩＡＳＣでは、向こう数年間の国際共同研究やシンポジウムの開催など、より具体的な議論が行なわれます。日本は他国ほど北極研究者層が厚くなく、若手の研究者にもワーキンググループに参加する機会が与えられるため、有名な研究者と会話する機会が増え、研究を実施するうえで、かなりメリットがあります。国際的プロジェクトの立案ともなると、研究資金提供者であるステークホルダーにとっての北極研究のメリットなども議論されます。日本では２０１５年9月から新しい北極域研究推進プロジェクト（ＡｒＣＳ）が始まりました。この際にも、誰に向けて研究成果をアピールするのかについて、国内で再三議論されました。

## ●北極海をまたぐ海と空の航路

日本の気象情報会社「株式会社ウェザーニューズ」は、北極海航路支援情報の提供で業績が好調だというニュースが、２０１５年になってたびたび報道されました。海氷がなくなる時期、ロシア沿岸を中心に、商船とそのエスコート船であるロシアの砕氷船が欧州－アジア間の物流網を形成するからです。一方で２０１５年は原油価格が下がり、さらにウクライナ情勢も加わり、あえて北極海航路を選択しなくても経済的かつ安全に輸送できるという記事も見られました。

今後、果たして北極海航路は安定的に利用されるのでしょうか？　少なくとも海氷予測や天気予報が今よりも正確にならないと、その需要は増えないかもしれません。あまりにも不確定性が大きいですから。具体的には、初夏から晩秋にかけての海氷の季節予報で、どの程度海氷が少ないのか知る必要があります。そのためには、天気予報・週間予報で北極低気圧などの強さや進路、関連する波浪・高潮などを正確に把握する必要があります。

ところで、北極海には上空にも航路があります。長距離の旅客機が毎日飛んでいます。主に北米東部（ニューヨーク、シカゴ、トロント）から東アジア（上海、北京、香港）に向かう便や、北米西海岸（サンフランシスコ）から中東（ドバイ）に向かう便で、「ポーラールート（Polar Route）」ともよばれています。長いときには13時間以上のフライトのようですから、乗客はくたくたになるでしょうね。

このポーラールートは日々の気象状況（主に成層圏下部）によって、ルートが微調整されていて、またいくつか枝分かれしています。各航空会社は偏西風の強い場所を避け、距離と時間は多少ロスする大回りルートであっても、追い風を受けながら飛ぶなど、ルート決めの費用対効果を高める企業努力をしていることが伺えます。

このとき、数日後の天気予報のデータは、ルート上の概況を得るには重要な情報源になっていると思われます。北極海上では、航路となる成層圏下部の観測データは衛星データ程度しかなく、予報の不確定性が他の地域よりも大きいことがボトルネックとなっています。そのため、北極海上での高層気象観測網が充実すれば、どの程度日々の気象状況の予報に効果があるのか、興味があるところであり、我々も少し研究に着手しているところです。

## ●日本に北極観測用砕氷船は必要か？

日本の砕氷船で割と有名なものとして、南極地域観測事業の輸送船である砕氷艦「しらせ」が挙げられるでしょう。「しらせ」は南極観測用の船と思われがちですが、運用は海上自衛隊によって行なわれています。通常は11月に日本を出発し、翌年の1月に南極の昭和基地沖に接岸して物資の輸送作業などを行ない、4月には日本に帰港します。ドイツや韓国の砕氷船のように、北半球の夏に北極海に行くことはないので、日本の砕氷船が北極海の海氷域を調査することはできません。中国や韓国が砕氷船で北極海を観測するようになって久しいのですが、日本は周回遅れで、いまだに北極海で使える砕氷船がありません。

研究者としては砕氷船があれば利用してみたい反面、毎年それを使って研究するだけの人的資源はなく、十分に効果的な利用はできないのでは？　という声もあります。そこでここ数年、日本海洋学会の若手研究者を中心に、学術砕氷船があったらこんな研究ができます！　という研究会が何度か開催されています。海洋、気象、生態系など、さまざまな分野からアイデアが持ち込まれ、研究ニーズの醸成が進んでいます。もちろん北極海だけでなく、南極周辺やオホーツク海など、さまざまな氷海域での利用が考えられています。

私は2014年に、「みらい」北極航海で首席研究者を務めた経験から、相反する2つの意見をもっています。ひとつは、日本の科学的独創性を担保するためには、これまで培ってきた、海氷がなくなった海域での観測活動を継続する。これは必ずしも砕氷船である必要はありません。つまり、いざめでたく砕氷船により海氷域で観測活動をしたとしても、すでに経験豊富な海外の観測研究の後追いになりかねないという危惧もあります。

一方で、海氷の状況によって観測海域が限られてしまうことは、未知のプロセス（例えば、結氷が始まる秋口に見られる海氷縁での諸現象）について研究ができないことを意味します。

航海の安全面を考えても、ヘリとヘリポートがないと緊急時の対応を第三者に依存することになり、手遅れになることも予想されます。実際、2014年の「みらい」北極航海では、急病人が出てしまい、すべての観測を一時とりやめ、急きょ航路をアラスカの北端のバロー岬に向け、全速力で丸一日走りました。「みらい」は港が浅すぎると接岸できないので、沖合で小型船による通船により、病人を港へ運ぶ算段をしていたのですが、あいにく海上は時化ていて、なかなか通船ができそうにありません。周辺で観測をしながら波が収まるのを待とうと判断した矢先、上空にアメリカ沿岸警備隊のヘリが現れ、ホバリングしながら「みらい」後部デッキにするすると降りてきて、担架に病人を載せ、近傍の空港まで運んでいってくれたのです。不幸中の幸いだったのですが、自分たちの船だけでは対処できないことにもどかしさを感じた出来事でした。

また、2013年のことです。次の観測ポイントに到達するには、厚さ2メートルはある氷塊がぷかぷか浮いている海域を通過するのが最短ルートだったのですが、船の性能上厳しい状況で、できれば迂回したいという場面に遭遇しました。しかし、迂回するとロシアの排他的経済水域（Exclusive Economic Zone：EEZ）に侵入してしまうことになります。緊急時はEEZに侵入してもよいのですが、観測データの取得は禁止されているため、できればそれは避けたいという場面です。

船長の判断は海氷域を縫って南下するものでした（図5・5）。それはそれで科学的にもたいへん貴重なデータが得られたのですが、乗組員総出で両舷の海氷の状況を逐一報告する忙しさとなり、船橋は緊張が途絶えませんでした。そうこうするうちに日も落ちはじめ、あたりは霧が濃くなってきました。目視で確認するには厳しい視程となったところで、ようやく海氷域を離脱することができました。

こんなとき多少の砕氷能力があれば、日没時間を気にすることなく、ある程度自由に対処できたのかもしれません。船と人命の安全確保は運航に、最も重要であることはいうまでもありま

図5・5　海洋地球研究船「みらい」が細心の注意を払いながら厚い海氷が漂う海域を南下中（2013年9月10日）。北緯73.4度、西経169.3度。

せん。が、こと研究船となると、必要なデータが取得できてなんぼの世界でもあります。そうした矛盾を多少でも緩和するには、船の砕氷能力の向上はもちろんのこと、乗組員と観測員の現場海域での経験の積み重ねが必要なのかもしれません（コラム9も参照してください）。

## 参考文献・引用文献

Honda, M., J. Inoue, and S. Yamane: Influence of low Arctic sea-ice minima on anomalously cold Eurasian winters, *Geophysical Research Letters*, 36(8), L08707, 2009, doi: 10.1029/2008GL037079.

Inoue, J., and M. E. Hori: Arctic cyclogenesis at the marginal ice zone: A contributory mechanism for the temperature amplification? *Geophysical Research Letters*, 38(12), L12502, 2011, doi: 10.1029/2011GL047696.

Inoue, J., M. E. Hori, and K. Takaya: The role of Barents Sea ice in the wintertime cyclone track and emergence of a warm-Arctic cold-Siberian anomaly, *Journal of Climate*, 25(7), 2561-2568, 2012.

Ionue, J., A. Yamazaki, J. Ono, K. Detholff, M. Maturilli, R. Neuber, P. Edwards and H. Yamaguchi : Additional Arctic observations improve weather and sea-ice forecasts for the Northern Sea Route, *Scientific Reports*, 5, 16868, 2015, doi : 10. 1038/srep 16868.

Kubota, H., Y. Kosaka, and S.P. Xie : A 117-year long index of the Pacific-Japan pattern with application to interdecadal variability, *International Journal of Climatology*, 2015, doi: 10.1002/joc.4441.

Sato, K., J. Inoue, and M. Watanabe: Influence of the Gulf Stream on the Barents Sea ice retreat and Eurasian coldness during early winter, *Environmental Research Letters*, 9(8), L084009, 2014, doi: 10.1088/1748-9326/9/8/084009.

Uttal, T. and 27 co-authors : Surface Heat Budget of the Arctic Ocean, *Bulletin of the American Meteorological Society*, 83, 255-275, 2002.

## コラム9　船上での情報戦・駆け引き

海洋地球研究船「みらい」は、北極で観測活動できる耐氷研究船です。所属研究機関の歴史的背景から、当初は海洋研究に特化した北極海観測が実施されてきましたが、気候変動という枠組みのなかでは、大気も含めた地球環境変動研究が重要だろうということから、気象観測も活発に行なわれるようになりました。

私が初めて北極航海に参加したのは2009年。ラジオゾンデ観測をできるだけ海氷域でやりたいという期待をいだきつつ乗船したものの、視界に海氷が見えてくると減速し、以降、基本的に海氷域を避ける行動が多いことに気づきました。船の能力からすれば薄い海氷は問題ないはずなのですが、夜間などは海氷がまったくない安全海域まで南下することが多かったのです。研究者は海氷があるところでのデータを取得したいのに対し、運航側はできるだけ安全な海域にいたいという見えない綱引きが船上で繰り広げられました。

当時研究者側の通信設備は限られていたので（特に北極海上は船の通信機能が地理的に制限される）、陸上でいつも入手している天気図や海氷関係の準リアルタイムのデータが入手できませんでした。このため、船側が入手する時間遅れのデータに頼らざるを得ず、研究者側が主導権を握って研究海域を提案することができませんでした。通常、北極航海では海氷状況や気象状況により毎日、研究海域が変更されます。

そこで2009年からは、研究側の独自回線（イリジウムオープンポート）を国内船舶では初めて導入し、必要な衛星データや気象予測データをウェブブラウザ上から取得することにしました。当時の船舶は画像などのやりとりはメールベースだったので、こうした設備は画期的でした。取得したデータは、毎日行なわれている観測ミーティングで、明日の気象・海氷状況の概要説明図として使います。ミーティングでは風が強そうだとか、海氷が流れてきそうだとか、科学的な根拠を提示しながら、次の日の運行計画を練ります。船側の信頼を得られると、観測計画の変更も円滑に進めることができるようになりました。

## コラム10　半袖半ズボンサンダル履き

バレンツ海の海氷面積が、日本の冬の気候の寒暖を予測するうえで重要らしいことがわかりはじめた2011年、私たちは実際にノルウェーの船に乗り、バレンツ海で気象・海洋観測を行ないました。ノルウェーは日本と同様漁業国で、水産関係の研究所がたくさん調査船をもっています。そして、厳冬期の大荒れの時期にも決まったルート上で海洋観測を行なって、海洋構造の季節変化や、平年との違いなどを調べています。また観測結果は海洋資源の調査にも利用されています。

我々が乗船したJohan Fjort号はトロール船なので、気象観測（ラジオゾンデ観測）には船尾側は使えません。中央部右舷側の小スペースを借りながらの観測になりました。

「みらい」での乗船が多かった私は、海外研究船との慣習のギャップに驚かされました。一番は食堂での研究者たちの格好です。「みらい」ではブルーの作業着がある意味（汚れていてもそれを羽織っていれば）正装で、Tシャツ・短パン・サンダルなどは禁止されています。一方、ノルウェー船では、作業着が禁止されていて（油などで汚れているせいか）、各自普通の服装に着替えて食事に来ます。TシャツやサンダルもOK。キャプテンデッキでも「みらい」では乗組員は帽子着用で、かなり静粛な空間ですが、ノルウェー船では船長自らTシャツ短パンで、テーブルに足を乗せてかなりリラックスした状況です。ミュージックも流れていますし、インターネット経由で動画なども楽しんでいるようでした。きっと回線が太いのでしょう。同じ海洋国なのですが、何なのでしょうね、この違いは？

## コラム11　時間がない！

おそらく時間のあり余っている方は少ないでしょう。誰でも時間は足りないものです。キャリアアップするにつれ、時間管理に追われるだけでなく、プライベートでも就職、結婚、出産、介護など、ライフステージがあがるにつれて、自由に使える時間が減ってきます。趣味や勉強に割り当てる時間をみなさんはどのようにつくっているのでしょうか？　独身や子供のいない共働きの夫婦であっても、時間の制約はそれぞれあるでしょうが、ここでは既婚者・子供あり（乳児1人、幼児1人）の一研究者の日常をご参考までに記しておきます。

私の平日は外で12時間（通勤往復3時間、仕事9時間）、家で12時間の時間配分です。家では何をしているか？　睡眠は5時間として、あとの7時間は家事・育児で大半が消えます。共働き世帯が主流となりつつある現代、社会システムの転換が進められているのとは裏腹に、日々の生活は維持するだけでも手一杯です。

子供は、起床後の検温で37・5度以上だと保育園に預けられないので、その日のスケジュールをただちに組み替える必要が出てきます。自分と妻、まずどちらが仕事を休むのか？　週の初めに、休める日、外せない日を確認しておくのですが、両者ともダメな場合は病児保育に預ける手配をします（それにしても、いつもよりも出勤は遅れ、帰宅も早めにするなど、その日の仕事にその余波が出ますが）。なので、平常どおり出勤できることのありがたさを以前よりも強く感じるようになり、集中して仕事に打ち込めます。

問題は国内出張（数日）、海外出張（1週間）、観測（1か月以上）で家に帰れないときです。両親が健在で、近くに住んでいるのであれば気軽に応援を頼めるでしょうが、遠方の場合はなかなか難しいのです。なので、ベビーシッターさんのお世話になることが多いです。稼ぎの相当な部分がこれで消えていきます。

そんな私の挑戦は、2016年に育児休業を3か月間とることです。現在育児休業中の妻と役割を交代するのです。職場の根回しもいろいろありますし、研究の停止は当然ながら復帰後の論文執筆活動や科研費の取得などに響きます。また休業による給与停止（雇用保険による育児休業給付金あり）のリスクにも直面します。とはいうものの、有給休暇で対応できないようなある程度まとまった期間を育児に充当することは、きっと新たな発見・思想につながるに違いありません（実はこの原稿のチェックは、仕事復帰後の2016年4月1日から行なっています。3か月間の育児休業の生活の様子は、別の機会にでも報告します）。

第6章

飯塚聡

# 熱帯の海と空の研究

季節の変わり目に天気予報を見ていると、北の北海道と南の沖縄では気温がずいぶん違うものだと思うことがあるのではないでしょうか。普段は気にすることはないですが、日本は南北に長いことに改めて気づかされる瞬間だと思います。もちろん、実際に北海道から沖縄へ旅する機会でもあれば実感するに違いありませんが、お金もかかるのでそうそうないことでしょう。

世界に目を向けると、赤道付近は1年を通して暑いことや、北欧の国々などでは冬は極寒で夏でも涼しいことは、実際に行ったことがなくてもご存じかと思います。これは、地球が丸いため、赤道付近では太陽からの熱をたくさん受け取るのに対して、北極や南極ではほとんど受け取らないためです。地球儀の赤道に向けてライトを当ててみれば、イメージがわくかと思います。

ところで、地球上の面積の約70パーセントを占める海は、大気への水蒸気の供給源であり、雨の源でもあります。また、大気に供給される水蒸気量は、海面水温と強く関係しています。このため、海面水温の状態を知るのは、気象にとって実はとても重要なことなのです。

図6・1は海面水温の平年値の分布を示したものです。たしかに赤道のほうで海面水温は高く、北極や南極に近づくと低くなっています。

しかし、よくよく見ると、東太平洋の赤道付近では、日本の南よりも海面水温が低いところが見られます。また、北緯35度付近を見ると、日本周辺の海面水温のほうが北米のカリフォルニア周辺よりも高くなっています。つまり、海面水温は南北だけではなく、東西にも大きく異なるのです。

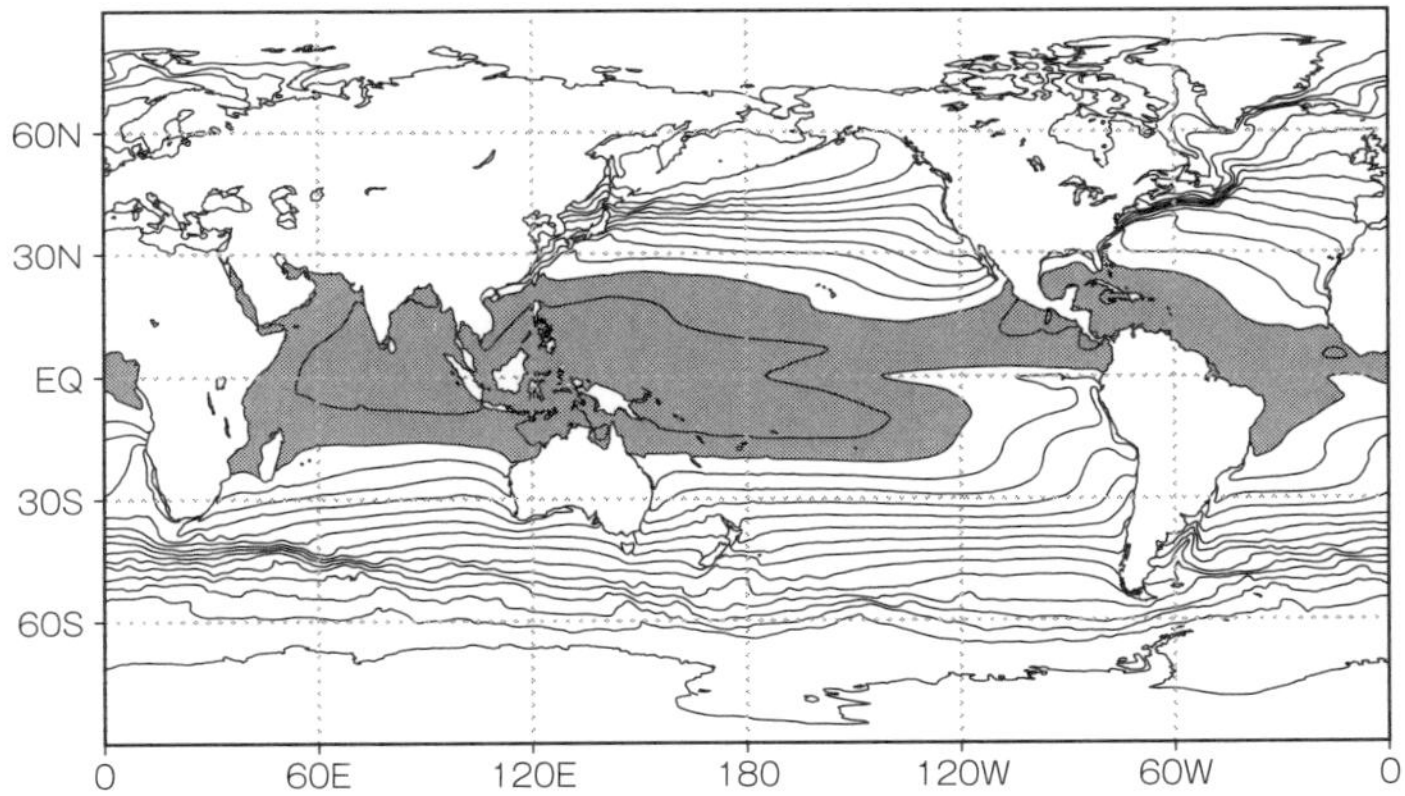


図6・1　海面水温の平年値の分布。灰色は海面水温が26度以上の領域。2度ごとに等値線を引いている。

どうして、海面水温はこのような分布を示すのでしょうか？　ここでは熱帯の海と空の関わりについて、お話をします。

## 6・1　エル・ニーニョ現象

### ・風と海面水温がつくりだす現象

図6・1に見られる熱帯太平洋の海面水温は、どうして東西非対称な構造を示すのでしょうか？　実は、太平洋や大西洋の熱帯域を一年中吹きわたる、貿易風とよばれる東寄りの風が関係しているのです。貿易風の吹く赤道太平洋では、表面の暖かい海水が西側へと集まります。

また、地球の自転効果により、地球が自転する時間より長い時間で平均的に見ると、風による海洋表面の流れは、風向に対して北（南）半球では右（左）に45度ずれます。風により引き起こされる流れの向きは深さとともにさらに右（左）にずれ、海面からある深さ（風の影響を感じ取る深さで、この深さをエクマン層とよびます）まで含めた全海水は、結局、風向に対して90度右（左）へと運ばれることになります。このため、貿易風により北半球では表面の海水は北へ、南半球側では南へと運ばれます。

表面でのこの海水の移動にともない、赤道では下から冷たい水が表面に上がってくるため、例えば東太平洋の赤道付近では、海面水温がまわりより低くなるのです。この現象は赤道湧昇とよばれています。赤道湧昇にともなう海面水温の低下は、暖水が蓄積している西側では小さいのに対して、東側では大きくなります。

さらに、南米沿岸では南寄りの風、カリフォルニア沖では北寄りの風により、表面の海水が西へと運ばれるため、冷たい水が表面に上がり、海面水温が低くなります。この現象は沿岸湧昇とよばれています。つまり風が、海面水温の東西方向に非対称な分布をつくりだしているのです。

ところで、このような赤道域の海面水温の東西非対称な分布が、数年に一度不明瞭になることがあります。通常よりも東太平洋の海面水温が高く、西太平洋では逆に低くなります。エル・ニーニョとよばれる現象です。エル・ニーニョという言葉はスペイン語で「キリストの子」という意味ですが、もともと、毎年クリスマス頃に東太平洋のペルー沖の海面水温が暖かくなる現象のことをよぶ言葉でした。しかし、現在では、数年に一度起こる東太平洋における異常な高海面水温分布を表わす言葉として世界的に定着しています。

図6・2は、1997年に起きたエル・ニーニョ現象時の海面水温の分布（上図）と、平年値からの偏差の分布（中図）、およびTropical Rainfall Measuring Mission（TRMM）とよばれる、人工衛星で観測された降水量分布の平年値からの偏差（下図）を示したものです。雨が降る仕組みは複雑ですが、熱帯域の海上では、月程度以上の時間で平均した雨の分布を見ると、海面水温が約26度以上と比較的高い場所で雨が多く降ります。通常だと、下から冷たい水が上がってくる湧昇により、海面水温が低い東太平洋の赤道付近では、ほとんど雨が降りません。一方、海面水温の高い西太平洋の赤道付近では、海から大気中に水蒸気が大量に供給されるため、積乱雲とよばれる雲が頻繁に発生し、これにより大量の雨がもたらされます。

ところが、エル・ニーニョ現象が起きると、海面水温の高い領域が東へと移動し（図6・2中図）、その移動に合わせるように、雨の降る場所（降水域）も変わります（図6・2下図）。大気中の水蒸気が気温の低い上空へ運ばれ、雨に変わる際、潜熱が放出されます。水を温めると湯気が出るのと逆の現象が起こっているのです。この潜熱の放出によって大気は加熱されるため、大気全体の質量が軽くなり、降水域では地表面の気圧が周囲よりも低くなり、風の吹き方も変化します。このようにして、海面水温の変化により、赤道周辺の風の吹き方が変わるのです。エル・

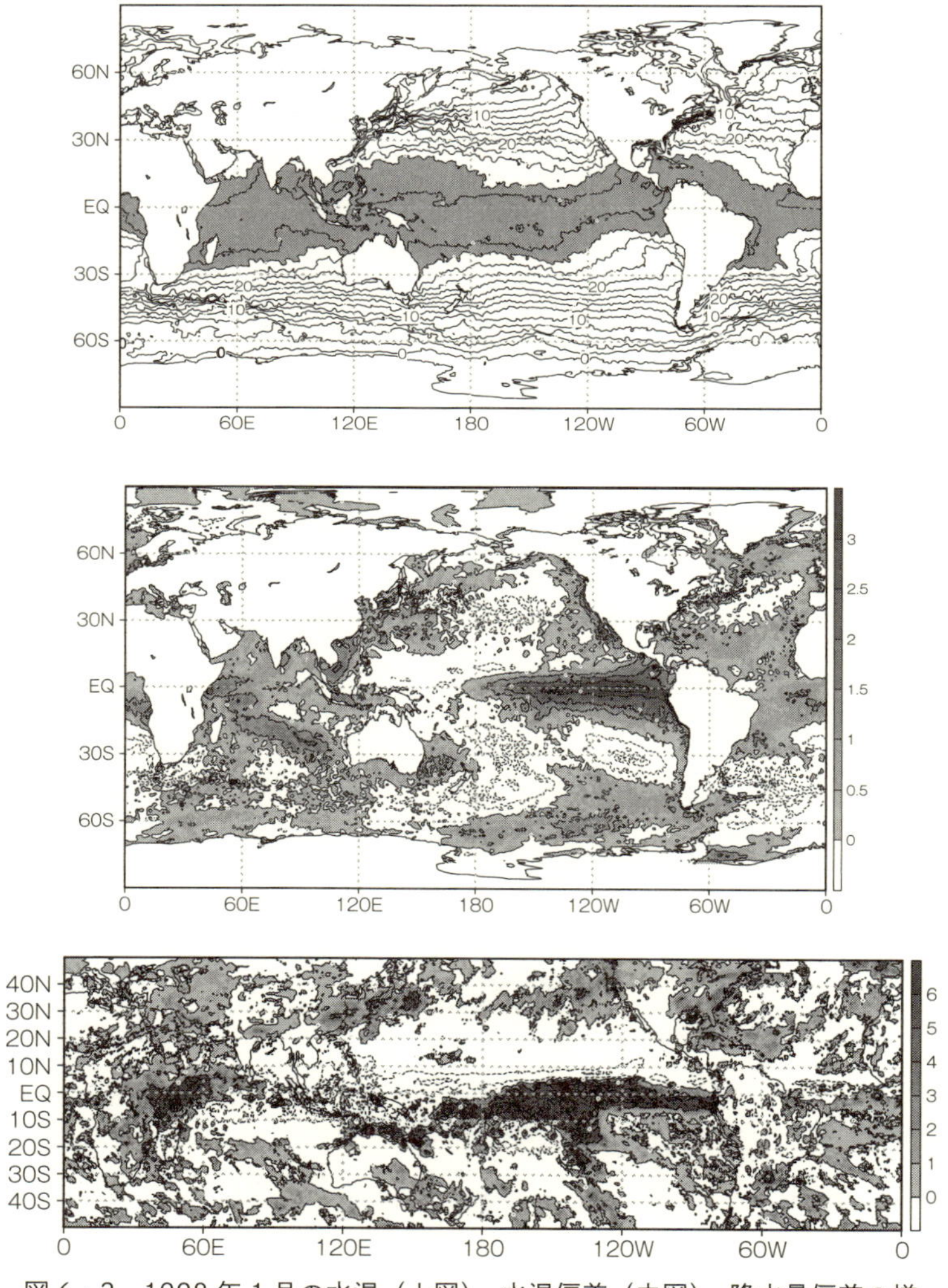


図6・2　1998年1月の水温（上図）、水温偏差（中図）、降水量偏差の様子（下図）。上図：1998年1月の海面水温。灰色は海面水温が２６度以上の領域を示す。また、等値線の間隔は２度ごと。中図：1998年１月の海面水温の平年値からの偏差。灰色の領域は平年値よりも海面水温が高い領域を表わしている。また、等値線の間隔は１度ごと。下図：1998年１月の降水量の平年値からの偏差。灰色の領域は平年値よりも降水量が多い領域を表わしている。また、等値線の間隔は１日あたり5mmごと。

ニーニョ現象の際には、暖かい海面水温の領域が東へと移動するのにともなって、赤道上の東風は弱くなります。東風が弱くなると、先に述べた湧昇も弱くなるため、太平洋中央部から東部の赤道付近の海面水温は高い状態を保つことになります。

## ・エル・ニーニョ現象が気象や気候を変える

エル・ニーニョ現象に見られる大気と海洋が織り成す現象は、大気と海洋が相互に影響を及ぼし合い、複雑でありながら、ある物理法則にしたがって引き起こされるものです。地球上のこの不思議な自然現象に多くの研究者が引きつけられ、その一端を垣間見ようとする努力が、これまでになされてきました。しかし、エル・ニーニョ現象が気候分野において注目されてきたのは、このような現象自体の面白さのためだけではありません。エル・ニーニョ現象は太平洋熱帯域にとどまらず、地球上のさまざまな地域の天候に影響を与え、さらにはその影響が社会的にも大きいためです。

エル・ニーニョ現象が起きると、西太平洋に位置するインドネシアやオーストラリア北部では、普段よりも降水量が減少し、農作物の生産量にも影響をおよぼすことが指摘されています。逆に、南米北部では降水量が増えます（図6・3）。また一般に、湧昇が起こる海域では、下から植物プランクトンの栄養となる栄養塩が上がってくるため好漁場となりますが、エル・ニーニョ現象

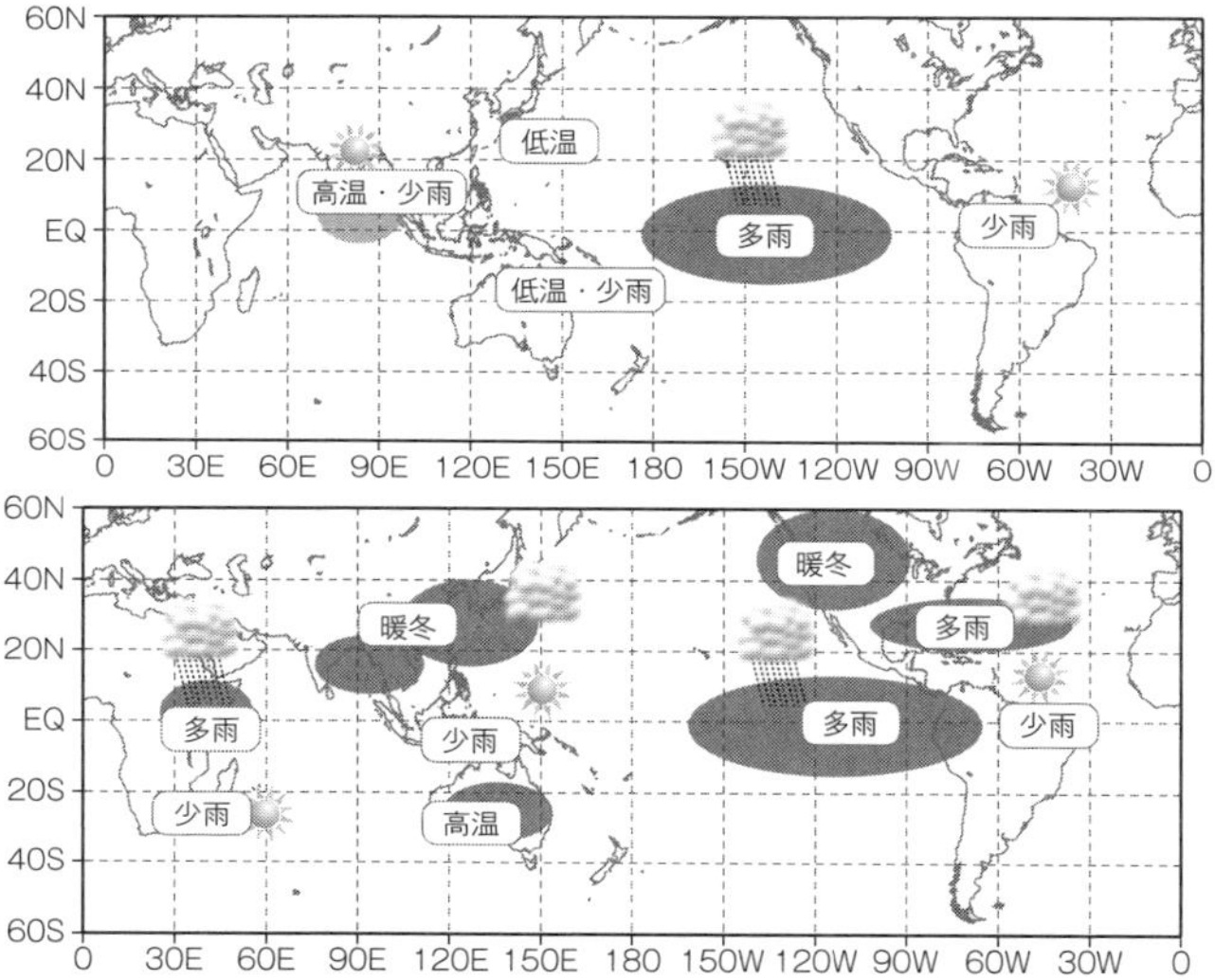


図 6・3　エル・ニーニョ現象の夏季（上図）および冬季（下図）の天候への影響。

の際には、ペルー沖で湧昇が弱まるため漁業生産量が減少するといわれています。さらに、エル・ニーニョ現象は、台風の発生位置や強さなどに影響を与えたり（第1弾第2章参照）、太平洋熱帯域のみならず、偏西風の流れを変えて日本や北米に暖冬をもたらしたりすることがあります（第2弾第1章参照）。

このように、社会的なインパクトも大きい現象であるため、比較的早い段階から、その予測に関する研究が進められました。アメリカの研究者は、1986年に発生したエル・ニーニョ現象を予測することにすでに成功しています (Cane *et al.*, 1986)。

現在では、各国の気象業務や先端的な

研究をする機関でエル・ニーニョ現象の予測が行なわれています。また、エル・ニーニョ現象の監視や予測モデルの初期条件を得るための観測が、アメリカと日本によって継続的に実施されています。しかしエル・ニーニョ現象の強さについて、予測結果が観測結果と異なるケースがあるなど、まだいくつもの課題があり、改善に向けた努力が続けられています。

## 6・2　もうひとつのエル・ニーニョ現象——目覚めた海、インド洋

### ・ダイポール・モード現象の発見！

人工衛星から得られた、全球の海面水温や雲などの情報が、研究に利用できるようになった１９８０年代以降、エル・ニーニョ現象の研究は極めて盛んになり、数多くの研究論文が発表されるようになりました。そんななか、同じような現象が大西洋やインド洋にも存在するのではないかという研究もなされました。しかし、エル・ニーニョ現象の影響で風が弱まり、海面水温が通常より高くなる、「大気が海に影響を与えている」受動的な現象しか見出されず、エル・ニーニョ現象のような大気と海洋が相互作用する現象は、インド洋や大西洋では独自に起こらないとしだいに認識されるようになっていました。

ところで、インターネットが普及しはじめた1990年代の半ばを過ぎた頃、気候学の世界に新たなデータが登場しました。再解析データとよばれるものです。これは、日々の天気や台風の進路などを予報するために使われる数値モデル（第8章参照）に、過去に得られたさまざまな観測情報を組み込むことで、過去の地球上の気象状況を再現したものです。気候学の研究者にとってみれば、ちょっとしたタイムマシーンのようなものかもしれません。地球温暖化が社会的に注目されつつある状況でもあったことから、再解析データの出現を機に、過去から現在に至るまでの気候の変遷を調べる研究が爆発的に増加しました。

ちょうどそのような時期の1994年に、インド洋で奇妙な現象が起こりました。通常、西太平洋では、暖かい海水の影響で積乱雲が頻繁に発生するため地表面気圧が低く、そのため、インド洋の赤道上では1年を通じて西寄りの風が吹いています。この西風の影響で、インドネシア側に温かい水が流され、インド洋の赤道上の海面水温は太平洋とは逆に、東側付近で海面水温が高く、西側のアフリカ付近では低くなっています（図6・4）。

ところが、1994年の夏から秋の時期に、赤道の南東部の海面水温が通常よりも低くなり、西側では海面水温が高くなったのです。また、海面水温の変化に対応するように、南東部で積乱雲の活動が弱まり、西側では通常よりも活発化しました。さらに、先ほどの再解析データを利用して、観測データの空白域でもあるインド洋赤道上の広範囲な風の様子を見ると、東寄りの風が

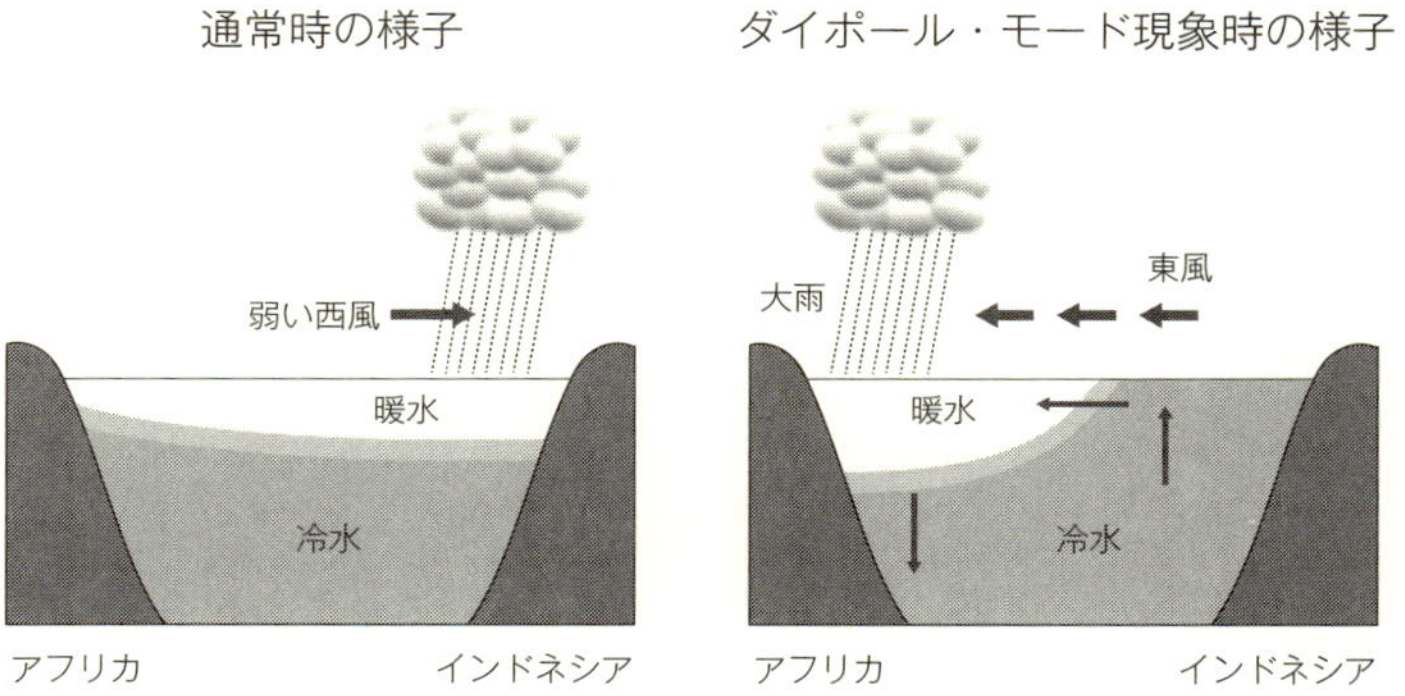


図６・４　ダイポール・モード現象の模式図。

普段よりも強くなっていたのです。このような大気と海洋の様子は、太平洋で起こるエル・ニーニョ現象をちょうど鏡に映したような状況でした。さらに、その後の１９９７年にも再び、同じような現象がインド洋で起こったのです。

当時、エル・ニーニョ現象の研究で世界的にも著名な東京大学の山形俊男博士の研究グループは、さまざまな過去のデータを用いてインド洋の大気と海洋の状況をあらためて調べ、同じような現象が過去にも起きていたことや、エル・ニーニョ現象と同じような大気海洋相互作用であることを明らかにしました（Saji *et al.*, 1999）。また、海面水温に見られる東西の非対称分布にちなんで、この現象をダイポール・モード現象と名づけました。

以後、世界中でインド洋の大気海洋相互作用の研究が爆発的に増えました。まさに、インド洋が目覚めたときといえます。なお1980年代、この現象はその姿を隠すようにしていたこともありますが、衛星観測やデータ同化といった技術開発の進展が、この現象の発見に大きく貢献したと考えられます。

ところで、ダイポール・モード現象は、エル・ニーニョ現象と同じ熱帯域に起こる大気海洋相互作用現象ではありますが、この2つには大きな違いがあります。それは、ダイポール・モード現象はある季節でのみ、起きることです。ダイポール・モード現象が起きるのは、北半球の夏から秋に限られ、冬や春には起きません。エル・ニーニョ現象も夏から冬にかけて発達し、その後衰退する例が多いなど、季節による違いは多少見られますが、ダイポール・モード現象ほどはっきりしたものではありません。どうして、このような季節による違いがあるのでしょうか？　それには、インド洋特有の事情があるのです。

太平洋や大西洋とは違い、インド亜大陸があるために、インド洋は北半球と南半球で非対称な海陸分布となっています。陸上は海に比べて非常に温まりやすく冷えやすいため、日射が増える夏から秋にかけて、北半球側では南西の季節風が、赤道の南側では南東風がよく見られます。秋の終わりになると、インド洋の北半球側では北東の季節風が、赤道の南側では北西風がみられるようになります。南半球では風向の左側に表層の水が運ばれるため、赤道の南側のスマトラ島沖では、南東風による沿岸湧昇が夏から秋にのみ起きることになります。

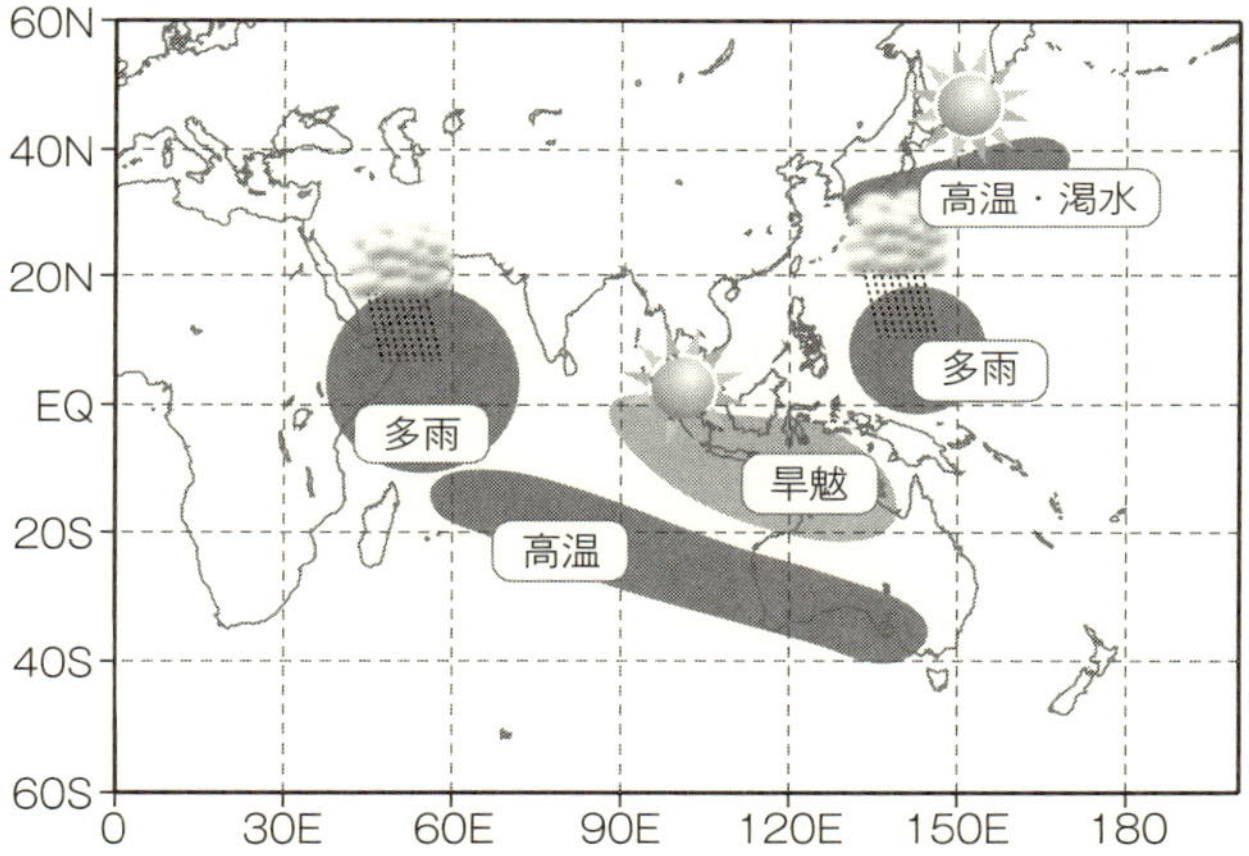


図６・５　ダイポール・モード現象の夏から秋の天候への影響。

ダイポール・モード現象発生時には、普段よりも赤道上の西風が弱くなり、インド洋の東側では暖水も少なくなるため、下から表面付近へと冷たい水が効果的に取り込まれやすい状態になります。秋が終わると季節風の風向が変わるために、スマトラ島沖で沿岸湧昇は起こりにくくなります。このため、ダイポール・モード現象にともなうインド洋東部での異常な海面水温低下は、夏から秋に限定されるのです。一方、インド洋の西側では、東側ほど季節による違いが大きくありませんが、翌年の初夏になるとインドモンスーンの強化により風速が増加し、海面水温が低下するため、夏まで持続することはありません。

エル・ニーニョ現象と同じように、ダイポール・モード現象が起きると、インド洋周辺には異常気象が起こります。熱帯インド洋南道部の海面水温の低下にともない、インドネシア周辺やオーストラリア北西部では、通常よりも積乱雲の発生頻度などが減り、その結果、降水量が減少し、大規模な旱魃《かんばつ》が起こります。一方、インド洋西側で海面水温が高いことにより、もともと雨が少ないアフリカの東海岸で雨が増えることになります（図6・5）。

さらに、エル・ニーニョ現象のときは、日本はしばしば冷夏など不順な天候になるのですが、ダイポール・モード現象のときは逆に暑い夏になりやすくなります。また、インド洋西側での高海面水温は、単に周辺の降水量に影響をもたらすのみならず、サイクロンの発生頻度や寿命にも影響を与えることが報告されています（Xie *et al.*,2002）。ダイポール・モード現象のような、数か月以上にわたり持続する大規模な大気海洋相互作用現象が、サイクロンのような激しい大気現象の振る舞いに影響することとは、実に不思議な感じがします。

## ●ニンガルー・ニーニョ現象とは？

ダイポール・モード現象の発見により、一躍、世界の気候研究者の注目を浴びるようになったインド洋ですが、その後、新たな現象をまだ隠していたことに、我々は気づかされることになりました。

２０１１年の南半球の夏、インド洋東部のオーストラリア西岸周辺では、海面水温が３度以

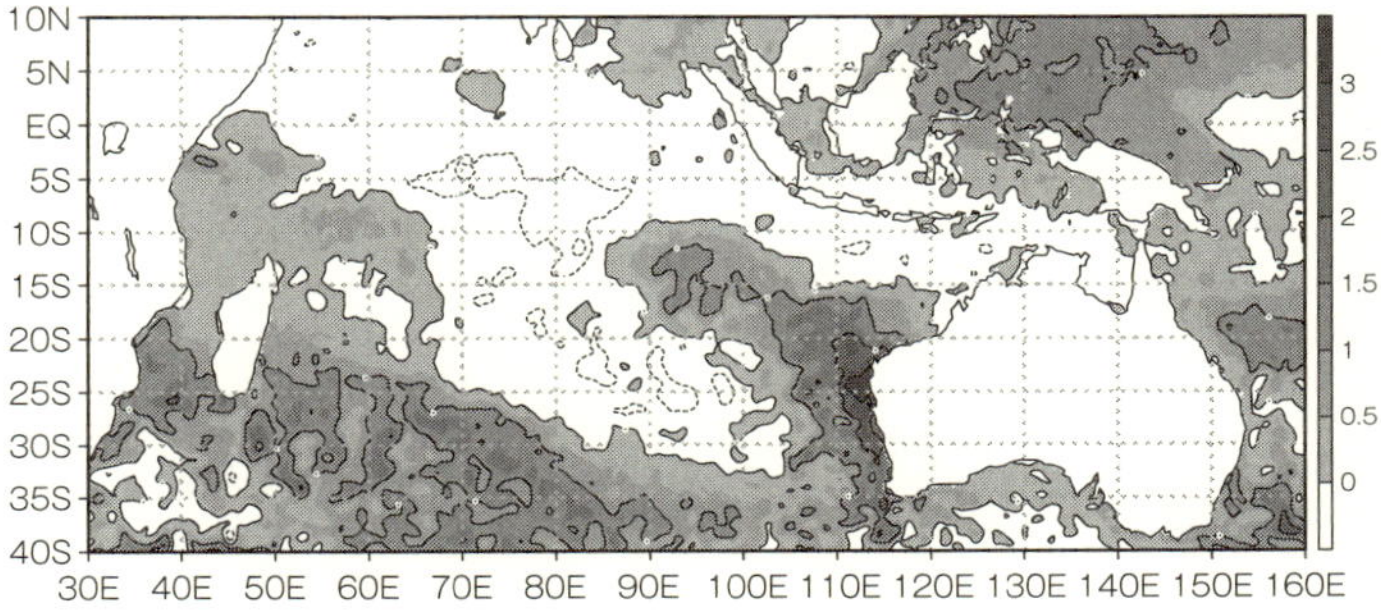


図6・6　2011年1月の水温偏差の様子。2011年1月の海面水温の平年値からの偏差。灰色の領域は平年値よりも海面水温が高い領域を表わしている。また、等値線の間隔は1度ごと。

上も高い異常な状態となり、サンゴの白化現象が起こるなど、海の生態系に甚大な影響を与えたのです（図6・6）。また、その影響は海のみならず、大気にも現われました。オーストラリア西岸では、通常は南風が吹きます。南半球で南風が吹くと、風向に対して90度左の西側へ、表面の海水が運ばれます。南半球の西岸で表面の海水が西側へと運ばれると、沿岸湧昇により、下から冷たい海水が上へと運ばれます。２０１１年の南半球の夏は、この南風がいつもよりも弱くなっていたため、沿岸湧昇は弱く、結果として海面水温が異常に高温となりました。

　このような海面水温の異常高温と湧昇を弱めるような風の変化の関係はまさしく、エル・ニーニョ現象に見られる大気と海洋の関係です（６・１節参照）。この出来事の後、２０１１年ほどの規模ではないものの、インド洋では同様な現象がこれまでも起きており、インド洋に特有な、もうひとつの大気海洋相互作用現象であることが明らかになったのです。オーストラリア西岸のニンガルー沿岸で起きる、エル・ニーニョ現象に似た現象であることから、ニンガルー・ニーニョ現象とよばれています。

ところで、インド洋で起きるダイポール・モード現象とニンガルー・ニーニョ現象は、どちらも海面水温、もしくは大気がなんらかの原因で変わると、その後、自然に発達していく現象なのですが、その発生の何割かはエル・ニーニョ現象が関係します。

ダイポール・モード現象の場合、エル・ニーニョにともないインド洋赤道上の西風が弱まることがきっかけとなって発生するケースがいくつかあります。1997年に起きたダイポール・モード現象は、その例と考えられています。一方、ニンガルー・ニーニョ現象の場合、エル・ニーニョ現象とは逆のラ・ニーニャ現象が発生した際に、太平洋からインドネシア周辺の島の間を通過してインド洋へと通り抜ける暖かい水が増えることがきっかけとなって発生することがあります（Kataoka, *et al.*, 2014）。

もちろん、エル・ニーニョ現象の発生に関係なく、ダイポール・モード現象やニンガルー・ニーニョ現象は発生する場合があるので、どちらもインド洋独自の大気海洋相互作用現象であることに違いはありません。また、これらの現象の予測に成功した報告もすでになされています（Doi *et al.*, 2013）。しかし、その強さまで含めた予報については、いまだに多くの課題が残されています。

ダイポール・モード現象やニンガルー・ニーニョ現象が、なぜ最近になって私たちの前に姿を現わしたのかは謎ですが、これまで太平洋のエル・ニーニョ現象に隠れていたインド洋の大気海洋相互作用現象は、まさに今熱い海の熱いトピックなのです。

## 6・3　暑い時代の熱い海と空の関係

### ●これもエル・ニーニョ現象？――エル・ニーニョもどき

エル・ニーニョ現象は、太平洋の赤道上の東部から中部にかけての海面水温の上昇で特徴づけられる現象であり、気象庁などでは平年（過去30年の平均）からどの程度、対象海域の海面水温が上昇しているかを、エル・ニーニョ現象の発生や衰退などの状況を把握する指標として使っています。

ところが、中部の海面水温は上昇しているにもかかわらず、東部の海面水温はむしろ普段よりも低くなる状況が最近たびたび起きています。エル・ニーニョ現象に似ているようでありながら、典型的なエル・ニーニョ現象とは異なるこの現象は、「エル・ニーニョもどき」とよばれます（Ashok *et al.*, 2007）。他にも、海面水温の上昇が太平洋の日付変更線付近でのみ見られる

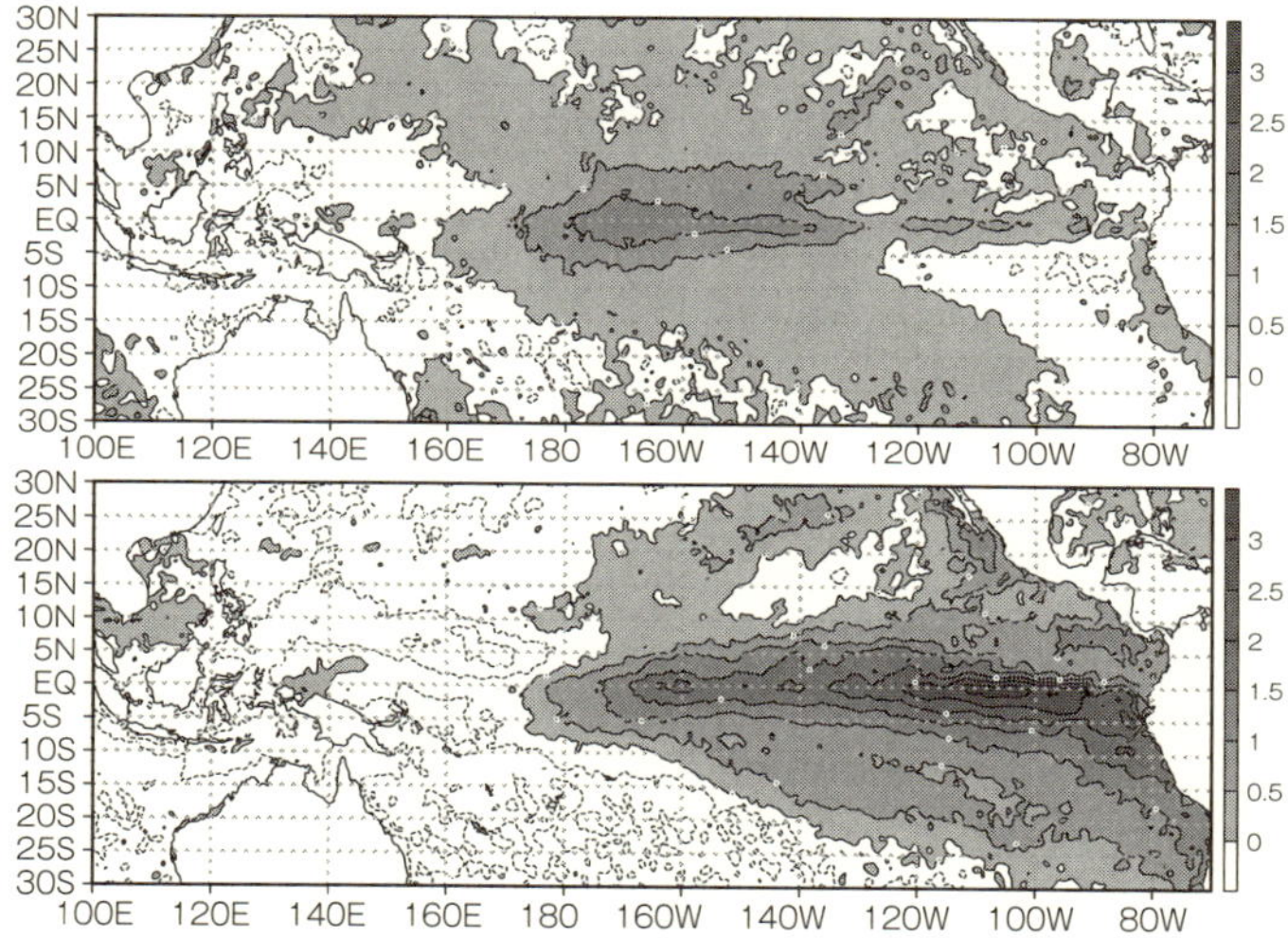


図6・7　エル・ニーニョもどき現象発生時に見られる水温偏差（上図）と、典型的なエル・ニーニョ現象発生時に見られる水温偏差（下図）。灰色の領域は平年値よりも海面水温が高い領域を表わしている。また、等値線の間隔は0.5度ごと。

ことから、「日付変更線エル・ニーニョ」や「中部太平洋エル・ニーニョ」といったよび方をする研究者もいます。

エル・ニーニョもどきは、エル・ニーニョ現象と同じ大気海洋相互作用現象ですが、赤道上の海面水温上昇にともなう対流活動が活発な領域は、典型的なエル・ニーニョ現象のときほど東へとは移動しません（図6・7）。このため、エル・ニーニョ現象のときは、フィリピンから日本の南の領域の冬の気温は平年よりも高くなる傾向がありますが、エル・ニーニョもどきのときは逆に平年より

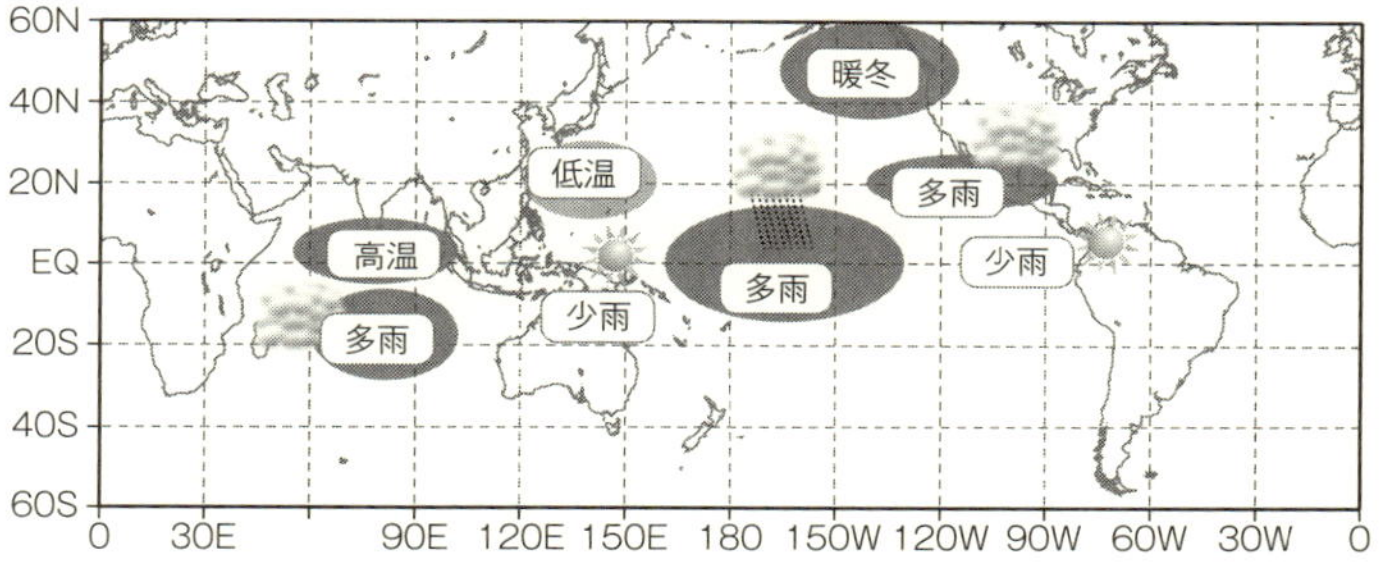


図6-8　エル・ニーニョもどき現象の冬季の天候への影響。

も低くなる傾向になるなど（図6・8）、太平洋周辺の天候へおよぼす影響は、エル・ニーニョ現象のときと異なることが報告されています（Weng *et al.*, 2009）。

　また、1980年代以降にエル・ニーニョもどきの発生回数が増加している原因として、地球温暖化との関係を指摘する考えもあります（Yeh *et al.*, 2009）。しかし、まだはっきりとした結論は出ていません。継続的な観測によるモニタリングなどを通じて、今後その理由がわかる日がくるかもしれません。

### ・温暖化の加速・減速

　図6・9は、過去約100年にわたる全球平均の気温の変化の様子を示したものです。20世紀後半から地球が温暖化していることは、メディアなどを通じてご存じかと思います。図からわかるように、気温の上昇は一定の割合で起きているわけではありません。人間活動に応じた温室効果

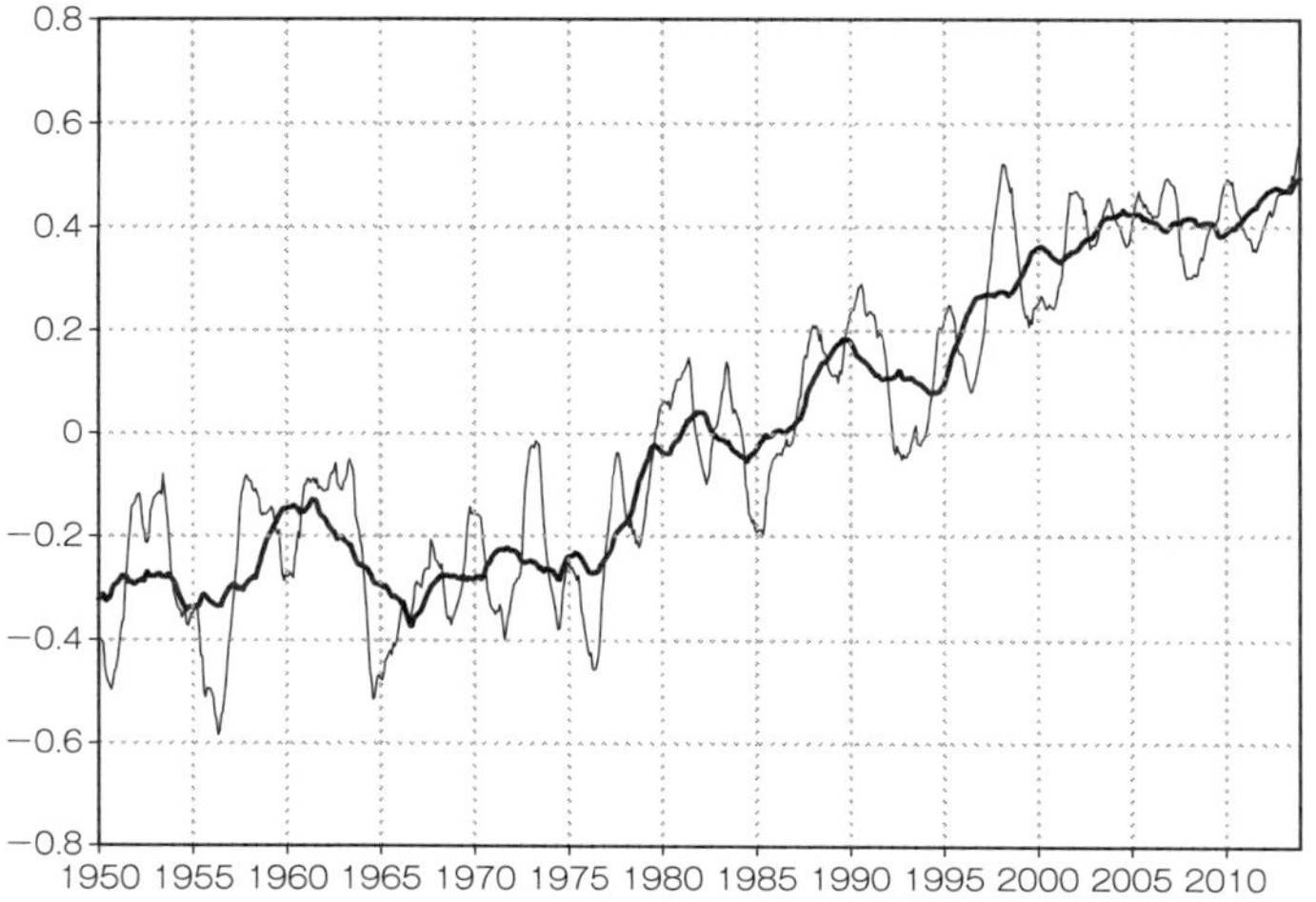


図6・9　1971年から2000年までの平均気温を基準にした全球平均気温偏差の時系列。細い線は年平均、太い線は5年の移動平均をしたもの。単位は度。

ガス排出量が年により変化する影響はもちろんありますが、実は熱帯域の海面水温の変化の影響が大きいのです。

典型的な例は、20世紀最大のエル・ニーニョ現象が起きた1997〜1998年の全球平均気温の急激な変化に見られます。これはエル・ニーニョ現象が、全球平均気温を上昇させるためです。エル・ニーニョ現象発生時には、太平洋の中部・東部赤道域のみならず、大気の変化を通じて熱帯インド洋や大西洋でも、海面水温も高くなります。さらに、エル・ニーニョ現象の影響による大気の変化は熱帯にとどまらず、中緯度の海や陸上の気温にも影響をおよぼします。つまり、エル・ニーニョ現象は、予想を

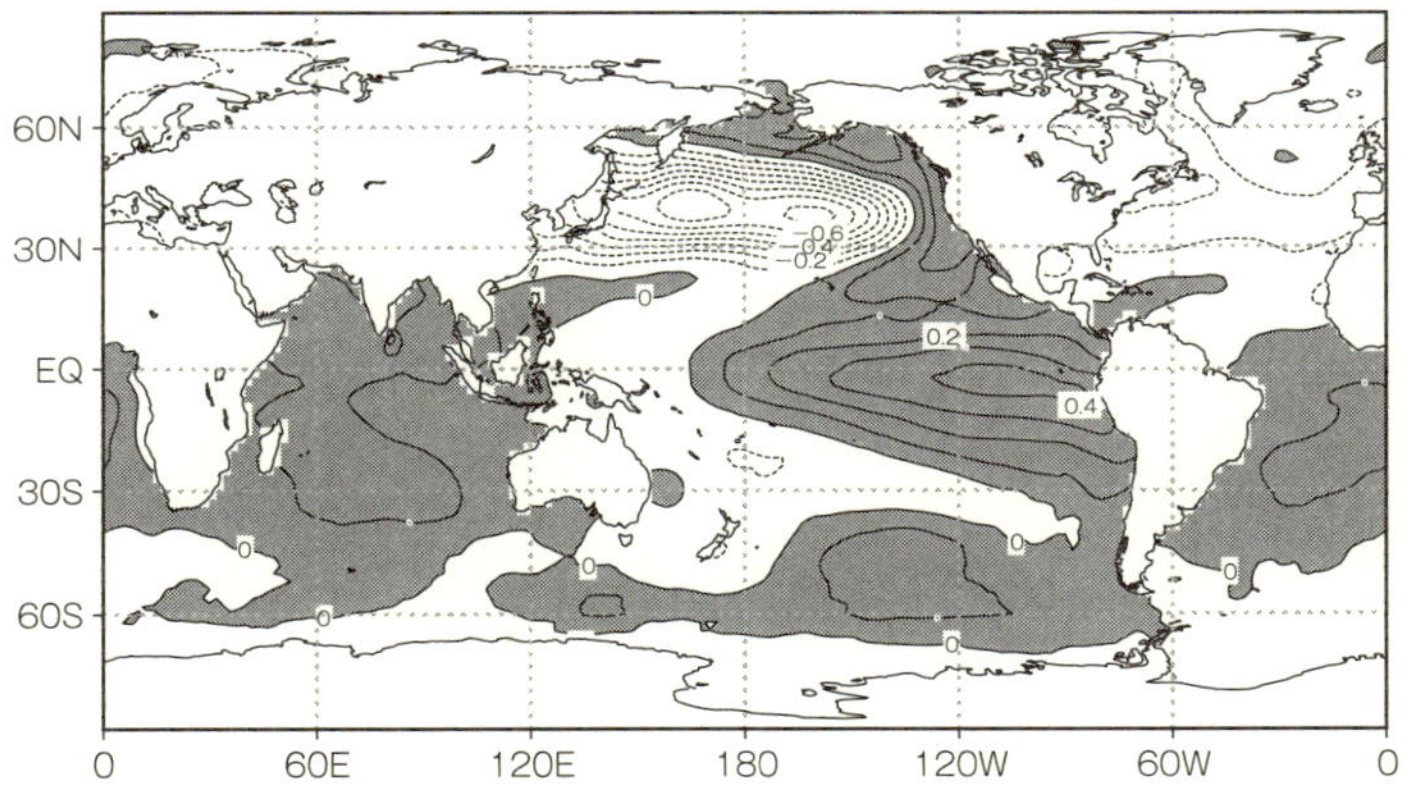


図 6・10　正の PDO 時の海面水温偏差の分布。灰色の領域は正の PDO のときに海面水温が平年値よりも高くなる領域を表わしている。また、等値線の間隔は 0.1 度ごと。

上回る気温上昇を引き起こす可能性が極めて高いということなのです。

一方21世紀に入ると、全球平均の気温上昇のスピードは、それ以前と比べてゆっくりしたものになっています。この温暖化スピードの減速はハイエイタス(hiatus)とよばれ、世界的に熱い注目を浴びています。このような数年よりも長い時間スケールの、全球規模の気温の変化に対しても、実は熱帯の海が中心的な役割を果たしていることが、最近の研究から明らかになってきたのです。

エル・ニーニョ現象は数年に一度起きる現象ですが、同じような海面水温分布の変化は、十年程度の時間スケールでも起きていることが知られており、PDO (Pacific Decadal Oscillation：太平洋の十年規模スケールの変動）とよばれています（図6・10）。現時点ではその発生などについてわからないことも多いのですが、エル・ニーニョ現象と同様に、大気や水産資源などに影響をおよぼす大規模な大気海洋相互作用現象であることは認識されています。このPDOは1990年代には正符号の状態であり、十年程度の時間スケールで平均しても熱帯太平洋の海面水温は高い状態にあったのですが、2000年あたりから符号を反転し、熱帯太平洋の海面水温は逆に低い状態で推移しているのです。

このPDOの符号反転にともなう熱帯太平洋の海面水温の変化が、本当に全球規模の気温の上昇傾向に影響を与えるのかを調べるために、大気海洋相互作用の研究で世界的に有名な謝尚平博士のグループは、地球の大気や海洋の変化をシミュレーションできる数値モデル（大気海洋結合モデル、第8章参照）を用いた実験を行ないました（Kosaka and Xie, 2013）。その実験結果は、熱帯太平洋の海面水温が大気への変化を通じて全球の気温上昇のスピードに影響をおよぼすことを示唆するものだったのです。

地球温暖化は着実に進行していることは確かな事実なのですが、決して徐々に進行しているわけではないのです。PDOにより、地球温暖化のスピードは加速もしますし減速もします。さらに、強いエル・ニーニョ現象が起きると、IPCCなどで報告されている将来の異常な海面水温を、予想よりも早い時期に私たちは直面する可能性があるのです。たとえ、異常に高い海面水温の出現期間が比較的短くても、生態系には甚大な影響をおよぼす可能性があります。実際、1997〜1998年のエル・ニーニョ現象の際には、世界の各地でサンゴの白化現象が起こりました。

一方、今後さらに地球温暖化が進行した状況で、エル・ニーニョ現象やダイポール・モード現象のような熱帯の大気海洋相互作用の強さや頻度がどのように変わっていくのか、また中高緯度への影響の現われ方は変わるのか、さらにそれに付随して豪雨や竜巻などの極端な気象現象の頻度に影響を与えるのかどうか、まだよくわかっていません。多くの謎を追究しつづけるうえで、その変化を見逃さないための継続的な観測はもちろんですが、新たな測器の開発と、それによる新たな観測を行なうことも重要です。また今後増えつづける数値シミュレーション（第8章参照）などの結果も合わせた、膨大なデータを丹念に読み解く地道な作業も必要になっていくと思います。

## 参考文献


Ashok, K., S.K. Behera, S.A. Rao, H. Weng, and T. Yamagata: El Nino Modoki and its possible teleconnection. *Journal of Geophysical Research Oceans*, 112(C11), C11007, 2007, doi: 10.1029/2006JC003798

Cane, M.A., S.E. Zebiak, and S.C. Dolan: Experimental forecasts of El Niño. *Nature*, 321, 827-832, 1986, doi: 10.1038/321827a0

Doi, T., S.K. Behera, and T. Yamagata: Predictability of the Ningaloo Niño/Niña, *Scientific Reports*, 3, 2892, 2013, doi: 10.1038/srep02892

Kataoka, T., T. Tozuka, S.K. Behera, and T. Yamagata: On the Ningaloo Niño/Niña, *Climate Dynamics*, 43(5), 1463-1482, 2014, doi: 10.1007/s00382-013-1961-z

Kosaka, Y., and S.-P. Xie: Recent global-warming hiatus tied to equatorial Pacific surface cooling. *Nature*, 501, 403-407, 2013, doi:10.1038/nature12534

Saji, N.H., B.N. Goswami, P.N. Vinayachandran, and T. Yamagata, 1999: A dipole mode n the tropical Indian Ocean. *Nature*, 401, 360-363, 1999, doi:10.1038/43854

Weng, H., S.K. Behera, and T. Yamagata: Anomalous winter climate conditions in the Pacific rim during recent El Niño Modoki and El Niño events. *Climate Dynamics*, 32(5), 2009, doi:10.1007/s00382-008-0394-6.

Xie, S.-P., H. Annamalai, F.A. Schott, and J.P. McCreary: Structure and mechanisms of South Indian Ocean climate variability, *Journal of Climate*, 15(8), 864-878, 2002, doi: 10.1175/1520-0442(2002)015<0864:SAMOSI>2.0.CO;2

Yeh, S.-W., J.-S. Kug, B. Dewitte, M.-H. Kwon, B.P. Kirtman, and F.-F. Jin: El Nino in a changing climate. *Nature*, 461, 511-514, 2009, doi:10.1038/nature08316

## コラム12　分岐点

自然現象を取り扱う気象学などの研究のアプローチを、大まかに分類すると「観測」「シミュレーション」「データ解析」の3種類があります。「データ解析」だけで勝負する研究者もいますが、「観測」や「シミュレーション」と合わせて研究を進める方が多いかと思います。さらに最近では、より具体的な予測を目指して、この3つを組み合わせた「データ同化」手法も盛んになっていります。ちなみに私は、主に2番目の「シミュレーション」の手法を使って研究を進めています。

学生の頃、沖縄へ黒潮の観測に行く話があり、なにか面白いことがあるに違いないと思い、手を挙げて乗り込みました。右も左もわからない学生なので、頼まれた仕事は計測器で海面水温を測ることと、海に設置したブイ（第7章参照）を引き上げる際の力仕事でした。出港当日、船に乗ると、台風が来るので出発できないから、今日は船舶で待機といきなりいわれたのです。台風通過後、沖縄へ向けて出発することになり、最初の目的場所で、さっそく作業。その日はいろいろな観測作業を見て、ただ感心していました。

しかし次の日、また台風が来ているので危険だから、急いで沖縄に逃げることに。そこで台風が過ぎ去るのを待つために、また港でお泊りすることになりました。沖縄へ逃げる際には、椅子から何度も転げ落ちました。通過後、残っていた作業を行なうために、再び黒潮に向かって船は進んでいったのですが、またまた台風が来る予報が出たため、ブイの引き揚げ作業をしつつ、全速力で帰港。ということがあり、その後はなんとなく「観測」から微妙な距離を置いて研究をすることになったのです。

最近、あれは単なる偶然だと思い、再び黒潮を観測する船に乗り込み、沖縄へ向かったのですが、出発当日に低気圧が来て、海が荒れはじめているので出港できるかどうかという話になりました。ぎりぎり大丈夫との判断で出発しましたが、また2日後、台風が来るので避難することに。今度は西表島まで。そして台風通過後、またまた台風が来る予報が出たために、急いで戻る羽目に。

ここまで来ると、「2度あることは3度ある」と「3度目の正直」のどちらが正解か、そのうち試してみようかと。ただ、台風から避難したおかげで、予定になかった沖縄本島や西表島への初上陸に成功したので、観測には実はいいところもあるのかもしれないと思っています。

第 7 章

● 川合義美

# 宇宙と船から見た海と空の研究

空と海の関係を研究する、と聞くとまず、「船に乗って海に出ていかなければ」と思われるのではないでしょうか？　船酔いしやすい方は想像するだけでうんざりしますね。でも船酔いしやすい海洋学者や気象学者はたくさんいるので、海洋や気象の勉強をしたい方も安心してください。さて、直接海に出向いて船で空や海のさまざまな観測をすることはもちろん欠かせないのですが、船は乗用車より遅いので、船だけでは十分な観測はできません。人工衛星の登場によって、空と海の研究は飛躍的に発展することになりました。

この章では、人工衛星による観測のおかげでできるようになった空と海の研究や、それでもまだまだ必要な、船による観測などをご紹介します。日本は四方を海に囲まれた「海洋国家」で海産物に恵まれていますが、理科の授業では海のことをあまり教えてくれないこともあって、海になじみがない方も意外と多いのではないでしょうか。筆者も実は内陸出身で、大学生になるまであまり海を見たことがありませんでした。しかし、海産物以外にも、海は天気を通して私たちの日常生活に深く関わっています。それではまず、宇宙から空と海を見てみましょう。

# 7・1　空と海を宇宙から見る

## ・人工衛星が切り拓いた新しい時代

人工衛星といえば、天気予報でお目にかかる「ひまわり」による雲画像がなじみ深いと思います。本題に入る前に、人工衛星による気象・海洋観測の歴史を簡単に振り返ってみましょう。

気象観測用の人工衛星が初めて打ち上げられたのは１９６０年ですが、人工衛星による地球観測が世界中で本格的に行なわれるようになったのは１９７０年代の後半からです。ちなみに日本が「ひまわり」の運用を開始したのは１９７７年、また、海洋観測を目的とした初の衛星がアメリカで打ち上げられたのは１９７８年でした。

「ひまわり」でもおなじみの雲画像はおよそ10・3～12・5マイクロメートルの波長帯の電磁波（この波長の赤外線は、空気中の水蒸気による吸収が少ないので、地表や雲を見るのにちょうどいいのです）をとらえたものですが、この波長帯の赤外線を使うと海面の温度も知ることができます。

赤外線を利用した人工衛星での海面水温観測は、１９８１年にアメリカのＮＯＡＡ-７号衛星が打ち上げられてから日常的に行なわれ、天気予報や研究に使われるようになりました。これは画期的なことでした。それまで海面水温は、船舶やブイで測った限られたデータしかなく、定期航路から外れた海域では何年間も観測がまったくないことも珍しくありませんでした。人工衛星による観測によって飛躍的に海洋の情報量が増加しました。

しかし、「雲を見ることができる」ということからわかるように、曇ったり、霧がかかっていたりすると、赤外線では海を見ることができません。例えば、梅雨時の日本付近では、赤外線による海面水温データが何日間も取れないこともあります。雲を透過する「マイクロ波」とよばれる波長帯の電磁波を使った、実用的な海面水温観測が継続的に行なわれるようになったのは１９９８年からです。マイクロ波による人工衛星での海面水温観測自体は１９７８年には行なわれていたのですが、実験的なものでした。

日本とアメリカが共同で開発し打ち上げた、熱帯降雨観測衛星（Tropical Rainfall Measuring Mission satellite: ＴＲＭＭ）に搭載された、マイクロ波放射計（TRMM Microwave Imager: ＴＭＩ）による観測で、曇っている海域でも海面水温の観測ができるようになりました。この衛星は熱帯地域の観測を主目的としていたので、観測範囲は北緯・南緯約40度以下の低緯度限定でしたが、２００２年にＡＭＳＲ-Ｅ（Advanced Microwave Scanning Radiometer for EOS）とよばれるマイクロ波放射計による観測が始まって以降、雲に邪魔されずにほぼ毎日、海面の水温を全球で観測できる体制が整いました。

１９８０年頃と２０００年頃に、気象学や海洋学にとって画期的な発展があったことを覚えておいてください。

ここまでは海面の水温にフォーカスしてお話ししましたが、人工衛星で観測できるのは海面水温や雲だけではありません。１９８７年から運用されているＳＳＭ／Ｉ（Special Sensor Microwave/Imager）というマイクロ波放射計は、海面水温を測ることはできませんが、海上の風速（風向はわかりません）や、大気中の水蒸気や降水の量、それに海氷の面積を測ることができます。

## ●水温が高いほど風が強い？

人工衛星の登場によって、船の観測だけでは見えなかったものが見えるようになりました。まさに「ベールがはがされた」といえるでしょう。第1章で述べられているように、海面水温が高い黒潮上は風が強く、冷水域では弱いという関係が衛星観測で見事にとらえられました（図１・６）。

このような関係は、船による観測だけではなかなかわかりませんでした。中緯度では温帯低気圧や前線の影響を受けやすいため、船で数日程度の観測をしただけでは、このような関係をとらえるのは容易ではないのです。たまたま低気圧が通って強風が吹いたら、海上の大気に対する海面水温の影響はほとんどかき消されてしまいます（もちろん運がよければとらえられます。その話はのちほど)。しかも、海洋観測に使われる船はだいたい10～15ノット(1時間で緯度10～15分進む速度、時速18～28キロメートル)程度しかスピードがでませんから、図1・6のような広域の分布をとらえるのはほぼ不可能です。

人工衛星による観測ではこのような広域のデータがほぼ毎日取れるので、何日間かを平均したり、あるいは大気擾乱の影響を受けていない日を選んだりすることで、「海面水温が高いほど風が強い」関係が明瞭に見られるようになります。

## ● 水温が高いと空気が集まる?

今度は別の例をお見せしましょう。マイクロ波散乱計という人工衛星センサーや、特別なマイクロ波放射計を使うと、海上の風速だけでなく、風向も知ることができます。風速と風向がわかれば、海上風の発散・収束を計算することができます。発散とは空気が周囲に吹き出すこと、収束とは空気が集まることを想像するとよいでしょう。つまり、収束を計算することで、海面付近で空気が集まっているのがどこかがわかるのです。

低気圧の中心付近では空気が収束し、高気圧では逆に発散します。ある瞬間の収束・発散の分布だけに着目した場合、低気圧や高気圧に対応したパターンしかはっきりとは見えません。そこで、ある程度の期間の平均を取ることにします。すると、個々の大気擾乱の影響が相殺されて、海面水温分布に対応した風の分布が見えてきます。

図7・1はアメリカ東岸を流れるメキシコ湾流域で、人工衛星で測った海上風から求めた発散の分布を示しています。メキシコ湾流は黒潮と同様、低緯度の暖かい海水を北に運ぶ強い流れで、水温前線を形成しています（水温前線とは、海面水温が大きく変化する場所のことです）。この水温前線をはさんで冷水側では発散、暖水側では収束という分布があることがわかります（Minobe *et al.*, 2008; Shimada and Minobe, 2010）。正確にいうと、海上風の発散は海面水温の水平方向の曲率に比例するのですが、ここでは簡単に「空気は暖かい海の上で集まり、冷たい海の上で発散する」と思っていただいてかまいません。

第1章の図1・6で見たように、冷水上で風速が弱まり、暖水上で強まるのなら、水温前線を横切る向きに風が吹いていると、水温前線の真上で収束または発散が最大になるはずです。なぜそうなるのか、南から北に向かって風が吹いている場合を考えてみましょう。

暖かい南側の海上では風が強く、北側の冷たい海の上に行くと弱まりますから、暖水と冷水の境目のところで空気が「渋滞」することになります。これはつまり、空気が収束しているということです。逆に北風ならば、暖水と冷水の境目のところで空気が発散します（発散すると空気が足りなくなってしまいますが、基本的に上空から空気が降りてくることで補充されます。つまり発散のあるところでは下降流、逆に収束のあるところでは上昇流が生じます）。

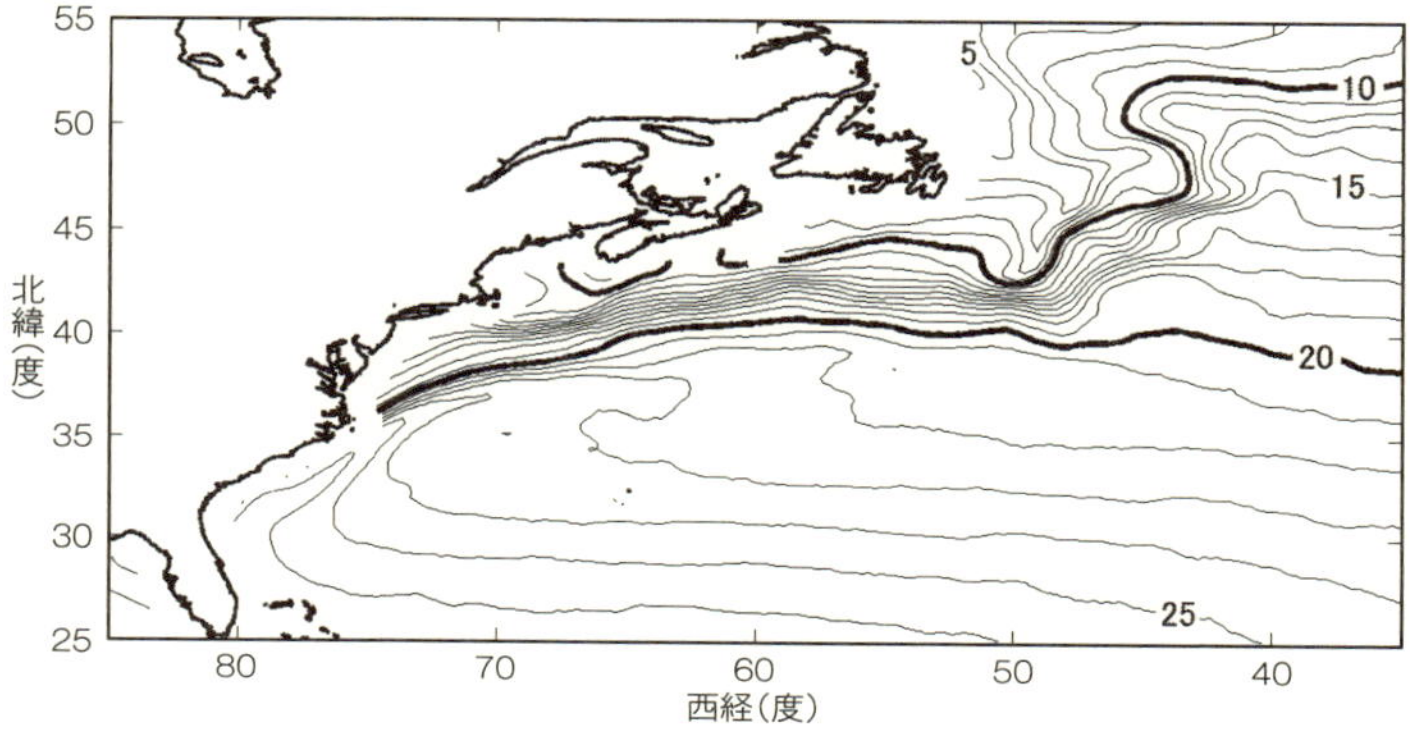


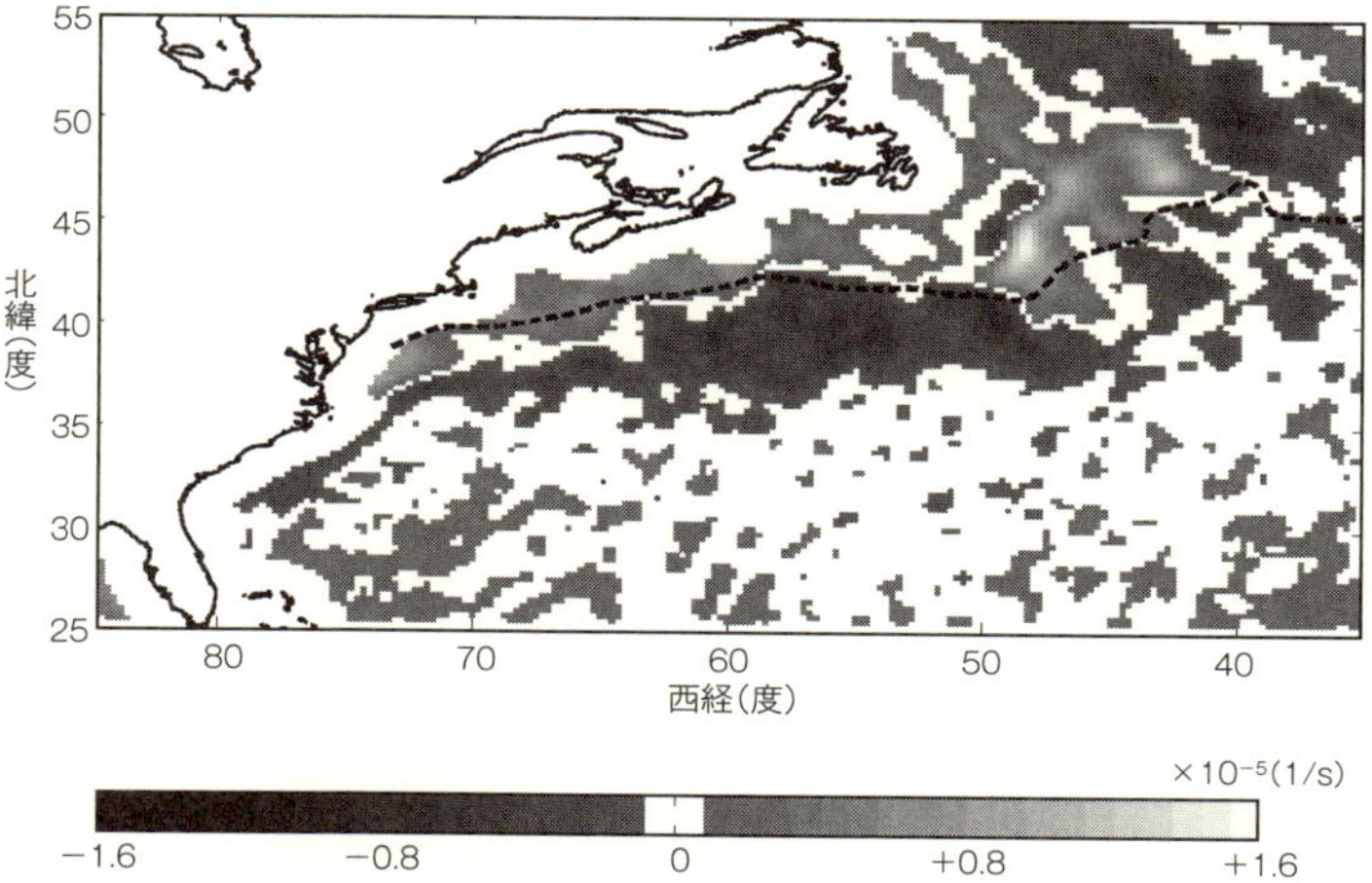


図7・1　4年間（2004年～2007年）平均の海面水温（上）と海上風の発散（下）。上図の等温線は1℃おき。下図の点線は海面水温18℃の等温線。水温前線の北側で発散（正の値）、南側で収束（負の値）であることがわかる。アメリカのRemote Sensing Systemsが作成・公開しているWindSatのデータを使用した。

では、図1・6と図7・1は矛盾しているのでしょうか？　図1・6で紹介されている「暖かい海上で風速大・冷たい海上で風速小」という関係は「鉛直混合メカニズム」、本節と図7・1で紹介している「水温前線をはさんだ暖水側で収束・冷水側で発散」という関係は「圧力調整メカニズム」で、それぞれ説明されます。この2つのメカニズムは矛盾するものではなく、どちらも起こり得ると考えられています。「鉛直混合メカニズム」「圧力調整メカニズム」とは、どういうメカニズムなのでしょうか？

## ●風を変える2つのメカニズム

では、この2つのメカニズムについて簡単に説明しましょう。通常は海面での摩擦のため、海面に近いほど風は弱く、高くなるほど強くなります（第3章参照）。海面水温が海上の気温より高い場合、大気下層は不安定な状態です。海面に接している空気はその上の空気より暖かく軽いですから、空気は鉛直方向に動き、混ざろうとします。よく混ざった空気の層を「境界層」とよびます。第1章でも説明があったように、気温と海面水温の差がより大きく、より不安定なほど、鉛直混合が強くなり（図1・7）、境界層は高くなります。鉛直混合が強まって境界層が高くなろうとするとき、境界層の直上は風の弱い境界層に取り込まれるため、相対的に風が弱まり、一方で境界層内は上空の風の強い層を取り込んで風が強まることになるので、「より不安定だと境

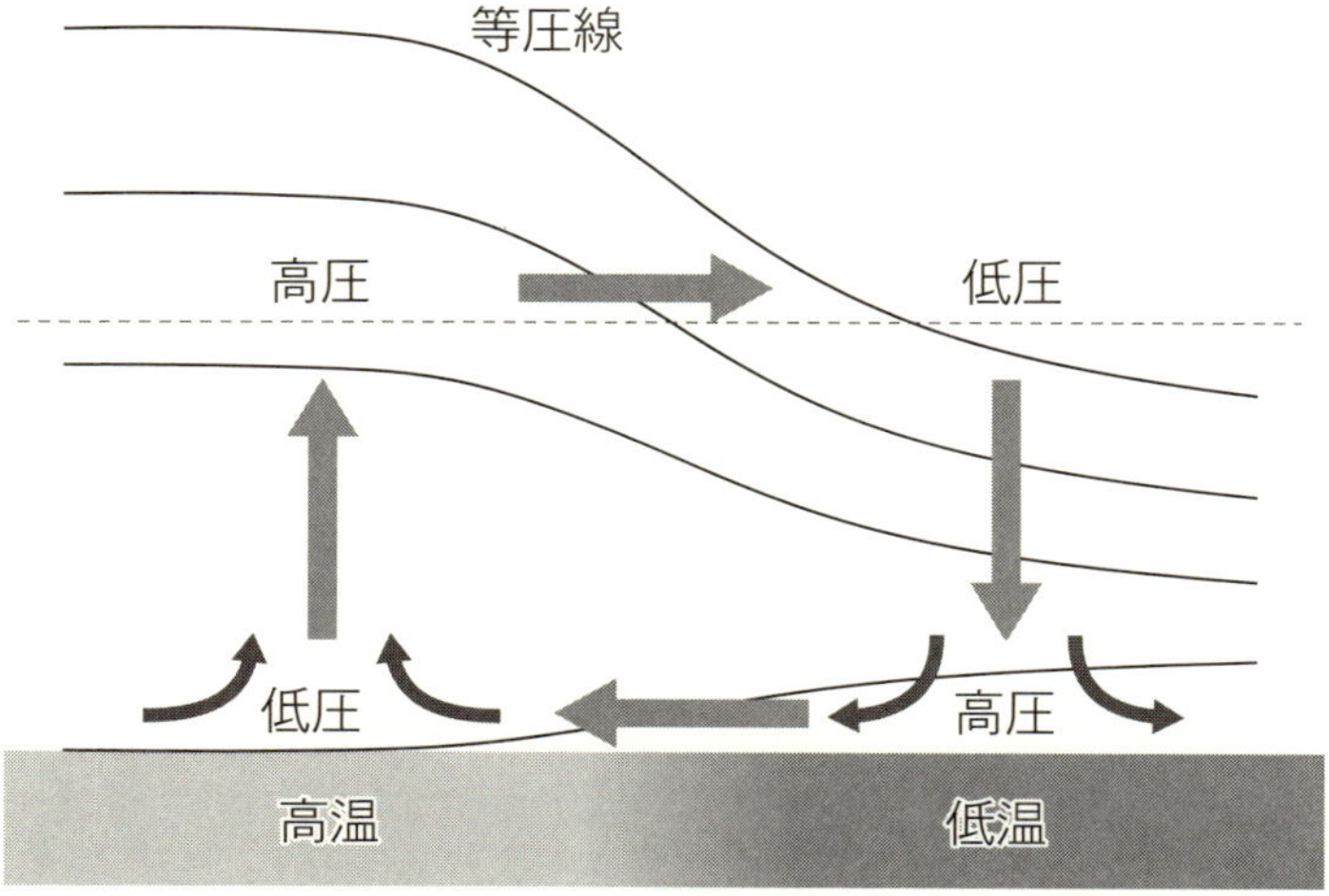


図７・２　圧力調整メカニズムの仕組み。暖水上で収束と上昇流、冷水上で発散と下降流が生じる。

界層の風速はより強く」なります。これを「鉛直混合メカニズム」といいます。逆に安定や中立に近いと、相対的に境界層は低く、海面近くでの風速は弱くなります。

今度は、海面で同じ気圧の空気柱が暖水側と冷水側にある状況を考えてみます。暖水側では空気柱の下のほうが暖まって膨張し、等圧面を押し上げることになります。すると上空のある等高度面上では、暖水側のほうで気圧が高くなるので、暖水側から冷水側に空気が流れます。その結果として、海面付近では冷水側で気圧が高く、暖水側で気圧が低いという分布になり、冷水側から暖水側に向かう空気の流れが生じます。

このようにして、水温前線をはさんで、図７・２に示すような鉛直方向の循環が形成されます。暖水側では海面気圧が相対的に低くなり、そこでは収束と上昇流が生じます。これは海陸風が生じるメカニズムと同じもので、「圧力調整メカニズム」とよんでいます。

## ● 中高緯度の空と海の関係は、古くて新しいテーマ

海面水温が高く、深い積雲対流が発生する熱帯では、海洋が大気に大きな影響を与えていることが比較的古くから認識され、研究が進んできました（第6章参照）。

一方、中高緯度では、海洋は大気から影響を受けるけれど、大気に大きな影響は与えない、つまり、影響は大気から海洋への一方通行であると思われてきました。実際、中高緯度のある程度広い範囲で海面水温と風速の関係を調べると、風速が強くなるほど海面水温が低くなるという傾向が見られます。これはつまり、風が強いほど海から熱がたくさん奪われて、その結果として海が冷えるという関係を示しています。

しかし、中高緯度でも海洋上の大気が海洋からの影響を受けていることがわかったのは、決して最近のことではありません。「熱帯と違って中高緯度の海洋は受動的に大気から影響を受けるだけであると昔は考えられていた」という台詞を聞くこともありますが、これはちょっと誤解を招きやすい表現です。中緯度でも、暖かい海の上で大気が不安定になって、風速が強くなったり、境界層が厚くなったりすることについては、１９４０年代にすでに観測例があります。ま

た、水温前線域や海氷縁で形成される、海陸風に似た局地循環についても（筆者が知る限りでは）1980年代に研究例があります。

これらの現象自体は世界中のどこの海でも起こり得ることで、それはすでにここに紹介した年代からわかっていました。ただ、先にお話ししたように、船による観測からだけでは、ある程度長い期間ではどうなのか、ある程度広い範囲ではどうなのかはなかなか調べられませんでした。また、海が対流圏下層に影響することはわかっていても、対流圏中層やそれ以上の高さにまで影響するのかについても、あまりわかっていませんでした。例えば、地球を一周するような大きなスケールの大気循環にも、中高緯度の海洋ははたして影響を与えるのか、というようなことを詳しく研究するには、数値モデル（第8章参照）や人工衛星観測の発展を待つ必要がありました。

# 7・2　船による海上での気象観測

## ・人工衛星だけではダメ？

前節では、人工衛星が海洋から大気への影響を見事にとらえた例を紹介しました。人工衛星でこれだけわかるのなら、船で海に出て観測を行なうという面倒なことは、もうしなくてもいいのでしょうか？　実は、人工衛星による気象・海洋観測には大きな弱点があります。例外はありますが、基本的に「表面（海面もしくは雲頂）か鉛直積算量しかわからない」ということです。鉛直積算量とは、空気の柱を考えた場合、鉛直分布に関係なく、その中に含まれるある特定の物質の総量のことです。衛星観測では、大気下層の風速や気温、湿度などの詳しい鉛直分布はわかりません。「サウンダー」という種類の人工衛星センサーでは、気温や水蒸気の鉛直分布を求めることができますが、鉛直分解能は粗いので、境界層を詳しく調べるのにはあまり適していません（それでも日々の天気予報や気候研究には非常に役立っています）。

海面直上の気温、湿度、気圧という、大気海洋相互作用の研究にとって最も大事な要素は、実は衛星観測からは得ることができません。そもそも、人工衛星で測っているのは電磁波の強さだけです。電磁波の強さから何らかの推定式を使って温度や水蒸気の量、海氷の面積などを推定しているので、その推定値がどの程度正しいのか、常に現場で得られた観測値と突き合わせて確認しつづけなければなりません。このような理由で、衛星観測がどれだけ発達しても、現場、すなわち、海洋上での直接観測をなくすわけにはいかないのです。

### ●船舶観測はなぜ大変?

現場観測が大事とはいえ、やはり船舶観測はいろいろな意味で大変です。大気の変化は海洋の変化と比べると非常に早く、特に中緯度では、低気圧と高気圧が交互に通り過ぎ、天気は時々刻々と変化していきます。

例えば北緯35度から37度まで水温前線を南北に横切って移動しながら観測を行なうとしますと(7・3節参照)。船の速度が10ノットとすると、横断には半日かかります。この間、気圧配置があまり変化しないでいてくれればいいのですが、天気の変化が早いときに観測を行なうと、時間変化を見ているのか空間変化を見ているのかわからなくなってしまいます。運悪く低気圧が近づいてくるようなときにあたってしまうと、海面水温が大気に与える影響よりも低気圧のほうがはるかに目立ちますから、水温前線の影響はほとんど見えなくなってしまいます。

観測が続行できればまだいいほうで、海が時化てしまうと観測作業を中止し、その場所から逃げなければなりません。

では、気圧配置の変化が小さいときを狙って観測に行けばいいではないかと思われるかもしれませんが、そう都合のいい話はありません。観測船はさまざまな研究者がさまざまな目的で利用するので、事前に年間のスケジュールが決められていて、好きなときに機動的に動かすというわけにはいかないのです。燃料費や船員さんの人件費などを捻出するのは国の財政が厳しい昨今、ますます厳しくなり、船を動かせる日数自体減少しています。

ちょっと気が重くなる話をしてしまいましたが、船舶観測でなければ出せなかった研究成果はいくつもあります。その紹介をする前に、船でどんな気象観測をしているのかを説明します。

## • 船ではどんな気象観測をするの？

### ① 最も基礎的な気象要素

船舶観測の強みのひとつは、海面直上の気象要素を連続的に精度よく測定できることです。それにより大気と海洋間の熱や水蒸気、運動量の交換量を求めることができます（第3章の図3・3参照）。そのために最低限必要な測定要素は次のとおりです。

- 海面水温（通常は海面下数メートル）
- 風速・風向
- 気温
- 相対湿度（あるいは露点温度）
- 下向き短波放射
- 下向き長波放射

海洋がどの程度暖まったり冷えたりしているか調べるためには、海に入る日射（短波放射）や、大気中の雲や水蒸気から射出される赤外線（長波放射）の強さを測ることが必要です。しかし、海洋上での放射量観測は世界的に見ても限られた観測船やブイでしか行なわれていないため、信頼できる観測データを増やすことが課題となっています。海洋に入る短波・長波放射については人工衛星データから推定する手法も開発されていますが、そもそも検証用の観測データ自体が非常に少ないこともあり、信頼性が高いものとはいえません。やはり船できちんと測ることが大事なんですね。

② 高層気象観測

ラジオゾンデという測器をヘリウムの入った気球から吊るして空に飛ばすことで、気温、湿度、風向、風速、高度および気圧の詳細な鉛直分布を知ることができます。高度や風向・風速はGPSを使って求めます。ラジオゾンデからは測定されたデータが電波で発信され、船上に設置したアンテナで受信します（第1弾第5章3節参照）。

③ 雲・水蒸気の観測

人工衛星による可視光や赤外線の観測では、雲の分布や種類、高度を知ることはできますが、基本的に雲の上端（雲頂）しか見ることはできません。つまり、多層構造になっていると下層の雲は見えないのです。レーダーやライダーといった測器を使うと、人工衛星から雲の多層構造を見ることができ、また、雲頂の高度をもっと正確に測れます。このような人工衛星データを用いて、メキシコ湾流の水温前線をはさんで暖水側と冷水側で雲の高度が異なることが示されています（Liu *et al.*, 2014）。

逆に地上から上向きにレーザー光を出して、雲で反射して戻ってくる信号をとらえて雲底の高さを調べることもできます。この測器をシーロメータといいます。船に積んだシーロメータで雲を見るほうが、雲との距離が近いこともあって、人工衛星から見るよりも雲の高度の微妙な違いを検出することが可能になります。次節でシーロメータ観測の一例をご紹介します。

また、GPS（正確にはGNSS）衛星の電波が、水蒸気によって微妙に遅くなることを利用して、大気中の水蒸気量を求めることができます。陸上では、とてもきめ細かいGPS観測網を構築して、短時間強雨の予測に役立てようという試みが行なわれています。海上ではそれは無理ですが、船にGPS受信機を設置することで、ラジオゾンデと違って時間的に連続した（だいたい10分ごと）水蒸気のデータを得ることができます。ただし、この目的で使うGPS受信機はカーナビで使うものよりはるかに高価で、またデータの処理も面倒なので、現時点ではまだ、あまり気軽に使うわけにはいきません。また水蒸気に関する情報しか得られないので、上手な活用の仕方を考える必要がありそうです。

④　エアロゾル粒子

エアロゾル粒子（大気中に浮遊する固体や液体の粒子）や雲は地球の放射収支を決める最も重要な因子で、地球の気候や温暖化を考えるうえで非常に大事なのですが、いまだに不明なことが多く、大きな課題になっています。特に海洋上のエアロゾル粒子は観測も理解も不足しています。

最近の研究で、気候変動メカニズムのひとつとして注目されている、エアロゾル粒子の雲への影響（間接効果といいます）の強さを、水温前線が変える可能性があることがわかってきました（Koike *et al.*, 2012）。冬に大陸からの冷たい空気が黒潮のような暖水の上に流れ込むと、大気が不安定になって鉛直混合が盛んになり上昇流が強まります。上昇流が強いと効率的にエアロゾル粒子が凝結核となって雲粒が形成されます。その結果、エアロゾル粒子の数が同じでも大気下層がより不安定なほうが、雲粒数濃度が高くなります。暖水側では雲粒の個数が多くなるぶん雲粒は小さくなりますが、雲粒の小さい雲ほど日射を反射しやすい性質があります（図7・3）。また、雲粒が小さいほど雨や雪になりにくいので、雲の寿命も長くなります。雲粒数濃度は今のところ航空機でしか観測できないので、航空機と船舶がコラボした同時観測が必要です。

海面直上でエアロゾル粒子の濃度や大きさ、組成などを調べるには、船上にサンプリング装

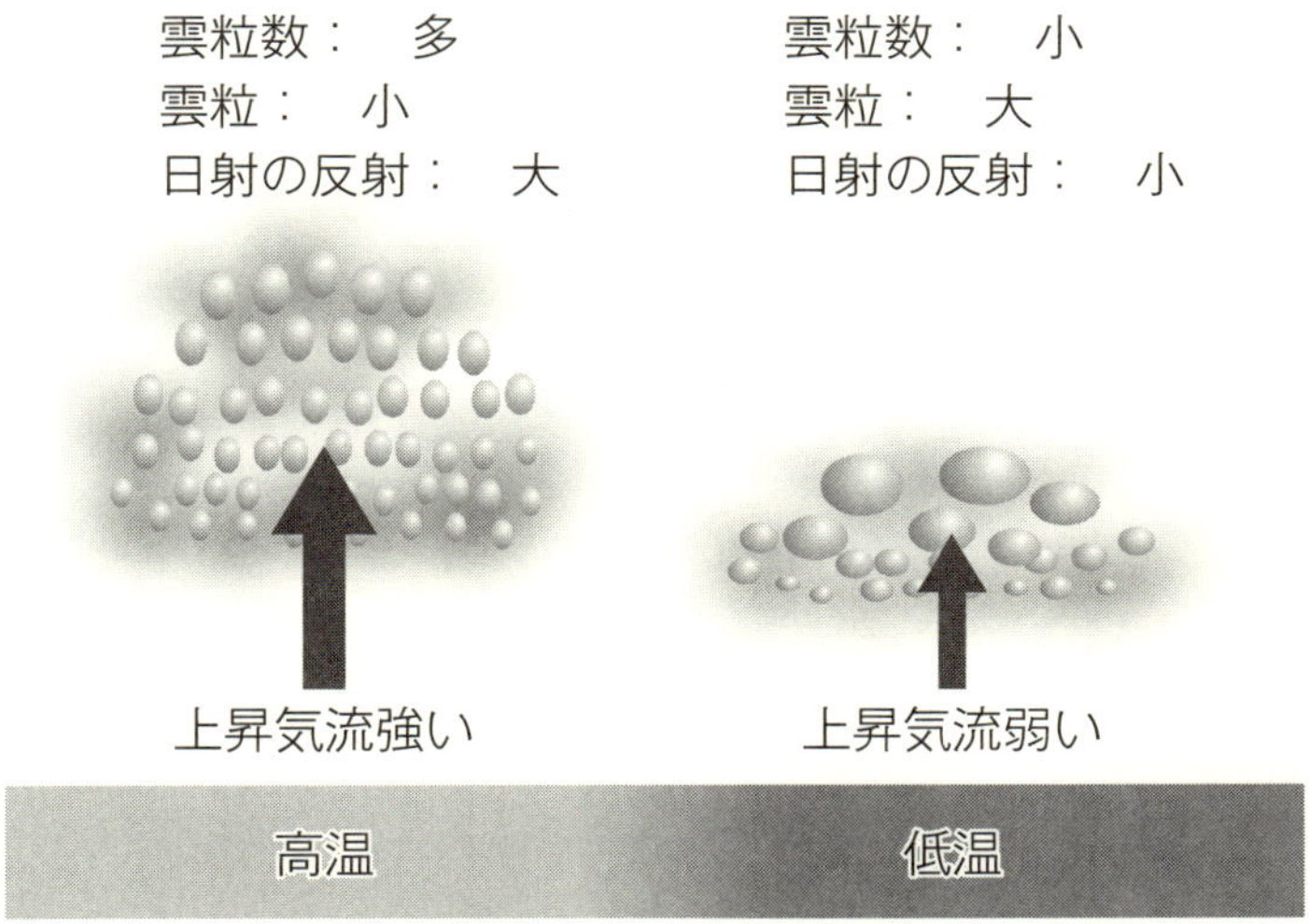


図７・３　エアロゾルの間接効果に対する海面水温の影響（Koike *et al*. 2012 の Figure 11 を参考に作成）。

置を設置します。船の煙突から排出される煤煙に汚染されないように気を使う観測です。

海上では海から出た塩の粒（海塩粒子といいます）が主に雲核となって雲粒が成長することはよく知られていますが、海中の植物プランクトン起源の硫化ジメチル（ＤＭＳ）とよばれる化学物質も雲の凝結核として働きます。海洋生態系の変化にともない大気中のＤＭＳの量も変化し、雲の生成を通して気候に影響を与える可能性は以前から指摘されています。しかし、単純に植物プランクトンの多い海域で雲が多いというわけでもなく、その関係を明らかにするにはまだまだ研究が必要なようです。

最近では、海洋由来のバクテリアなど微生物エアロゾル粒子も強い雲核形成能力をもっている可能性が指摘されていて、今後の研究の進展が期待されます。

⑤　海洋の観測

海洋内部を測る手段として最もオーソドックスなのは、CTD (Conductivity Temperature Depth profiler) と採水器です (図7・4)。CTDは高精度で水温、塩分、圧力 (深度) を測る測器で、フレームに固定して船から海の中に降ろしたり上げたりしながら測定を行ないます。フレームにはニスキンボトルとよばれる縦長の採水器が固定されており、いくつかの深度でこの採水器により海水を採取して、CTDデータの較正に用いたり、実験室で栄養塩など化学・生物的要素を測定するのに使用したりします。

この方法だと非常に高精度のデータを得ることができます。しかし、観測船が行かない海域のデータはまったく取得できません。そこで、2000年頃から始まった国際的プロジェクトにより、「アルゴフロート」とよばれる自動浮沈式フロートが現在、全世界に展開されています。詳しくは第1章のコラム2をご覧ください。

ではこれで十分かというとそうではありません。例えば、水温前線付近を詳しく調べるためには緯度3度×経度3度に1本では全然足りません。また、現在の標準的なアルゴフロートでは、深度2000メートル以深の深海、水深の浅い沿岸・陸棚域、それに海氷下はカバーで

図 7・4　CTD および採水器（上）と、アルゴフロート（下）。

きません。いずれも温暖化、海洋環境問題を考えるうえで重要な場所です。このうち深海用のフロートは、日本の海洋研究開発機構をはじめ、世界のいくつかの国で開発が進み、すでに実用化にこぎつけています。浅海用、海氷下用のフロート、また、さまざまな生物・化学的要素を測れるフロートも開発されています。ただし、一部を除いて大量に使用されるにはまだ至っていません。現在の技術なら高機能化はやろうと思えばある程度はできるのですが、高価でデータ処理も難しくなるため、広域にたくさん展開するという使い方には向かなくなります。どのような戦略で高機能化を図るのか、よく考えなくてはなりません。

## ●ブイではどんな観測をするの？

船舶での観測は海が荒れていないときしかできません。大まかな目安で、波高が大体3～4メートルくらいになると観測作業は中止になります。船によっては、これよりもっと低くても観測できなくなります。しかし、荒天になるたびに観測を中止したり逃げたりしていると、なかなか希望どおりの観測はできません。研究テーマによっては、天気が大荒れのときのデータこそが欲しいということもあります。非常に難しい問題なのですが、ひとつの方法として、ブイを使うという手があります。

ブイには漂流ブイと係留ブイの２種類があります。漂流ブイは文字通り、ブイを船から海に投入して漂流させるもので、基本的に使い捨てです。主に海面水温や波浪、表面付近の流れを調べる目的で使われます。気圧や気温、湿度、風速などを測るための測器を追加で搭載することもできますが、あまり一般的ではありません。また、海面上に突き出ている部分が短いので、気象の研究にはやや不向きです。海洋観測機器としては比較的安価（数十万円程度）で、船から海に放り込むだけでメンテナンスの必要もなく、扱いが楽なのですが、観測できる要素が非常に限られているのが弱点です。また、どこに流れていくかは海流と風まかせなので、ある決まった場所でデータを取りつづけるという目的で使うのには適していません。

係留ブイは、海底に沈めたアンカー（重り）と海面に浮かんだブイをロープやワイヤ（係留索といいます）でつないで、定点に固定したブイのことです（図7・5）。ブイや係留索にさまざまな測器を取り付けることが可能で、海面上の気象要素を測るのに向いていますし、海洋深層の観測にも使えるので、汎用性は高いといえます。

しかし最大の問題は費用と労力です。このあたりの苦労話はコラム15を見てもらうとして、他にも大事なことがあります。決まった場所で1〜2年間、さまざまな要素の連続観測ができるのは最大の強みなのですが、ある決まった1点でしかデータが取れないのが最大の弱みです。船とは違って高層気象観測はできませんし、シーロメータやライダーなどをブイに搭載することも現時点では無理です。そのため、その係留ブイで取れる観測データでどんな研究ができるか、係留ブ

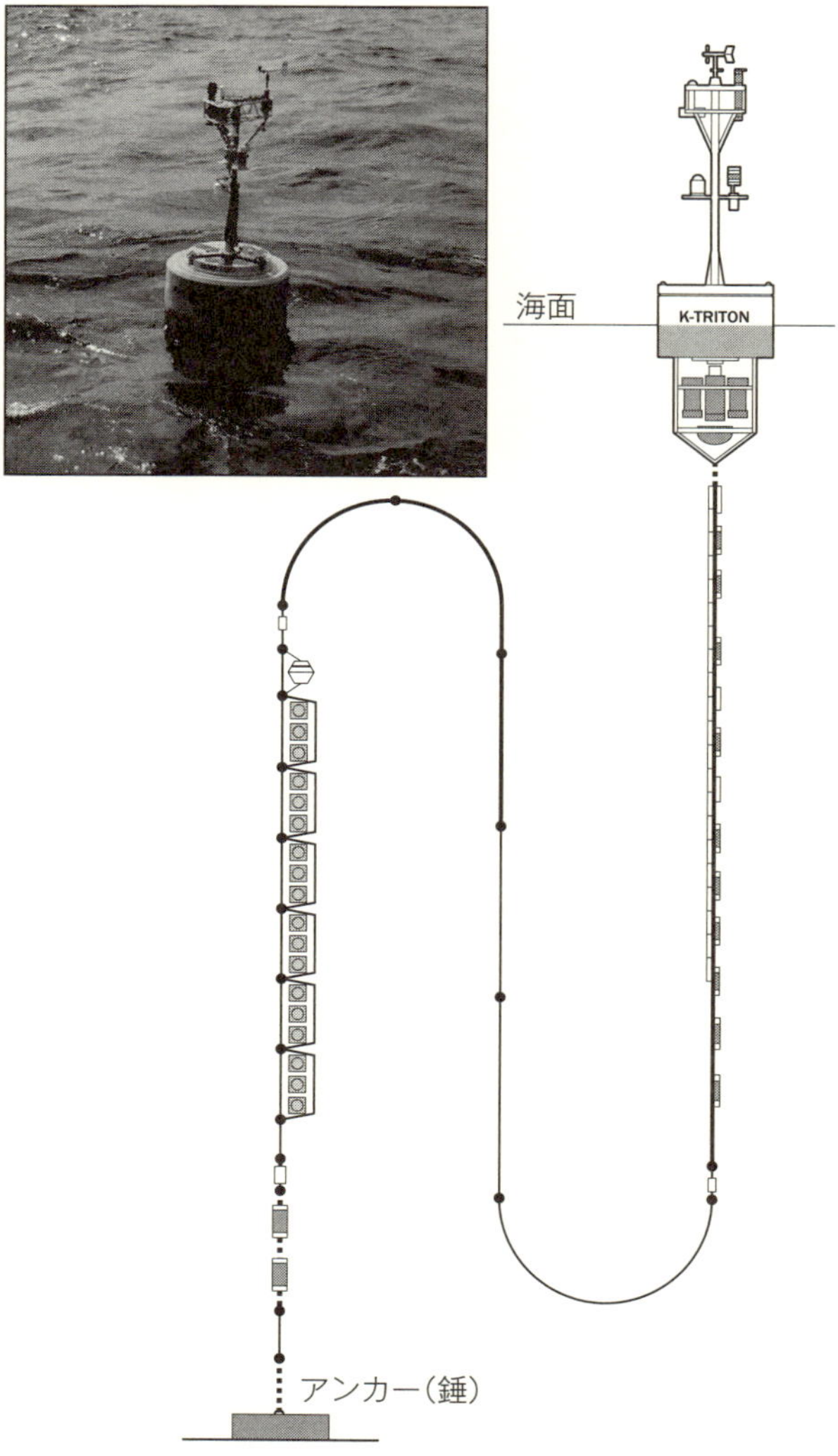


図 7・5　黒潮続流域で使われていた係留ブイ（K-TRITON ブイ）

イでないとできないことは何なのか、事前にかなり具体的な研究プランを立てておくことが非常に重要になってきます。

また、係留ブイにせよ漂流ブイにせよ、設置や回収には結局船が必要になります。漂流ブイやアルゴフロートならば漁船に頼んで放り込んでもらうこともできますが、係留ブイはそういうわけにはいきません。

## 7・3　日本周辺での空と海の観測と研究

### ●黒潮続流は大気にどんな影響を与えるの？

本節では、中緯度での空と海に関する最近の観測結果や研究成果について、具体的にいくつか紹介しましょう。図7・6は、海洋調査船「なつしま」で、2012年6月に黒潮続流前線の横断観測を行なったときの結果です。ちょうどこのときは高気圧に覆われ、天気は安定していました。海面水温を調べると、水温前線をはさんで暖水側と冷水側で6度という大きな水温差が観測されました。夏に向かって季節が進行していくと、海面が加熱されて成層ができるため、南北の水温差は小さくなります。しかし梅雨明け前では、まだこれくらい大きな海面水温差が前線と

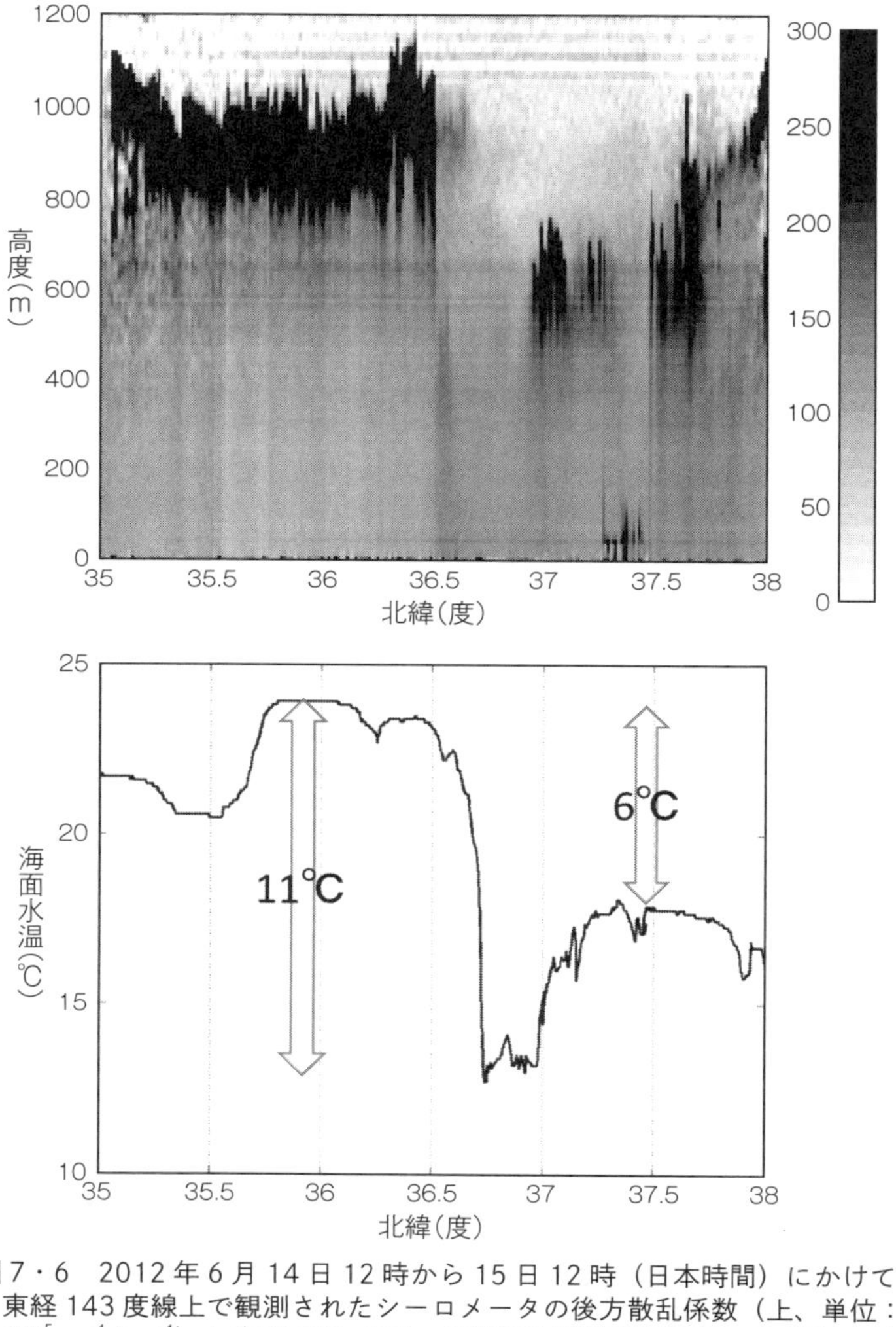


図7・6　2012年6月14日12時から15日12時（日本時間）にかけて東経143度線上で観測されたシーロメータの後方散乱係数（上、単位：$10^{-5}$ $sr^{-1}$ $km^{-1}$）と海面水温（下）。海洋研究開発機構所属の海洋調査船「なつしま」NT12-14航海による。

して存在するのです。北緯37度よりやや南では、さらに一段と海面水温が低くなっているところがあり、南側の暖水域との差は11度にも達していました。船で観測していると、水温前線域で、このような分布の変化が時折見られます。これは北方のより冷たい海水が前線域に入り込んで、水温前線帯付近で下に潜り込んでいるためと考えられています。このような複雑な海面水温分布やシャープな水温勾配を人工衛星でとらえるのは難しいです。

図7・6の上の図は、空で反射されたレーザー光の強さで、黒くなっているところが雲を表わしています。このとき、北の冷水域では雲底の高度は600メートルくらいでした。海面水温が一段低くなっている場所では、雲はほとんどなくなり、暖水域に入ると、雲底高度は800～1000メートルと高くなっていることがわかります。また、冷水域では暖水域よりも雲が薄かったようです。ラジオゾンデによる高層気象観測も行なっていましたが、南に行くほど境界層の気温が高く、高度も高くなっていく様子がきれいに観測されました。

このように海面水温が異なると、雲のできる高度や水蒸気量が変わります。また、図7・3に示したように、エアロゾルの間接効果にも影響を与えます。結果として海に入る放射量も変わってくるのですが、そこは今後、さらに研究を進める必要があります。

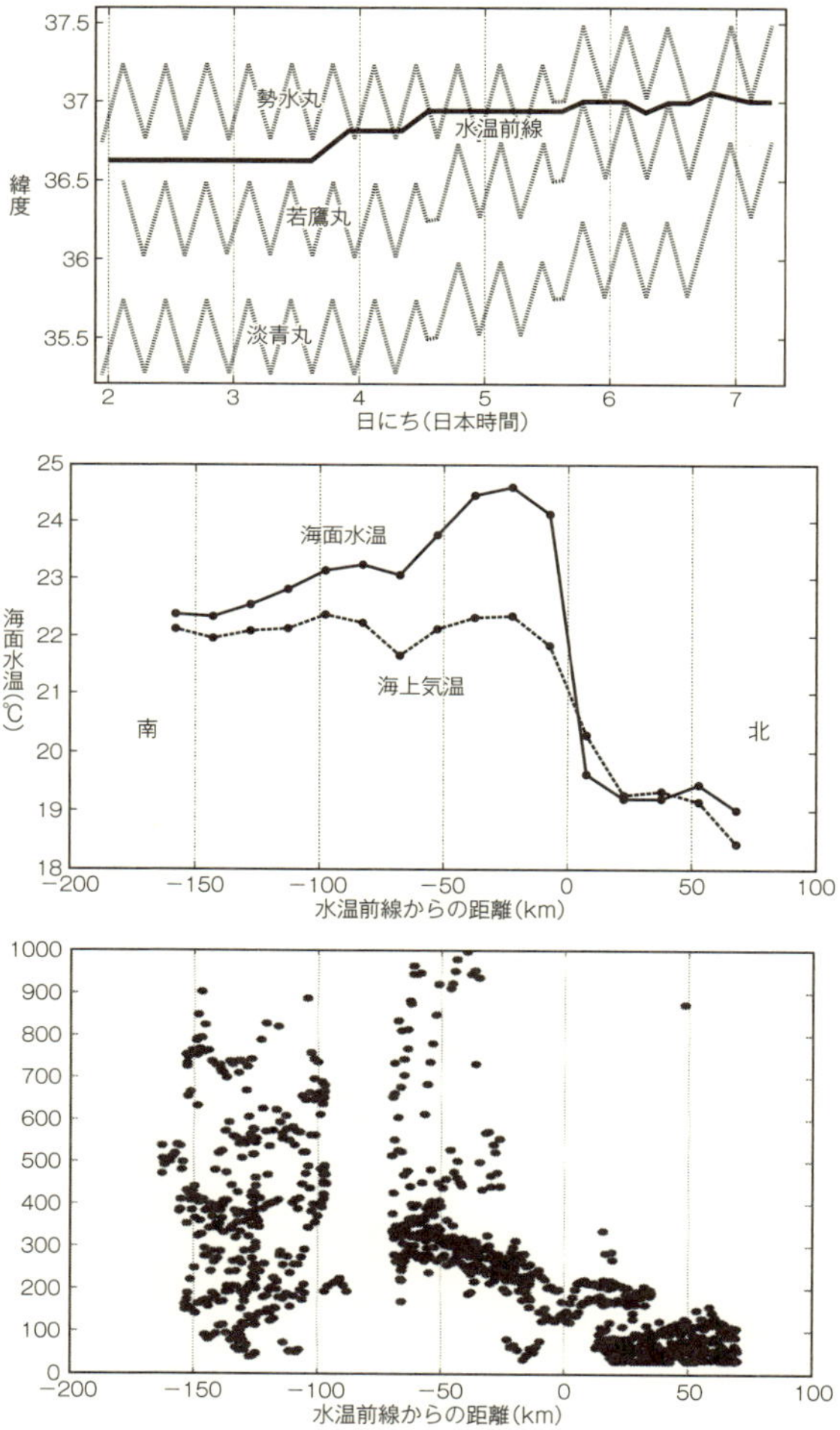


図7・7　2012年7月2〜7日にかけて東経143度線上で行なわれた3隻同時観測。（上）3隻の位置関係。太実線は水温前線の位置。（中）2日3時から6日15時までの平均の水温と気温。（下）同じ期間の雲底高度。ただし北寄りの風の場合のみ。（Kawai *et al*. 2015の図を改変）

## ●3隻同時観測作戦！

比較的穏やかな天気が続くような場合でも、気圧や風速は時間とともに徐々に変化することがほとんどです。そうなると、1隻の船で移動しながら得た観測データは、空間変化と時間変化が混在したものになります。空間変化と時間変化を完全に切り分けるためには、どうしても2隻以上の船で同時観測をする必要があります。また、ある領域の大気の発散を、現場観測データを用いて計算により求める場合には、最低3点以上の観測点が必要です。観測船はさまざまな研究者が利用するので、日程を指定して同じ期間に複数の観測船を押さえるのは現実的には非常に難しいのですが、関係者の尽力により、2012年7月上旬に3隻同時観測を行なえる機会に恵まれました。このような中緯度での複数隻同時観測はあまり例がありません。

3隻あれば発散を求めることができますが、暖水側か冷水側のどちらかでしか観測できません。3隻をどう配置してどんな観測をすべきなのか、悩みどころでした。最終的に私たちは、発散や渦の強さを求めるために三角形を組むよりも、水温前線をはさんで南北に直線的に3隻を配置することを選択しました。このようにすると、大気下層の南北分布とその時間変化の両方をとらえることができます。図7・7の上の図に、このときの船の配置と動きをダイヤグラムで示しました。水温前線の南側に2隻、北側に1隻配置し、各船に割り当てられた緯度30分の区間を8時間で往復しました。これにより、4時間ごとに1枚の南北断面図が描けます。これを約6日間繰り返しました。7月7日に時化が予想されたため、一番小さい勢水丸（三重大学）は7月6日15時（日本時間）に一足先に観測を終了しました。

この観測期間を通した平均の海面水温の南北分布を見てみると（図7・7中）、水温前線をはさんだ海面水温差は約5度ありました。図7・6と同様に、水温前線はとてもシャープであることがわかります。7月2日に弱い低気圧が通過した後、観測領域では南寄りの風から北寄りの風に変わりましたが、北寄りの風に変わって約半日で、下層雲の高度に明瞭な南北コントラストが形成されることがこの観測でとらえられました。水温前線の南北で雲の高度が異なる（図7・7下）という観測事例はいくつかありますが、その時間変化を実測したのは私たちが初めてでしょう（Kawai *et al.* 2015）。

また、冬季に黒潮・黒潮続流上で気圧が局所的に低くなることはすでに示されていましたが（Tanimoto *et al.* 2011）、初夏（梅雨期）にはそのような影響はあまり出ないだろうと思われていました。しかし、この3隻同時観測では、南北水温差に対応して気圧勾配が生じることも観測されました。梅雨期は梅雨前線のせいで海洋に対する応答は見えにくいのですが、実は意外と海洋の影響も現われていたのです。海洋の影響が梅雨期の降水などにどの程度寄与しているのかなどは今後の課題です。

## ・寒いところでも水温前線は大事？

ここまで、中緯度でも比較的暖かい、黒潮や黒潮続流に注目した研究例を紹介しました。しかし日本近海には、南から暖かい水を運ぶ黒潮の他に、北から冷たい水を運ぶ親潮もあります。日本東方では、黒潮続流の北側の縁に位置する水温前線の他に、冷たい親潮の南側にできる水温前線もあります。これを「亜寒帯前線」とよびます（図7・8上）。中緯度の大気海洋相互作用の研究でこれまで注目されてきたのは主に南側の黒潮続流前線でした。海面水温が高いため、前線をはさんだ南北で顕熱・潜熱フラックスのコントラストが大きいからです。しかし、海面水温の水平勾配と、その長期変動が大きいのは、実は亜寒帯前線のほうなのです。海面水温が低いため、前線付近の顕熱・潜熱フラックスは黒潮続流前線に比べると小さいのですが、こちらでは大気に何も影響しないのでしょうか？

先に紹介したとおり、黒潮続流横断観測によって、水温前線に対する大気の応答の証拠はかなり集まってきました。それに対して、亜寒帯前線付近で同様の観測をした例はほとんどありませんでした。そこで2013年4月に、学術研究船「白鳳丸」1隻による亜寒帯前線周辺の集中観測航海で、気象観測を行ないました。約1か月の航海中、亜寒帯前線周辺（図7・8上）で計99回のラジオゾンデ観測を実施しました。

図7・8の下の図は、水温前線をはさんだ冷水側（水温5度以下）と暖水側（水温5〜10度）

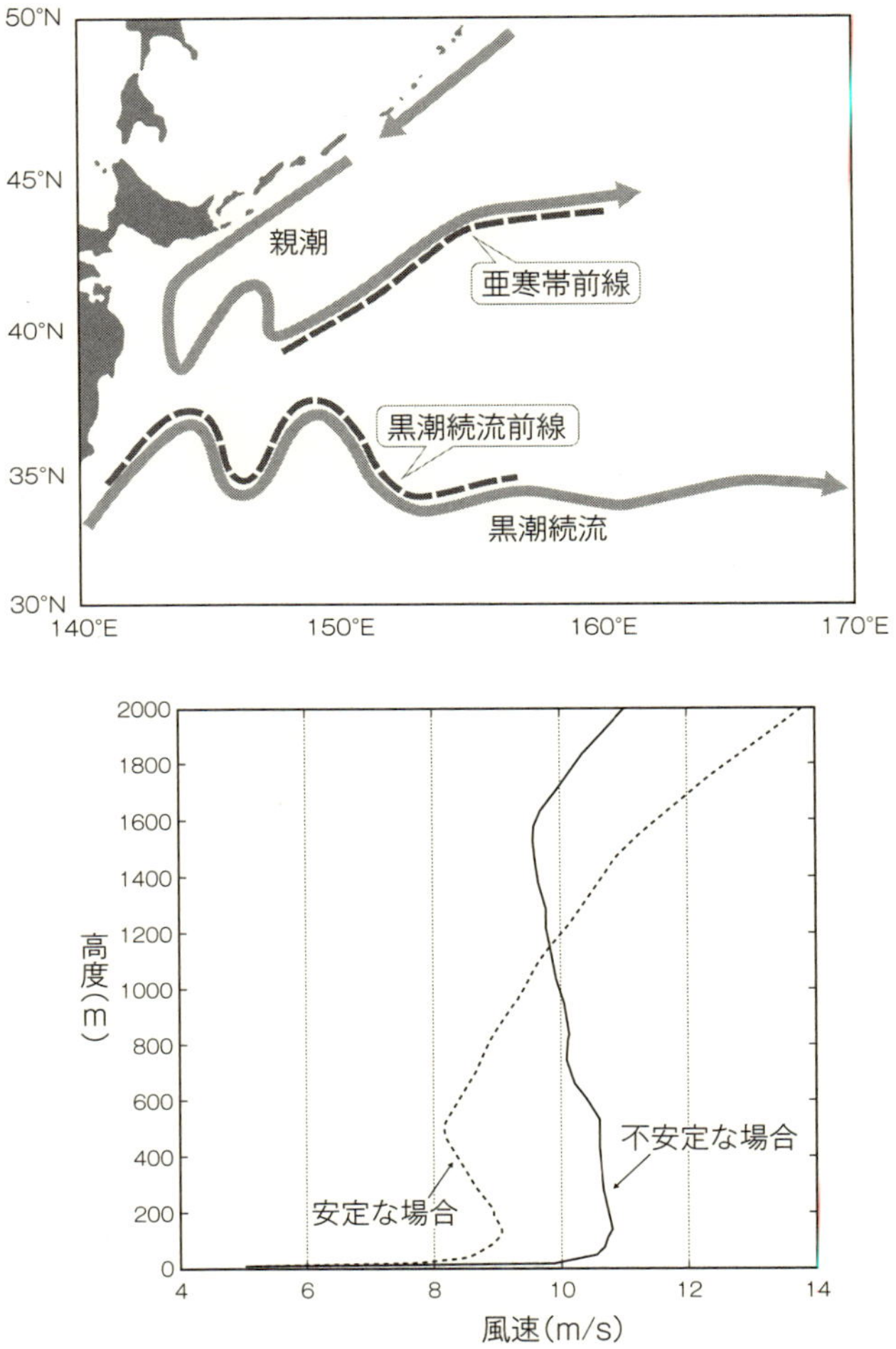


図 7・8 （上）海流と前線の位置。（下）学術研究船「白鳳丸」KH-13-3 航海で得られた風速の鉛直分布。実線は海面水温が 5 ～ 10℃の場合（サンプル 52 個）、破線は 5℃以下の場合（サンプル 47 個）の平均。

でラジオゾンデによって観測されたデータを、それぞれ平均することにより得られた風速の平均鉛直分布です。暖水側と冷水側で境界層の風速分布に明瞭な違いがあることが見てとれます。この平均鉛直分布を詳細に見ると、暖水側では高度１６００メートル付近まで風速が鉛直一様に近く、この範囲で鉛直的によく混合されていたことがわかります。それに対して冷水側では鉛直一様な層がなく、安定度が強くなっていました。また、水温前線をはさんで冷水側で下層の気圧が高くなっていた事例も確認されました。黒潮続流前線に比べると、大気は弱いながらも、たしかに亜寒帯前線に対し応答していることが、大気再解析の結果からも示されています（Masunaga *et al.*, 2015）。私たちが行なった船舶観測は、この再解析データを用いた解析結果を裏付けるものとなりました。

### ● 海を見よう！

２０１０年６月から２０１５年３月まで約５年間行なわれた、中緯度大気海洋相互作用研究プロジェクト（通称「Hot Spot プロジェクト」）では、数値モデル、現場観測の双方から多彩な研究が行なわれ、このプロジェクトにより、大気海洋相互作用についてさまざまなことがわかってきました（Kawai *et al.* 2015; 中村ら、２０１６）。

これからはさらにどんな研究をするべきでしょうか？　まず海洋側をもっと詳しく調べる必要

があります。海洋は変化が遅いので、5年程度のプロジェクトの観測だけではなかなか実態をとらえられません。数値モデル・データ同化による再解析も、大気分野と比べると海洋分野はまだ遅れています。大気が変わって海洋が変わり、それがまた大気にどう影響するのか、まだ十分にはわかっていません。

また最近は、海洋における微小スケールの現象が注目されています（第1章参照）。沿岸域は別として、外洋ではこの大きさの現象はまだあまり研究が進んでいません。現場観測でとらえるのが非常に難しかったからです。しかし、最近は「水中グライダー」という測器が活躍しはじめました（コラム14）。上下移動しかできないアルゴフロートと違って、斜めに動けるのです。これによって、微小スケールの現象を以前よりとらえやすくなりました。小さなスケールの現象がより大きなスケールの現象にどう影響しているのか、今後さらに研究が進むと期待されます。

大気側について考えてみると、雲やエアロゾル粒子は数値モデル内での扱いがまだ難しく、不確実性が大きいものとなっています。雲やエアロゾル粒子は最も重要な課題のひとつといえます。がんばって観測データを増やさなければいけません。

また、本章では主に境界層の話をしてきましたが、海面水温が直接影響を与えるのは境界層どまりなのでしょうか？　数値モデルや人工衛星データを駆使した研究により、メキシコ湾流上や東シナ海の黒潮上では、夏季に対流圏中層にまで達する深い対流が引き起こされていることがわかっています（Minobe *et al.* 2010; Sasaki *et al.* 2012）。この影響がどのくらい遠くまで伝わるものなのかも、興味深いところです。

大気再解析や数値モデルが飛躍的に発達したこともあって、最近は船舶観測を利用した気象研究をする若い方が少ないようです（そういう筆者も昔は人工衛星データを使って研究をしていましたが）。しかし、実際に自分の目で現実の海や空を見て、体感して、生の観測データを見る体験も貴重で楽しいものですし、陸の上でコンピュータに向かい合っているだけではわからない何かを感じ取ることができるかもしれません。若い方がますます現場観測に興味をもってくれることを期待したいと思います。

# 参考文献・引用文献


Kawai, Y., T. Miyama, S. Iizuka, A. Manda, M. K. Yoshioka, S. Katagiri, Y. Tachibana, and H. Nakamura: Marine atmospheric boundary layer and low-level cloud responses to the Kuroshio Extension front in the early summer of 2012: Three-vessel simultaneous observations and numerical simulations. *Journal of Oceanography*, 71(5), 511-526, 2015, 2012 doi: 10.1007/s10872-014-0266-0.

Koike, M. et al., Measurements of regional-scale aerosol impacts on cloud microphysics over the East China Sea: Possible influences of warm sea surface temperature over the Kuroshio ocean current, *Journal of Geophysical Research Atmospheres*, 117(D17), D17205, 2012, doi: 10.1029/2011JD017324.

Liu, J.-W., S.-P. Xie, J. R. Norris, and S.-P. Zhang: Low-level cloud response to the Gulf Stream front in winter using CALIPSO. *Journal of Climate*, 27(12), 4421-4432, 2014, doi:10.1175/JCLI-D-13-00469.1

Masunaga, R., H. Nakamura, T. Miyasaka, K. Nishii, and Y. Tanimoto: Separation of Climatological Imprints of the Kuroshio Extension and Oyashio Fronts on the Wintertime

Atmospheric Boundary Layer: Their Sensitivity to SST Resolution Prescribed for Atmospheric Reanalysis. *Journal of Climate*, 28(5), 1764–1787, 2015, doi: 10.1175/JCLI-D-14-00314.1

Minobe, S., A. Kuwano-Yoshida, N. Komori, S. –P. Xie, and R. J. Small: Influence of the Gulf Stream on the troposphere. *Nature*, 452, 206-209, 2008, doi: 10.1038/nature06690.

Minobe, S., M. Miyashita, A. Kuwano-Yoshida, H. Tokinaga, and S.-P. Xie: Atmospheric response to the Gulf Stream: Seasonal variations. *Journal of Climate*, 23(13), 3699-3719, 2010, doi:10.1175/JCLI3359.1

Shimada, T., and S. Minobe: Global analysis of the pressure adjustment mechanism over sea surface temperature fronts using AIRS/Aqua data. *Geophysical Ressearch Letters*, 38(6), L06704, 2011, doi: 10.1029/2010GL046625.

Sasaki, Y. N., S. Minobe, T. Asai, and M. Inatsu: Influence of the Kuroshio in the East China Sea on the early summer (Baiu) rain. *Journal of Climate*, 25(19), 6627-6645, 2012, doi:10.1175/JCLI-D-11-00727.1

Tanimoto, Y., T. Kanenari, H. Tokinaga, and S.-P. Xie: Sea level pressure minimum along the Kuroshio and its extension. *Journal of Climate*, 24(16), 4419-4434, 2011, doi:10.1175/2011JCLI4062.1

中村尚、川村隆一、早坂忠裕、立花義裕（編著）「気候系の hot spot ―― 中緯度大気海洋相互作用の最前線」『気象研究ノート』２０１６年（準備中）
Wind Sat data are produced by Remote Sensing Systems and Sponsored by the NASA Earth Physical Oceaanography Program. Data are available at www. remss. com

## コラム13　船内生活の紹介

船というと、船酔いが心配という方が多いと思います。こればかりは慣れるしかありません。ある船員さんに言われたのですが、「『どんな船でも酔わない』という人はいない」とのこと。プロの船乗りでも、小さい船で船酔いしなくても大きい船に乗ると最初は船酔いすることがあるそうです（もちろんその逆も）。船酔いは誰でもするものですし、個人差も大きいのですから、船酔いで動けなくなっても誰も怒りません。なお、「酔止めに頼っているといつまで経っても船に慣れないから絶対に酔止めを飲むな」という厳格な宗派（？）の方もいますが、個人的には適度に酔止めを服用したほうが無難だと思います。

食事の内容やしきたりは、船によって違いがありますが、だいたい共通しているのは、「夕食の時刻が早い」ということです。夕食は17時とか、早い場合だと16時半ということもあります。おなかが減る前に夕食になってしまうこともたびたびあります。司厨（料理担当の船員さん）の方は、皆が食事を終えて後片付けをしてからでないと、自分の食事や休憩ができませんので、食事の時刻には遅れないようにしないといけません。甲板作業と食事の時間が重なることもよくありますが、そんなときには船員さんも研究員も交代で急いで食事をとることになります。

シャワーはおそらくどの船でも毎日使えると思いますが、湯船に湯を張るのは2日に1回程度です。小さい船だと、海水から真水をつくる造水能力に限りがあるので、出航後は風呂もシャワーも海水になることがあります。健康にはよさそうですが、傷があるとしみます。シャンプーやボディソープなどは船によって置いてあったりなかったりします。洗濯機や乾燥機もたいての船では自由に使えると思います。

船員さんは通常、3交代制の当直体制を組んでいます（当直のことをwatchといいます。英和辞典を引いてみましょう）。0–4、4–8、8–0と分かれていて、0–4だと午前と午後の0時から4時までの4時間仕事、8時間休憩というサイクルになります。研究員も同様の3交代制で動くこともありますが、航海の作業内容によっては2交代制にすることもありますし、ブイ作業のように日中しか作業がない場合には特にシフトを組まない場合もあります。生物や化学の研

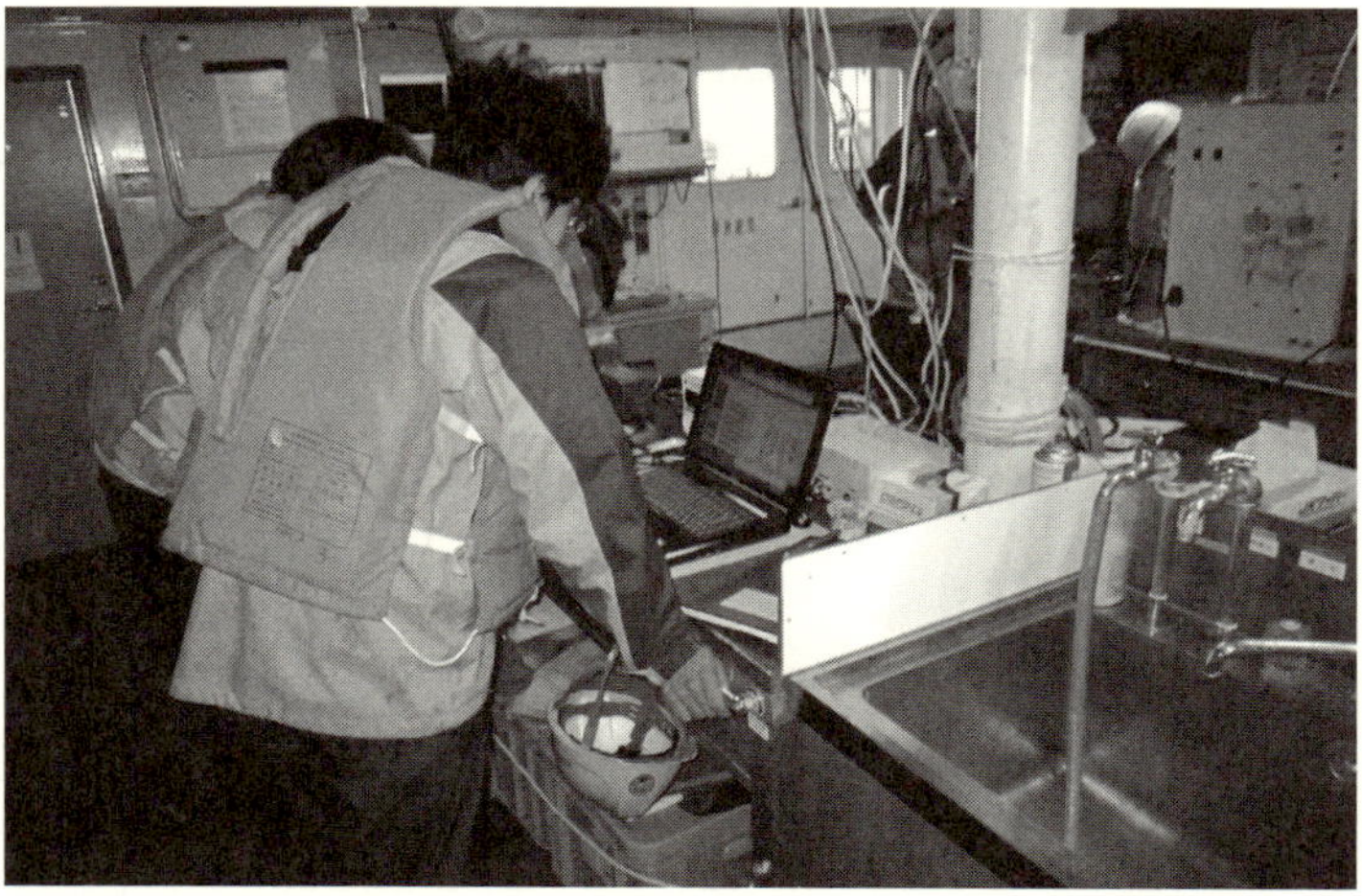

図7･9　航海中の1シーン。船内の研究室でパソコンに表示された観測データを真剣に見ています。

究者のなかにはシフトに入らずに24時間体制で分析や実験をする方もいます。

船では、陸では使わない海事用語が飛び交います。「キャプテン」はおわかりになると思いますが、「ぼーすん」「ちょっさー」「しちゅう」などは船に縁がないとわからないと思います。「甲板」も船では「かんぱん」ではなく「こうはん」と読みます。初めて船に乗る学生さんでも、船内の専門用語やしきたりなど誰も丁寧に教えてくれませんので、最初はみなさん戸惑います。

観測船は、他の大学や研究機関の人と知り合いになるいい機会ですし、他分野の研究の話を聞くことで勉強にもなります（図7・9）。向き不向きはあると思いますが、若い方はぜひ、一度船舶観測を体験してみるといいでしょう。

## コラム14　海洋観測の話

本文でも触れましたが、21世紀になってアルゴフロートが全世界に展開されるようになり、今ではは人工衛星と並ぶ海洋観測システムの大黒柱として、なくてはならないものとなっています。しかし、アルゴフロートは上下に浮いたり沈んだりすることしかできないので、漂流ブイと同じで、どこに行くかは風と海流任せです。

今では「水中グライダー」といって、3次元的に動ける無人観測機器が活躍しはじめています。船のようにスクリューをもっているわけではないのですが、斜めに浮上・沈降できるため、衛星通信で指示を出して狙った場所に移動させたり、定点に居つづけたりすることが可能です。これによって、非常に高解像度の断面観測が可能になりました。欧米では学術研究のみならず、海底油田開発のための調査など、ビジネス利用も進んでいるようですが、日本での普及はこれからです。

アルゴフロートや水中グライダーでは、基本的に海上の大気は測れません。海上気象が目的なら漂流ブイを使うこともできますが、例えば水温前線を横切って観測をする、というのはほぼ無理です。そこで水中グライダーのように自由に位置を制御できるブイのようなものが登場しました。これは「ウェイブグライダー」といって、海に浮かんだ洗濯板のようなものですが、波の力を推進力に変えて位置の制御を行ない、海上気象や波浪、海面付近の水温や流速などを測ることができます。これなら、水温前線を横切りながら気温や気圧などの観測ができます。ただし、時間はかかるし、海面のすぐ近くの空気しか測れないので、気象の研究にはやや不向きです。

最近は「セイル・ドローン」とよばれる無人観測機器も登場しました。筆者も写真でしか見たことはありませんが、無人のヨットのようなものです。これなら気象観測機器もたくさん積めそうですし、係留ブイと同じくらいの高さで気温などを測ることができそうです。ただ、ドローンと同様に悪用される恐れもあるので法規制の対象になると思われますし、特に日本近海では漁業関係者との調整も必要になるので、実際に使用するにはまだハードルが高いかもしれません。

次々と新しい無人観測機器が登場して未来は明るそうですが、残念ながら、日本の科学関連予算は厳しくなっています。素晴らしい技術を限られた予算のなかでどれだけ活かせるかは研究者にかかっています。

## コラム15　係留ブイ観測を行なうには

筆者は2009年度から5年間、黒潮続流ブイ（K-TRITONブイとよんでいました）の管理・運用の責任者を経験しました。外洋で係留ブイ観測を行なうにはどんなことを考えなければいけないのでしょうか？　かいつまんで説明したいと思います。

### ①経費

測器をどのくらいたくさんつけるかによりますが、K-TRITONブイの場合、2基を交互に運用するとして、大ざっぱにいって初期費用1億円、ランニングコスト年間2000万～3000万円くらいはみておく必要があります。係留ブイは内蔵したバッテリで観測機器や通信機器を動かしていますし、また、過酷な環境のため気象測器も早くダメになるので、だいたい1年を目処にブイを丸ごと交換しなければなりません。ですので、何年も継続した観測を行なおうとすると、ブイは最低2セット必要になります。

K-TRITONブイは水深5400メートルの地点に係留していました。設置した場所柄、強い流れが来ることが予想されますが、その場合にブイが水没したりアンカーごと流されたりしないように設計しないといけません。K-TRITONブイでは「スラック（弛緩）係留」といって、係留索をわざと緩ませる方式を採用しました。そのため、係留索の全長は7800メートルもありました。

経費の内訳としては、ブイ（浮体）本体と気象測器一式、記録装置、衛星通信機器、CTDなど海洋観測機器、係留索、バッテリ一式、音響切離装置、ガラス球、アンカー、金物多数、それに作業の外注費用といったところでしょうか。

② 後始末・準備

ブイは毎年交換しないといけませんので、回収してきたブイはまずすべて解体して洗浄します。深いところでは生物の付着はあまりないのですが、表面付近、特に浮体には1年も経つと貝がびっしりとくっついています。これはさすがに陸に帰るまでほうっておけないので、回収直後から船の上で、手の空いている人総出で貝取り作業をします。けっこうくさいです。

回収した記録装置から観測データを読み出して、品質管理（異常なデータの有無の確認や補正）をします。観測データや位置データは1日1回衛星通信で陸に送るようになっていますが、すべては送信できないのでこの記録装置は重要です。

陸に帰ってきたら、測器のメンテナンスを行なったり、再利用するものと廃棄するものを選別したりします。ちなみに7800メートルもある係留索は基本的に1回で廃棄し、毎回新しいものを調達していました。機材がそろったら次の設置のためにブイを組み立て、動作確認を念入りにします。

この一連の後始末・準備作業は研究者だけではとても無理なので、大半は外部の専門の技術者にお願いしていましたが、その経費もランニングコストに含まれています。丸投げというわけにはいかないので、ある程度研究者側で監督する必要があります。回収してきたブイを再び設置できるようにするのに、ほぼ丸1年かかります。

③　船の手配

責任者として最も重要なのは、設置・回収のための船の手配です。研究船は日本の全研究者共有の財産ですから、好き勝手に使うわけにはいきません。研究船を使いたい研究者はたくさんいるので、公募により採択された研究者だけが船を使えます。採択か否かは提案書を審査して公平に決められます。

ちなみに、お金を出して船をチャーター（傭船）すればいいのでは？と思われるかもしれませんが、釣り船を手配するわけではないので、そう簡単にはいきません。ブイの機材一式を積み込めて、1トン以上ある浮体を吊り上げることができ、ウィンチ作業もできる船となると、ある程度大きい船に限られます。筆者は幸いやったことはありませんが、出港前の準備も含めて10日間程度おさえるとなると、１０００万円ではとても足りません。

④　航海

さて、いよいよ航海です。ブイを１基設置するだけでも機材はかなりの量です。そのため、機材の量が具体的にどのくらいになるか調べて、船のどの場所に置くか、事前に船員さんと打ち合わせておく必要があります。その他にも書類を用意しなければならないなど、いろいろな準備作業があります。

ブイ地点に到着しました。ブイの作業は日中しかできないので、通常は朝8時半頃から作業開始です。まずは浮体を船尾のＡフレームとよばれる大きなクレーンで海面に下ろします。そして、設置目標地点の下流からゆっくりと目標地点に進みながら係留策を繰り出します。係留策の上部７００メートルほどはワイヤーケーブルになっていて、ケーブルを繰り出して止めて、ＣＴＤを取りつけてまた繰り出して、を繰り返します。このワイヤーケーブルを通ってＣＴＤのデータが浮体の記憶装置に送られる仕組みになっています。ワイヤーケーブルが終わると、今度はナイロンロープをつないで繰り出します。ナイロンロープの次は、浮力のあるポリプロピレンロープをつないで繰り出します。浮力のあるロープを使うのは、ロープが海底に接触して磨耗しないようにするためです。ロープが終わると、ガラス球を取りつけたチェーンを繰り出し、次に音響切離装置を繰り出して、短いロープを間にはさみ、いよいよアンカー投入です。K-TRITONブイの場合には3・8トンありました。これをAフレームで吊り上げて、準備が整うと「レッコ！」の掛け声とともにアンカーを切り離して海に投入します。アンカーが完全に着底したら、音響測位で切離装置の正確な位置と深度を測定します。

ブイを回収する場合は、まず船から切離装置に音波でコマンドを送信します。うまく切離装置が作動すると、切離装置より上がガラス球の浮力で浮いてきます。設置の場合と違うのは、船からのロープをブイに結ぶために作業艇を出さなければいけない点です。これらの作業はほとんど船員さんと専門の技術者が行なうので、研究者がやることはあまりありません。

設置、回収ともに、順調にいっても約5時間かかります。大変な肉体労働なので、1日に回収か設置のどちらかしか行わないのが原則ですが、台風のために作業できない日が何日も続き、やむを得ず1日で設置と回収をやってもらったことがあります。まだ真っ暗な朝4時から作業を始め、終わったのは日の暮れた6時過ぎでした。作業してくださったみなさん、疲労困憊でぐったりされていましたね……。

あ、そうそう。係留ブイを設置したり回収したりしたら、海上保安庁に報告しなければなりません。

## ⑤　トラブル対応

何もなければ、毎日衛星通信で送られてくるデータを眺めていればいいのですが、そうは問屋が卸しません。筆者は5年間責任者をやっていましたが、いろいろなトラブルに見舞われました。

・観測データが来ない！

データ自体は来ますが、異常値や欠測値が続くことがあります。しょっちゅうありましたが、測器が故障した可能性が大です。復旧する可能性はゼロではありませんが、残念ながらまず復旧することはありません。データ自体が来ない場合は、記録装置や通信機能、電源系統がやられていると思われます。衛星通信だけがダメになっていて観測データはちゃんと取れている可能性もありますが、だいたい取れていません。位置データさえ届いていれば、次の航海まで待つことになります。測器が壊れたくらいで船を出すわけにはいきません。

ブイの位置がわからなくなると大変なので、位置情報を送信するシステムは完全に独立した2系統があります。筆者は幸い、位置情報さえ来なくなるという深刻なトラブルは経験せずに済みましたが。

・ブイの位置がおかしい！

ブイは係留されているので、アンカー位置を中心としたある狭い範囲内に必ずいるはずです。ブイの位置は毎日チェックしていますが、突然この範囲から大きく外れた場所を示すことがあります。係留策のどこかが切れて、浮体が漂流しているのです。船舶の安全な航行の妨げになるので、まず海上保安庁に連絡しなくてはなりません。無事に回収されるまでは毎日、海上保安庁に位置情報を連絡します（この情報は海上保安庁から毎日、無線で船舶に流されます）。そして大至急、浮体を回収するための船の手配を考えます。

・深海から引き揚げろ！

浮体は漁船にぶつかったり、生簀《いけす》や魚網を壊したりすると大変なことになるので、何が何でも大至急回収しなくてはいけませんが、切れて沈んだほうの係留策は次の航海まで待って回収することになります。係留策の最下部にはガラス球がついているので、切離装置が作動して浮いてくれば、それを回収するだけです。

しかし、必ずそうなってくれるとは限りません。ワイヤーケーブルは重いので、この部分が残っていると逆に錘《おもり》になってしまいます。海中の流れが強いとフロートは海面まで到達できず、途中で止まって宙ぶらりんになってしまいます。永遠に宙ぶらりんのままならまだいいのですが、流れが弱まったときには海面まで浮いて漂うことになるので、どこかの船のスクリューに絡まるような事故を起こす危険があります。ですので、切離装置を作動させたら、何が何でも回収してこなければなりません。筆者が切れた係留策を回収したときには、5400メートルの海底から浮上するのに4時間程度を見込んでいましたが、8時間以上もかかったことがありました。これ以上浮上が遅れたらもう日の出ているうちに回収作業はできない、というギリギリのタイミングで浮上して冷や汗をかきました。

第8章

吉岡真由美

# コンピュータの中の海と空の研究

「モデルの人ですか?」

初対面の方から、そう聞かれることがあります。

よく知っていますね。そうです! 私、「モデルの人」なんです。

といっても、これは仕事で行く、空や海に関わる学会や研究会での話です。街角で初めて会う人に「モデルの人ですか?」なんて言われてサインや握手を求められたことはありません。

空や海の研究について書かれた本を読んだり、インターネットを使ったりして調べてみると、

「○○モデルを使って計算しました」

「モデルを使って計算した結果は……」

「○○というスーパーコンピュータを使ってモデルを実行しました」

と、「モデル」という言葉が、最先端の研究の話になればなるほど、「水戸黄門」の葵《あおい》の印籠《いんろう》のように使われています。

でも、そもそも「モデル」って、いったい何なのでしょう? モデルを使って、どうやって空や海のことを研究するのでしょう?

# 8・1　モデルって何？

## ・モデルの「きまり」――物理法則

春や秋の気持ちのいい時季、天気のいい日に外に出て、風を感じながら、きれいな夕焼けや彩られた雲を眺めていると、「生きていてよかったなあ」と実感することがあります。海に遊びに行って浅瀬で泳いでいたつもりが、いつの間にかどんどん海岸から離れて沖合に流されてしまい、焦ったあとはまた別の意味で「生きていてよかった……」と胸をなでおろすことでしょう。空や海の自然現象を見たり体感したりした後で、あれはいったいなぜなんだろう、と思うことはありませんか？

人の心や生死にかかわらず、こういった「(海や風の)流れ」「雲」「雨」などには、実は「きまり」に従った仕組み（物理法則）があります。物理法則のなかでは、空や海の現象は「流れの速さ」や「密度」「温度」「水蒸気量」などの、物理量とよばれる要素により、方程式の形で表わすことができます。例えば、

- 運動方程式（ニュートンの第二法則）
- 熱力学第一法則

●質量保存則
●気体の状態方程式
●水物質の保存則（水蒸気はこれに含まれる）

などがあります。

方程式は一般に、わからない要素が1つのときは、方程式が1つあれば答えを求めることができます。2つの要素がわからなければ、方程式が2つ必要です。わからない要素の数だけ方程式は必要なのです。ところが、空や海の現象を表わす方程式では、1つの式のなかに2つ以上のわからない要素があって、しかも、1つの項で要素同士が掛け算や割り算になっていたり（非線形とよばれます）、要素と式の数が全体で違ったりします。この状況では方程式をひとつひとつ解くことはできません。

そこで、

●自分が知りたい要素を求める方程式のみ解く。他の要素はあらかじめ与えておく
●自分が知りたい要素に関わる方程式を、解ける形に簡略化して計算できるようにする

という作業をします。これらの作業では、仮定や近似とよばれる手続きがよく使われます。こうした作業を積み重ね、要素と方程式を絞り、解く手続きを定めたものを、私たちは「モデル」と

よんでいます。モデルにより空や海の特定の現象を模倣する、つまり「まねっこする」ことを「シミュレーション」といっています。モデルのなかでもコンピュータを使って計算するモデルは「数値モデル」とよびます。そして、数値モデルによるまねっこは「数値シミュレーション」です。

では、空や海で見られる自然現象、梅雨や台風、黒潮や海氷などは数値モデルにより、コンピュータのなかでどのように計算されているのでしょうか？

## ●コンピュータは難しいことができない！

コンピュータはどんな難しい数式でも簡単に計算して回答してくれる魔法の箱であると、みなさんは思っているかもしれません。しかし実際のところ、コンピュータは難しいことができないのです。コンピュータができることといったら、足し算と掛け算と、正誤判定くらいなのです。引き算と割り算は足し算と掛け算で置き換えられるので、この3つだけです。[3] コンピュータを使って計算するためには、数値モデルの方程式をコンピュータにできる計算の組み合わせにして、解くことができるように変形します。この変形の仕方のひとつに離散化があります。

3　コンピュータ（電子計算機）で扱えるのは0か1（電流のオン・オフ）しかありません。すべての物事を膨大な数の0と1に置き換えて処理しています。足し算、掛け算はこの0と1を処理する回路（加算器、乗算器）で計算しているので、コンピュータがやっているのは基本的に論理演算だけということができます。

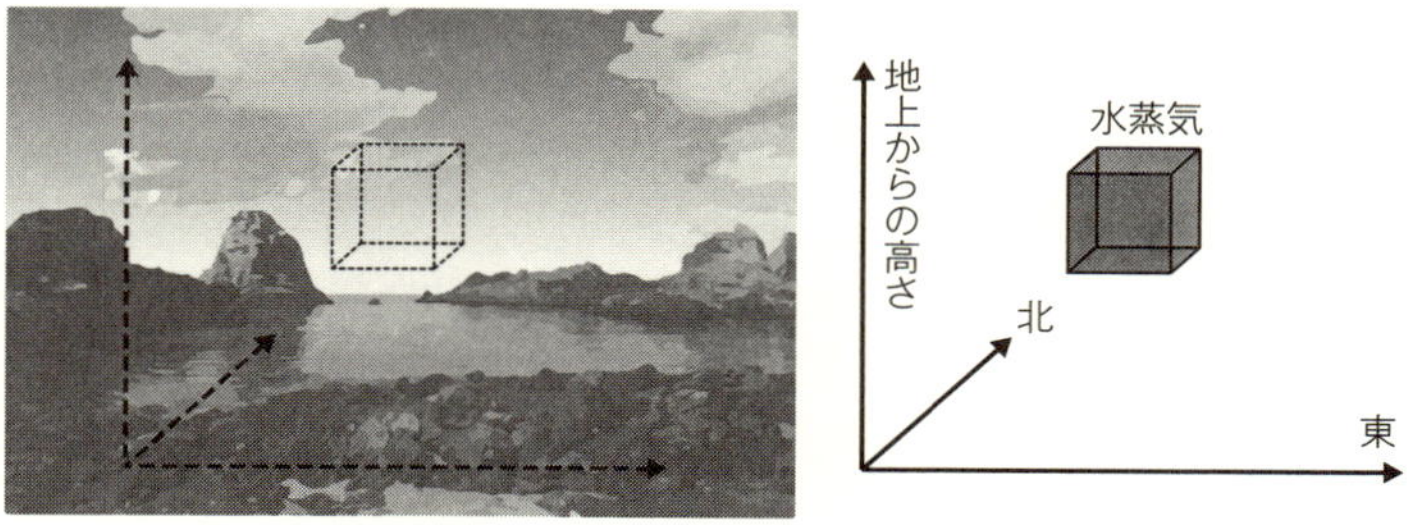


図8・1　（左）空のある場所に「箱」を置いてみよう。（右）空のある場所に置いた箱の中には水蒸気が入っている。

## • 水蒸気の量とその変化を考えてみよう
### ——「箱」の中の方程式

では例として、水蒸気の変化をもとにして考えてみましょう。

図8・1には、大気中に置かれた箱が描かれています。この箱の中にいまある水蒸気の量は、どのようにしてその量になったのでしょうか？　ほんのちょっと前にあった水蒸気の量が、ほんのちょっとの時間の間に変化していま箱にある量になったのならば、その変化は、

［いま箱の中にある水蒸気の量］
＝［ほんのちょっと前の時間にもともとあった水蒸気の量］
＋［ほんのちょっとの間に加わった水蒸気の量（変化量）］

と、足し算の方程式で書けます（図8・2）。

水蒸気の変化量については、ほんのちょっとの時間の間に加わった水蒸気の量が、ほんのちょっとの時間に応じて一定の割合で増えたとします。そうすると方程式は、

［いま箱の中にある水蒸気の量］
＝［ほんのちょっと前の時間にもともとあった水蒸気の量］
＋［水蒸気の量の変化の割合（時間変化率）］×［ほんのちょっとの時間］

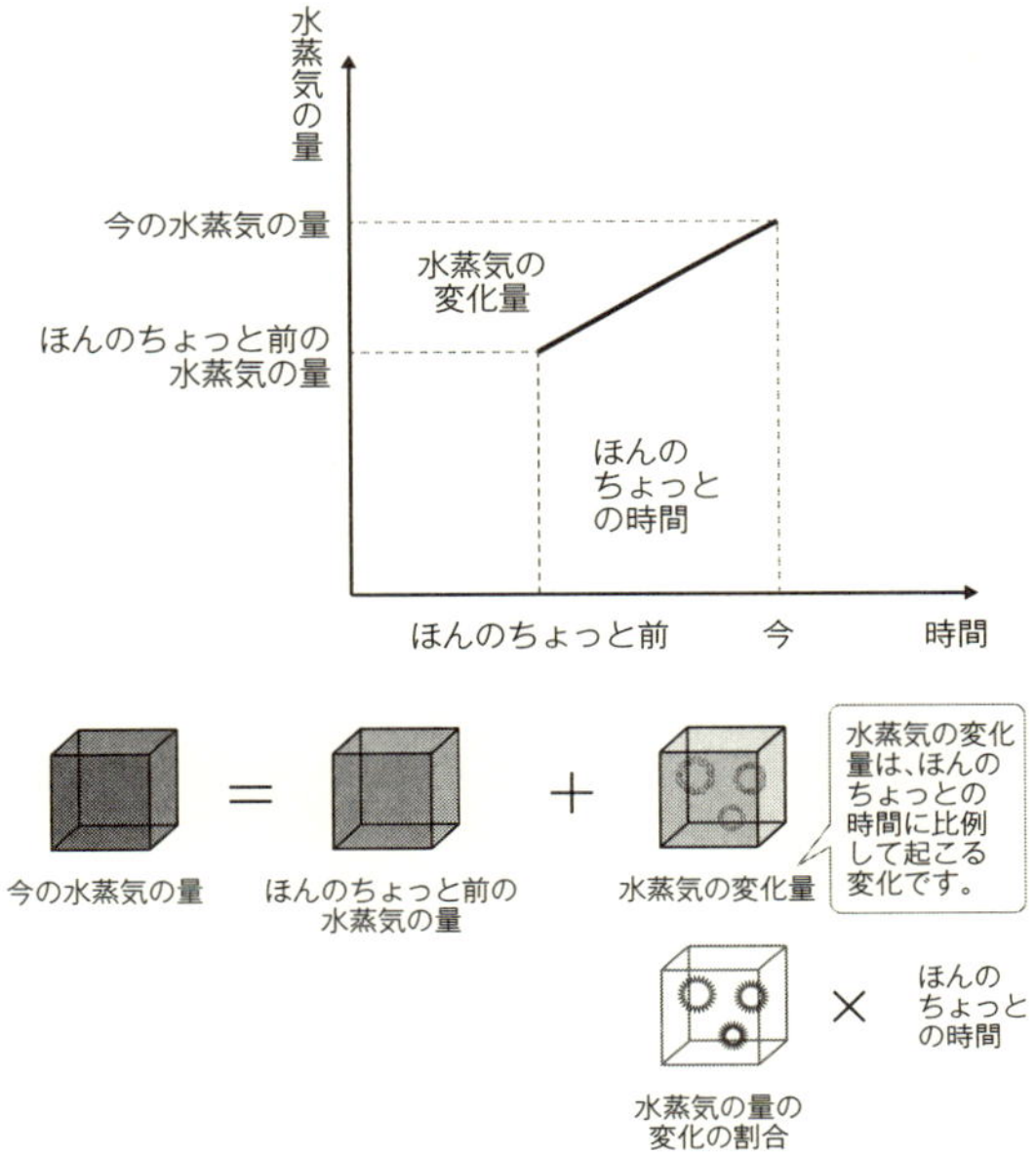


図8・2　（上）ほんのちょっとの間に、箱の中の水蒸気に起こる時間変化。（下）箱の中の水蒸気の量の変化。今、箱に入っている水蒸気は、ほんのちょっと前の水蒸気と、ほんのちょっとの間に変化した水蒸気の合計で表わされる。

と書けます。これは、足し算と掛け算で計算できる方程式になっているじゃないですか！（図8・2下）

水蒸気は、大気中で3つの相（気体・液体・固体）で存在します。雨（液体）や雪（固体）などです。箱の中に水があって蒸発すれば、箱の中の水蒸気は増えますし、凝結すれば減ります（図8・3上の行）。時間に比例した水蒸気の量の

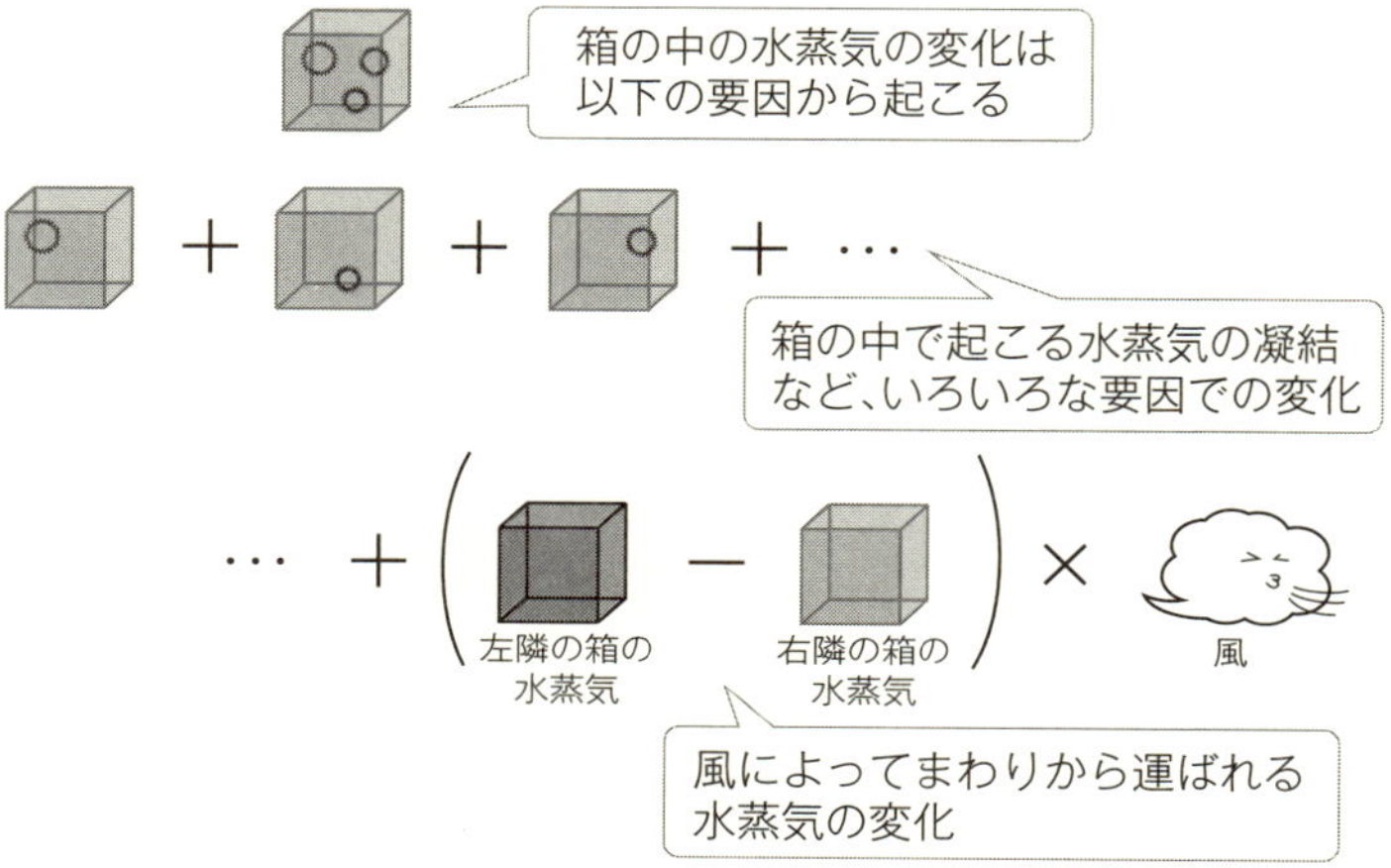


図８・３　箱の中の水蒸気の量の変化は、いろいろな要因から起こる。水蒸気の凝結や蒸発で、減ったり増えたりするほか、風によってまわりから箱の中に運び込まれる水蒸気もある。まわりの箱から流れ込む水蒸気の量は、まわりの箱の間の水蒸気の量の差と風によって決まる。

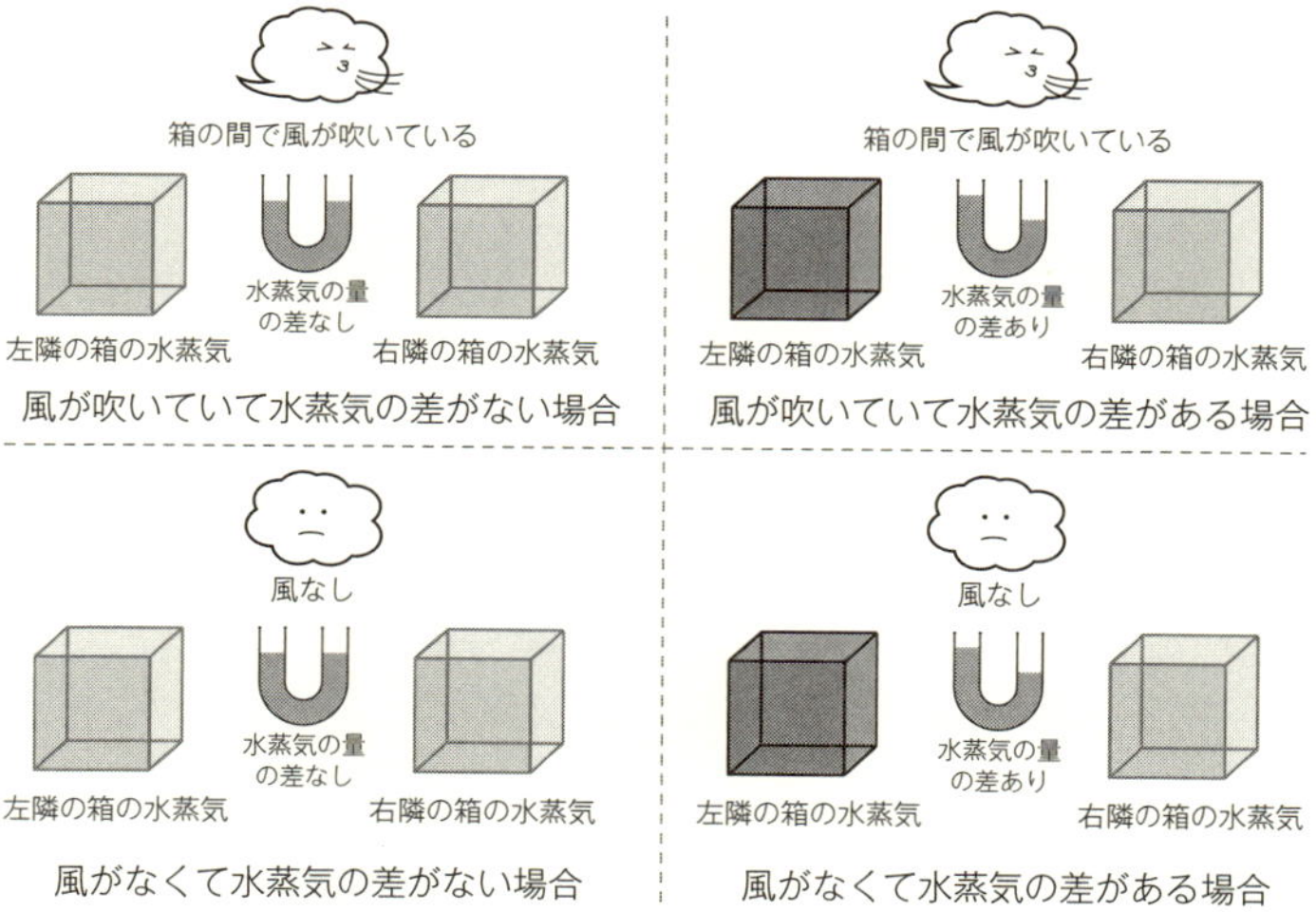


図８・４　まわりの箱の中の水蒸気の量の違いと、風のある・なしで考えられる組み合わせの４つのパターン。箱の間で水蒸気の量が異なり、風が吹いている場合には、まわりの箱から水蒸気が運ばれる。

変化の割合がわかれば、ほんのちょっとの時間の間に変化した水蒸気の量が計算できます。

水の相変化の他にも、水蒸気は箱の面から入ったり出ていったりして、箱の中の水蒸気の量は変化します（図8・3下の行）。この箱のまわりには、じつは同じような箱が隣り合って置かれています。隣り合って置かれた箱の間には空気の流れがあり、2つの箱の水蒸気量が違えば、水蒸気は箱の面を通じて移動します（図8・4）。箱の面は上下前後左右と6面あるので、それぞれの面に接した隣の箱に含まれる水蒸気の量が違えば、それぞれの箱の間の空気の流れにより、差に応じて水蒸気の量は変化することが考えられます。[4]

## ●世界を「箱」で埋め尽くせ！――計算領域

ここまではある1つの箱と、箱の面に接している箱の間での、水蒸気の量と変化量を考えてきました。では、箱の面に接している隣の箱での、水蒸気の量や変化量はどのように計算するのでしょうか？　隣の箱でも先ほど紹介した箱と同じように、足し算と掛け算の方程式で計算することができます。水蒸気だけでなく、温度などの他の要素についても同じように、箱の中の量と

4　これは「移流」とよばれる水蒸気の輸送を説明しています。まわりの箱との間で密度が異なることによって起こる拡散による変化の説明ではありません。

図８・５　図8.1で考えた箱で埋め尽くされた世界。空の中の“計算領域”。

変化量として計算します。こうした箱を最小単位として、空のなかの計算したい範囲を決めて、その計算範囲を箱で埋め尽くし、箱ひとつひとつで順番に、足し算と掛け算を用いて解くことにより、コンピュータのなかに世界をつくりだすのです（図８・５）。箱で埋め尽くされた計算範囲となるこの世界は「計算領域」とよばれます。

では、計算領域はどうやって決めるのでしょう？それはコンピュータのなかで数値モデルを使って計算したい現象によって変わってきます。先ほど数値モデルでは、

●自分が知りたい要素を求める方程式のみ解く。他の要素はあらかじめ与えておく

といいましたが、もう少し詳しくいうと、

- 自分が知りたい時間、場所の物理量を求める式のみ解く。知っている、ある時刻、ある位置の物理量は与えておく

ようにしています。ある時刻の物理量とは、世界の始まり、計算の始まりであって、これを「初期値」といっています。世界の始まりのときに与えてやる条件は「初期条件」です。これを時間でなく位置で考えれば、世界の端っこではそれぞれ「境界値」「境界条件」になります。

数値モデルとは、コンピュータで解くことのできる簡略化した方程式が集まり、知りたい物理量を定められた順序で、計算領域を決めて初期条件や境界条件を与えて計算することで、空や海の現象をまねることができる道具といえそうです。

## ●「箱」の中をのぞいてみたら……？ ── サブグリッドスケールの現象って何？

実はここまで、箱の中の水蒸気は均一に散らばっているものとして考えてきました。でも実際の空に1辺が10キロメートルの箱を置いた場合、その中にある水蒸気は均一といっていいのでしょうか？　箱の上のほうに薄い雲が広がっていたり、幅が数キロメートルある積乱雲が入っているような箱では、その中の水蒸気はさすがに均一とはいえないでしょう。いま考えている数値モデルで、1つの箱では水蒸気の量は1つの値にしか定めることができないとしたら、均一に散らばっていないこの箱の中の水蒸気の量をどうやって表わせばよいのでしょうか？（図8・6）

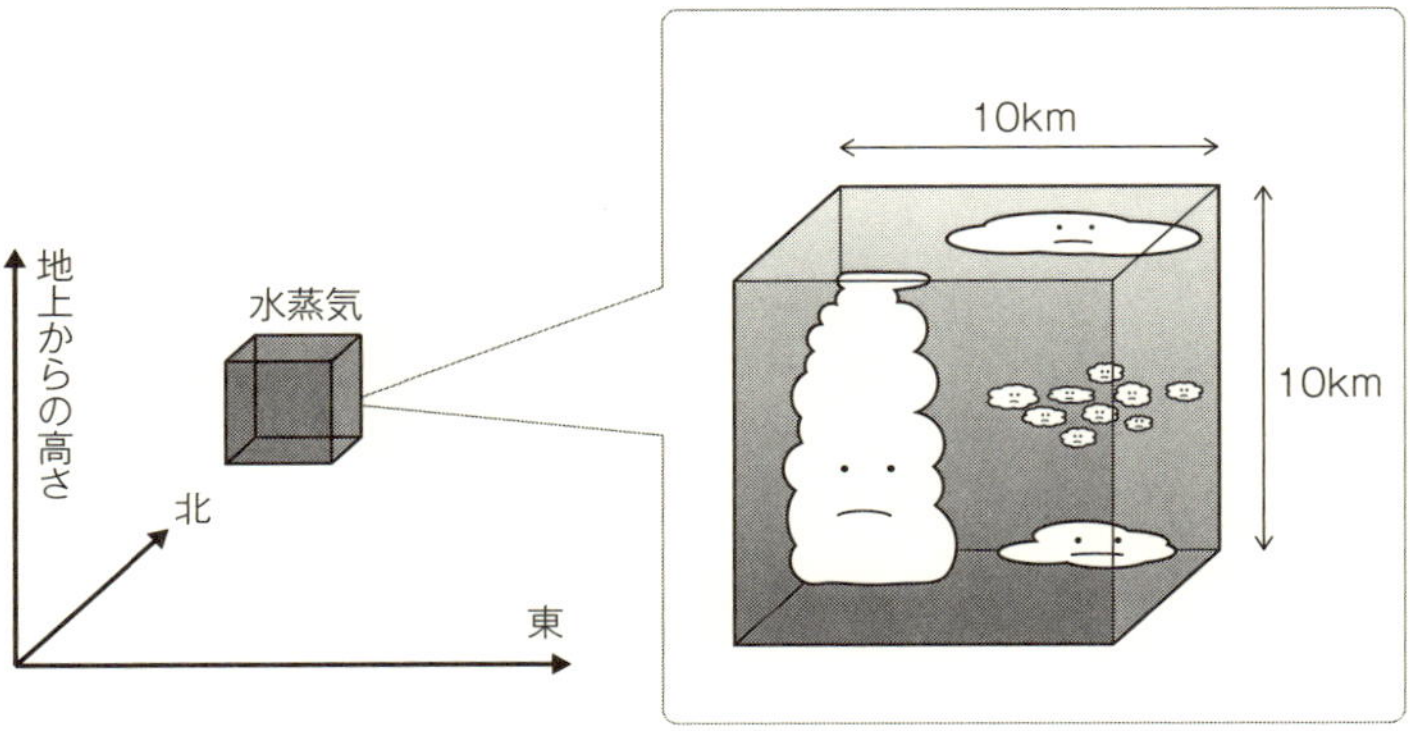


図 8・6　（左）図 8.1 で考えた水蒸気の入った箱。（右）もし一辺が 10km の箱を置いたらその中の水蒸気はどうなっている？箱の中をのぞいてみると、水蒸気が均質に分布していないかもしれない……。

まず1つの箱の水蒸気量については、「箱全体の平均量」、つまり箱の中ではどこでも「箱全体の平均量」が均一にあるとします。実際には箱の中は、1つの小さな世界になっていて、その世界の中で水蒸気が散らばり、もっと短い時間で変化しています。方程式を解けるかたちにする手続きで用いた仮定や近似は、この箱の中の小さな世界で起こる水蒸気の変動を無視することにより、計算を簡略化しています。でも、もし、この箱の中の小さな世界のどこかで起こる水蒸気の変化量が「箱全体の平均量」に対して、無視できないほど大きかったとしたら、どうしたらよいでしょうか？

箱の中の小さな世界で起きる変動の現象は「サブグリッドスケールの現象」とよばれています。サブグリッドスケールの現象には、数値モデルとは別の世界=計算領域をつくって、その中で物理法則にしたがった方程式を解くことにより、サブグリッドスケールの物理量の変化を求めます。サブグリッドスケールの物理量の変化は、均一な「箱全体の平均量」を使って計算できるよう仮定や近似を用います。この一連の手続きを「パラメタリゼーション」といいます。

サブグリッドスケールの現象を扱う計算手順は「物理過程」とよばれています。空の現象を計算する数値モデルでは、8・1節で紹介した方程式、初期条件、境界条件の他、対流や雲、対流圏下層にある大気境界層や接地境界層、放射過程などが物理過程として含まれます。

ここまでは主に、空の中の現象を計算する数値モデルについて話を進めてきました。数値モデルには他にどのような種類があるのでしょうか？　空と海の研究に関連するモデルを次節で紹介したいと思います。

## 8・2　「モデル」にもいろいろある

### ・大気モデル

「風」「雨」「雲」といった大気現象を物理法則の方程式（8・1節参照）で表わし、仮定や近似を使ってコンピュータで計算できるようにした空（大気）の数値モデルのことを、一般的に「大気モデル」とよびます。

大気モデルでは、8・1節で紹介したような箱を使った数値モデルのほか、空気の流れを波と考えて、箱の代わりに波の節を置き、波の形が時間によりどう変化するのかを計算するものもあります。波には波長が長いものもあれば、短いものもあり、いくつかの長さを組み合わせて使って計算します。波として計算したあとで、箱の中の物理量に変換します。計算結果は、箱を使って計算したのと同じように、風や水蒸気の分布として見ることができます。

地球全体を計算する大気モデルを「全球大気モデル」とよびます。全球大気モデルでは、波を使って計算するやり方がこれまで多く用いられてきました。空気は海と違って、地球をくるりと一周覆っているので、波を使った数値モデルで計算するのに便利だからです。全球大気モデルでは、初期時刻の大気情報と、地面や海面の情報などの境界条件を与えておけば、ちょっと後の時刻における大気の状態が計算できることになります。もちろん、8・1節で紹介したような箱を使った数値モデルでつくられた全球大気モデルもあり、最近では活躍の場を広げています。[5] 全球大気モデルは、エルニーニョ・ラニーニャ現象や、偏西風、高気圧・低気圧の気圧配置などを調べる数値シミュレーションで使われています。

日本の周辺域など、地球上のある地域の大気を計算する大気モデルのことを「領域大気モデル」とよびます。領域大気モデルでは、8・1節で紹介したような箱を使った数値モデルが多く使われています。初期時刻の大気の情報と、地面や海面の情報などの境界条件を与えて計算を始め、全球大気モデルの結果などを使ってあらかじめ用意しておいた、計算領域の周囲の大気の情報もしくは条件を与えることで、ちょっと後の時刻の大気の状態が計算できます。領域大気モデルは梅雨前線や台風、集中豪雨を調べる数値シミュレーションで使われています（第2章、第3章、および第1弾第4章、第5章参照）。

大気モデルに全球、領域のような種類があるのは、注目したい現象の大きさや時間の長さが違っていたことからはじまって、それぞれの数値モデルが開発されてきたという歴史的背景があります。この理由のひとつとして、次の8・3節でお話しするコンピュータの資源があります。

### ・海洋モデル

海の流れや、温度、塩の量（塩分）の変化は、大気モデルとよく似た物理法則の方程式で扱うことができます。というのも、同じ流体力学で記述されるからです。このため、海（海洋）の様

5　本シリーズ中のあちらこちらで登場する正20面体格子全球雲解像モデル Nonhydrostatic ICosahedral Atmospheric Model（N I C A M、ニッカム）は、箱の形は違いますが、そのひとつです。

子を計算する「海洋モデル」は、大気モデルと同じような手続きでつくることができます。

しかし、物理法則でよく似ている大気と海洋には違いもあります。大きな違いのひとつとして密度があります。海水には塩分が含まれ、この塩分が高いほど、水温が冷たいほど、密度は大きくなります。密度は海の流れを駆動するうえで重要な働きをします。海洋モデルでは塩分の値は、密度とその変化を計算するために必要です。

もうひとつ大気と違う点として、海にとっての陸地の存在があります。大気に国境がないとはよく使われる表現ですが、海は陸地に遮られることがあります。そのため海洋モデルでは、領域海洋モデルでも全球海洋モデルでも、陸と海の間で境界条件を与えることが必要となります。

また、大気に比べて海では現場観測が限られていることもあり、少ない観測データを用いただけでは、数値シミュレーションに必要な初期条件や、計算領域全体の初期値を用意することができません。海洋ブイや船による現場観測、人工衛星による観測なども最近では増えていますが(第7章参照)、海洋モデルの計算に使う初期値には不十分です。そこで、少ない情報を用いて計算開始の海の状態をつくりだす準備のための計算が、海洋モデルには必要となります。この手続きを「スピンアップ」とよんでいます。領域海洋モデルでも全球大気モデルでも、目的の数値シミュレーションを実行するまでに、このひと手間に時間をかけています。

さて、大気モデルを用いてコンピュータで計算するときは、海面水温が境界条件として必要になります。一方、海洋モデルは風や熱を境界条件として与えられて、はじめて計算を開始することができます。大気モデルや海洋モデルを単独で用いて計算するとき、これら境界条件はあらかじめ用意されていて、大気や海洋の変化に応じて境界条件が変化することはありません。しかし、大気モデルと海洋モデルをくっつけたら、どうでしょうか？

### ・結合モデル

大気モデルをある時間まで計算し、そこで計算された海面での風や熱などの情報を海洋モデルに境界条件として与えると、海洋モデルはある時間まで計算することができ、大気の時間に追いつきます。あるいは海洋を先に計算して、大気があとから追いつく場合もあります。ある時間まで大気モデルと海洋モデルをそれぞれ別々に計算し、ある時刻になったらモデル間で必要な境界条件をいっせいに交換することで、お互いの変化を他方に与えて計算する、このようなモデルを「大気海洋結合モデル」とよびます。

結合モデルは大気と海洋に限った話ではありません。大気化学のモデルや陸面、植生モデル、河川モデルや波浪、高潮、海氷、海洋生態系のモデルなど、世の中にはさまざまな数値モデルが存在します。それらは単独で動かすこともあれば、結合モデルとして動かすこともあります。結合モデルは、地球上の現象をより広い視点でまねっこできるという意味でたいへん魅力的です。

しかしながら、それぞれの数値モデルにおいて、8・1節で紹介したサブグリッドスケールの現象の問題があるのです。つまり、まねっこする世界は広がるものの、そこにいたる仮定、近似が多くなり、不確実性は大きくなるのです。

結合モデルは、モデル同士の相性や、モデルとコンピュータとの相性が重要になります[6]。こうした相性問題が解決したからといって、さあ数値シミュレーション、というわけにはいかない場合があります。ひとつひとつのモデルではうまく数値シミュレーションができていても、結合モデルで計算した場合に新しい問題が発覚することがあります。例えば、雨がほとんど降らない場所で雨が多く降るといった問題です。こうした問題を解決するためには、それぞれのモデルを調整する必要があります。パラメタリゼーションのなかで使われている数値を変えるパラメータ調整は、よく行なわれる手段です。

こうした調整が最も難しそうな、さまざまなモデルを組み合わせたモデルに、地球システムモデルとよばれるものがあります。これには大気モデル、海洋モデルの他に、先に挙げたようなさまざまな種類のモデルが結合されています。地球システムモデルは、主に地球温暖化を含む将来気候を知るための研究に使われます。この場合、まねっこしようにも参照するものがないので、「プロジェクション」という言葉がよく使われます[7]。プロジェクションの研究、もしくはその結果を社会へ発信するために必要な道具として、結合モデルである地球システムモデルが活躍しています。

# 8・3　シミュレーションがつくりだす世界

## ・コンピュータにもある「資源」問題!?

計算領域をどのくらいの大きさにして、どのくらいの大きさの箱を全部でいくつ置くか、またはどれくらいの本数の波を使って計算するかを決めるときには、使用するコンピュータの資源の制約（性能）という大きな問題があります。コンピュータの性能が問題というと、速く計算できないのかな？　たくさん計算できないのかな？　と思うかもしれませんが、どのくらいの数の箱を並べて、同時にどのくらい速く計算することができるのか？　それがここでの「資源」問題です。

例えば、計算領域を地球全体にとる全球大気モデルで表現できる箱の大きさは、どのくらいまで小さくとれるのでしょうか？　２０１３年には、水平方向の辺の長さを８７０メートルに

6　8・3節で説明するソースコードの書き方がモデルごとに異なっていたり、異なるメーカーのコンピュータでつくられたりする場合には、うまく計算できないことがあります。

7　プロジェクション（projection）という言葉は、ラテン語の「前へ（pro-）」「投げる（-jacere）」を語源とし、この場合、現在の状態の未来への投影、予想、見通しといった意味合いで使われています。

とった世界初の超高解像度全球大気シミュレーションが、スーパーコンピュータ「京《けい》」を使って実行されました。しかし、スーパーコンピュータ「京」と同等の能力をもつコンピュータを使って、同じような細かい計算を、毎日の天気予報に使う数値予報の計算ではやりません。毎日、何時に発表すると決まっている時間までに、明日や明後日の計算結果が得られていないと、天気予報に使うことはできないからです。そこで箱の大きさを調節して数を減らし、決められた時間に間に合うように計算しています[8]。

もっと小さい箱を使って数値予報はできないのでしょうか？　集中豪雨など極端な気象が社会問題となっている今、数キロメートルの（もっと細かいかもしれませんが）大気モデルによる短時間の細かい予測が、現在の天気予報に求められています。そのような計算には、領域大気モデルを使います。計算したい場所を中心に、ある程度の大きさの計算領域をとって計算します。計算領域と箱の大きさを決めれば箱の数が決まります。これで時間に間に合うように計算して、天気予報のための主要資料として使っています。

コンピュータの資源問題は、天気予報のような間に合わせなければならない時間の制約がない、空や海の研究で数値シミュレーションを使う場合でも考える必要があります。例えば地球温暖化研究では、全球大気モデルを使って何十年にもわたる長い期間の計算をします。この計算に何年も時間をかけるわけにはいきません。箱の大きさを数百キロメートルから数十キロメートルぐらいに調節し、与えられた研究期間のなかで計算が終わり、研究が実施できるようにします。この結果は、温暖化したときのジェット気流の強さや高低気圧の様子を考えるのには使えますが、温暖化したときの台風の強さや進路を研究するには物足りません。そこで領域大気モデルを使って、水平方向の一辺の長さ数キロメートルの計算を実施することになります。この手法は「ダウンスケーリング」とよばれています。

## ●「そっくりだけど違う世界」、現実ではない「もしもの世界」

本章で取り上げているコンピュータによる数値〝シミュレーション（simulation）〟とは、もともとは（ラテン語のsimulat）「まね」、「模倣」を意味します。前節でプロジェクションという言葉を紹介しましたが、シミュレーションはプロジェクションとは異なり、まねをする本家本元があります。言わずもがなですが、本家本元とは、空や海で見られる現象です。一番身近な空や海の数値シミュレーションの利用例が、気象庁で使われる数値天気予報です。世界からGlobal Telecommunication System（GTS）を通じて観測データを集めることにより、空や海

8　2015年現在では約20キロメートルです。

の解析を実施して初期値をつくり、次にそれを使って大気、海洋モデルや結合モデルにより、数日先からもっと長い季節を対象に予測計算をし、予報に利用しています。

数値シミュレーションを用いた研究には、どのようなものがあるのでしょうか？　天気予報のように現実の大気の様子を大気モデルによりシミュレーションして、大気現象の再現性を検証したり、その現象の仕組みを考えたりする研究があります。コンピュータの中の世界では、現実の世界では直接観測できない場所の物理量やその変化をとらえることができます。例えば、凝結しないと目に見えない水蒸気の量と分布が変化していく様子を数値でとらえることができます。これにより、雲や雨のもととなる水蒸気が、どこからどのようにしてやってきたのかを調べることができます。もし、観測データと違っていたら、どうして違っていたのかを研究することで、8・1節のサブグリッドスケールの現象で説明した物理過程の改善につなげられれば、天気予報の精度が向上するかもしれません。

上空のジェット気流の様子や、低気圧や高気圧の移動のような現象の数値シミュレーションでは、ひとつひとつの箱は大きくても、大きな流れの様子はそっくりに計算できます。このため、コンピュータによる天気予報ができるようになった時代から研究が行なわれてきました。人工衛星で見るような細かい個々の雲の分布はさすがにシミュレーションできませんが、地上に降る雨の積算量の大まかな分布については、パラメタリゼーションに活躍してもらうことで、そっくりに計算できます。逆に、最近の研究報告にある人工衛星から見たような細かく雲が分布している様子を表現できる小さな箱を大量に計算する数値シミュレーションでも、雲ひとつひとつの様子を完璧にまねっこしているわけではありません。そっくりだけど、違うのです。でもやっぱり、数値シミュレーションを実施し、研究することによって、新たな発見につながることが見つかる可能性があるのです。

もうひとつ、現実と同じ物理法則にしたがっているけれども、現実ではない「もしもの世界」をつくり出すことができます。「もしもの世界」と「そっくりな世界」を比較することで、現実に起きている現象にとって、「もしも」の部分がどのような役割を果たしているのか知ることができます。例えば水蒸気の量を増やしたり減らしたりしたら、雨の降る場所や量がどうなるかを見てみたり、山があるところの計算で山を低くしたりなくしてしまったらどうなるのか？、といったことが数値シミュレーションを用いれば研究できます。

数値シミュレーションは、現実には見られないけれども、将来起こるかもしれない「もしもの世界」をつくりだすこともできます。大気中の二酸化炭素が１００年間で今の2倍に増えてしまったら、地球の気候はどうなるのか？　そのとき、日本の気温はどうなるのか？　二酸化炭素の増加により砂漠は増えるのか？　こうした疑問に答えるべく、数値シミュレーションによる研究が進められています（鬼頭、２０１５など）。

また、観測されたデータだけでは十分知ることができない地球の昔の姿、人類がまだ文明をもたない頃の気候がどうなっていたか?、などを調べるのにも使われます（Abe-Ouchi, A. *et al.*, 2013など)。地球上で生命が生存できるような環境になった理由だって調べることができるのです（阿部、阿部、２０１５)。数値シミュレーションは実験室での実験と異なり、さまざまな発想やシナリオのもとで、空や海の現象を異なった角度から調べることができるのです。

## ●「モデルの人」のお仕事

「数値シミュレーション」を実行するには、まず「数値モデル」が必要です。最近ではインターネットを通じて、できあいのさまざまな大気モデル、海洋モデルを入手することができます。もちろん、自分で数値モデルをつくることもできます。数値モデルをつくる場合、使用する物理法則の方程式を選び、仮定・近似により方程式を簡略化し、計算の手順を決め、コンピュータに理解してもらえるよう、プログラミングする必要があります。プログラミングとは、数値モデルの手続きをコンピュータがわかる言葉に翻訳し、コンピュータに与える指示の集まりにすることです。

プログラミングはプログラミング言語で書かれた「ソースコード（source code)」を介して行なわれます。ソースコードはコンパイルという作業過程を経て、コンピュータ内で計算を実施できるよう、機械語に翻訳されます。なかには物理法則をそのままソースコードにできるプログラミング言語もあります。

数値モデルを使うには、コンパイルするだけでは不十分です。時間設定、計算領域の設定、初期値や境界値の設定、物理過程の選択などなど、また計算結果の出力場所やその時間間隔なども設定してやる必要があります。これらの準備をしてはじめて、目的の数値シミュレーションをコンピュータで実行できます。当然こういった設定は、使用するコンピュータの性能内で実行できるものでなければなりません。

コンピュータの性能を示す指標にＦＬＯＰＳ（フロップス、Floating-point Operations Per Second）という単位があります。コンピュータの速さの指標です。Mflops（Mega flops）は足し算や掛け算の計算を[9]、一秒間に１メガ回（10の6乗回、１００万回）やってのけるという意味です。Gflops はさらにその１０００倍（10の9乗回、10億回）、Tflops（Tera flops）はさらにそのまた１０００倍（10の12乗回）です。スーパーコンピュータの世界ランキング Top500 にも使われる指標です。コンピュータの計算が速くなると、データの入出力も重要になってきます。データの入出力にかかる時間や頻度が、数値シミュレーションにかかる時間や計算規模に関

9　ここでいう計算は、浮動小数点型という表現方式で表わした数（実数）を扱う演算処理です。

わってくることがあるからです。数値モデルだけでなく、コンピュータの性能についてもいろいろ知っておくことがあり、ときには神経質なほど考える必要があります。

このように、数値モデルを使ってコンピュータで計算する、といっても、いろいろ手間がかかるものです。モデルに関わる作業をしたり、モデルとコンピュータについてさまざまなことを考えたりしているのが「モデルの人」なのです。

## ●人はみな一人では活《い》きていけない

現在、世の中に出回っている大気や海洋のモデル、またそれぞれの中に含まれる個々の物理過程は、たった一人の人がつくったわけではありません。ある人がつくった物理過程やモデルを、別の人がつくったモデルと組み合わせたり、モデルを考えた人、つくった人とは別の人が、コンピュータに合うようにプログラミングしたりすることがあります。特に、細かくて時間のかかる大気や海洋の現象を数値シミュレーションするときには、自分一人では面倒を見られないような、とても大きなスーパーコンピュータを使います。

そのようなときには、速く計算ができるようにコンピュータと相性のいいソースコードを書いたり直してくれる技術者や、高性能のコンピュータを開発し中身をよく知る技術者、日々、コンピュータの面倒を見てくれている技術者の方々が活躍します。「モデルの人」は、いろいろな人たちと関わりあって、協力することで、コンピュータで数値モデルを使った数値シミュレーションが実行できるのです。人はみな一人では、数値モデルを使った満足できる数値シミュレーションはできないといってよいでしょう。モデルに関わる気象や海洋の研究者だけでなく、コンピュータにかけては百戦錬磨の技術者の人たちともつながり、協力することが大事なのです。一人でやれるモデルを使った研究もありますが、誰かと協力して行なう研究は、何かがはるかに違うものになっていると思います。

## ● テイク・ミー・ハイアー！——鳴かせてみせようホトトギス

約100年前にリチャードソンが語った数値天気予報の夢は、コンピュータの発展により現実となりました（古川、室井、2012）。以来、その時代のその時々のコンピュータを用いた数値シミュレーションによって、空や海の中で起きている現象は、さまざまな視点で研究されています。

モデルに従事する人の多くは、いってみれば、「鳴かぬなら鳴かせてみせようホトトギス」の心がけで、数値シミュレーションを行なっています。「鳴かぬなら殺してしまおう（計算を研究に使うのをやめる）」や、「鳴くまで待とう（思いどおりの計算ができるようになるまでコンピュータの発展を待つ）」のではないのです。細かい計算ができなかったり、たくさんの計算を速くできるコンピュータがなかったとしても、今あるコンピュータで数値シミュレーションができるよう、モデルの人は数値モデルを工夫してつくり、現象を数値シミュレーションして、その結果を用いて研究しています。

技術革新にともなう新しく性能のいいコンピュータは、空や海の研究者が「鳴くまで待とう」と、ただ待っているだけでは、残念ながらできてきません。数値シミュレーションによる素晴らしい結果を出し、その魅力を世の中に伝える一方で、コンピュータの性能を生かして数値モデルを実行するために、コンピュータに関わる技術者たちと切磋琢磨しながら進めることで、空と海のことを研究する新しいコンピュータとそのシステムがつくられているのです。

そのようにしてつくられる新しく性能のいいコンピュータにも、「寿命」があります。たいていのスーパーコンピュータのシステムは約5年で運用を停止し、次の新しいシステムに代わります。かの戦国武将、織田信長が好んで舞ったという幸若舞「敦盛」の一節では「人間五十年」と人の世のはかなさが歌われていますが、どんなに速いスーパーコンピュータのシステムでも約5年で運用を停止するのは、現代の科学技術のはかなさなのかもしれません。

新しく代わりつづける〝はかない〟スーパーコンピュータのシステムでは、新しくなれば「鳴くまで待った」計算ができるようになる代わりに、今まで見えなかった問題がでてきたり、覚えなければいけないことや変えなければいけないこと、手間ひまや面倒くささも、そのたびにともないます。それでも私を含むモデルの人たちは、新しいコンピュータで「鳴かせてみせよう」と計算の工夫をします。そして、さらに次の新しいシステムでもコンピュータの中に世界をつくって、もっともっといろいろなことを見てみたいと考えています。新しいモデルをつくり、改良して、コンピュータの技術に関わる人たちとともに、次へ次へと常に走りつづけているのです。

リチャードソンが描いた数値シミュレーションの夢は、今もモデルの人が描きつづける終わらない夢です。

## 参考文献・引用文献


阿部豊（著）、阿部彩子（解説）『生命の星の条件を探る』文藝春秋、２０１５年

Abe-Ouchi, A., F. Saito, K. Kawamura, M. Raymo, J. Okuno, K. Takahashi and H. Blatter: Insolation driven 100,000-year glacial cycles and hysteresis of ice sheet volume. *Nature*, 500,190-193, 2013, doi: 10.1038/nature12374.

古川武彦、室井ちあし『現代天気予報学――現象から観測・予報・法制度まで』朝倉書店、２０１２年

鬼頭昭雄『異常気象と地球温暖化――未来に何が待っているか』岩波新書、２０１５年

Yoshioka, M. K. and Y. Kurihara, 2008: Influence of the equatorial warm water pool on the tropical cyclogenesis: an aqua planet experiment. *Atmospheric Science Letters*, 9, 248–254, doi:10.1002/asl.199.

## コラム16　探し物は何ですか？

世の中で行なわれている研究には、仮説を立てて「きっとあるはず」だという見とおしのもと、現象や仕組みを探して見つける研究スタイルによって初めて明らかになる新しい発見があります。本シリーズで紹介されてきたさまざまな話題では、研究者たちは、観測された現象を再現するため数値シミュレーションを実行し、結果を観測と比較し、また計算結果を用いて現象を調べて、いろいろな面白いことを発見しています。

もうひとつ、たまたま見てみたら気になることがあったので、詳細を調べはじめてみたら面白いことがわかった、という経緯で見つかる新しい発見もあります。数値シミュレーションを使った研究でも同じです。ある別の目的で実行された数値シミュレーションの結果を調べてみたら、思いがけず面白いことが見つかることもあります。

筆者は2002年頃、当時は世界最速であったスーパーコンピュータシステム「地球シミュレータ」で、大気の全球モデルを使って、地球全体の表面が海になったら地球全体の大気の振る舞いがどうなるかを調べる「水惑星実験」という数値シミュレーション研究にチームの一員として参加し、計算の実行を担当していました。水惑星の海面水温の分布を南北対称・東西一様のときの大気を基本として、海面水温分布をいろいろ変えたら、赤道域の雨の降り方や大気中のロスビー波などの大きな波がどう違うかを調べるものです。

ある日、当時の水惑星研究チームの一人であった大淵済博士が、「水惑星で台風って出ないの？40キロメートルだったら、台風の形が見えるんじゃない？」と筆者に言ってきました。そこで過去の文献を調べたところ、水惑星実験で台風を調べた研究はありません。それまでの全球大気モデルを使った長期間（数年から数十年）の台風の研究といえば、台風の強さや分布の再現だったり、地球が温暖化したときのその変化だったりと、現実の大気に近く、水平解像度は１００キロメートル以上と粗いもので、とても台風の渦巻き状の形が見えるものではありませんでした。計算は台風を調べる目的で実行したわけではなかったのですが、当時としては画期的な40キロメートルで行なった結果が数年分ありました。

これだけ長い間になら、台風が１個ぐらいできて、しかもこの水平解像度ならばなんとか台風の渦巻き状の形が見えるかもしれない。そこで実験結果をとりあえず見てみることにしました。海面水温の分布を変えて行なったいくつかの実験のうち、赤道付近のある場所に、まわりより少し海面水温を高くした、東西非対称性がある実験結果では、暖かい海域のあたりにぼんやり渦巻き状の雨の分布がでて、しかも低気圧性の渦を巻いていたのです。そこで雨と地上気圧の分布を時間ごとにつなげてみると、熱帯付近に渦状のものができて動いているように見えました。１個だけでなく、計算期間全体で何個も見つかりました。これは水惑星の台風なのではないか？　と考えて、渦とその経路の分布を図にして、当時いっしょに研究をしていた栗原宜夫博士に見てもらったところ、目を輝かせて興味を示されました。

渦の分布図をつくったとき、どうして熱帯の暖かい水温偏差の西側ばかりに偏って渦ができているのだろう？　と思いましたが、そのときは、海面水温の分布と渦ができる関係の説明を自分では思いつきませんでした。そこで追加の図をつくって、栗原博士と議論していくうちに、「暖かい海面水温の海域付近に、もっと大きな渦状の流れができることで台風の渦ができやすい場所をつくることができるという説明ができるのではないか」ということや、「実際の太平洋海域で、台風が西太平洋側に多く発生することの説明に使えるのではないか」という考えにいたりました。これは新しい発見です！　数値シミュレーションによる水惑星実験ならば陸地の効果を除くことができるので、この実験設定ならば台風と海面水温との関係を調べ、明快に説明できるという利点を、実験後になって気づいたのでした (Yoshioka and Kurihara, 2008)。

この水惑星実験の台風の話は、思いがけず、気象を研究する人たちに評判がいいです。今でも、何か続きはしないのかと聞かれることもあるくらい、まわりの人たちに興味をもってもらえています。

人の興味は人それぞれです。時には自分の興味や目標として調べていることと違うことをいわれます。こちらが示した結果について、自分の意図とは違う見方をされたり、こちらが注目していないところについていろいろいわれたり、ときには思いつきで勝手な意見や無理難題をいわれたりすることもあります。忙しいときにそんなことをいわれるとムッとすることもあるでしょう。しかし、さまざまな人の話に耳を傾けてみると、違う視点で意外といい発見があるかもしれません。

## コラム17　必殺仕事人――ある「モデルの人」の生活

一掛け二掛け三掛けて、仕掛けて殺して日が暮れて……

ご存じでしょうか？　これは時代劇「必殺」シリーズ『必殺仕事人』のオープニングのナレーションです。実は筆者がスーパーコンピュータを使って計算をしているときはこんな感じです。

スーパーコンピュータのシステムでは、ひとつの数値シミュレーションの計算はジョブ(仕事)という単位で扱われて管理されており、その管理のもと、たくさんのジョブが順番に実行されるようになっています[10]。スーパーコンピュータを使う計算をするときには、計算に必要な準備をして、ジョブを実行するように仕掛けて、あとはジョブが終わるのを待って、でき上がった結果を見るだけです。

しかし残念なことに、ジョブを仕掛けた後で、計算条件やジョブの条件設定などの致命的な間違いを見つけてしまって、実行をとりやめたいときがあります。そんなときは、ジョブを殺すのです。なぜか、ジョブを途中で止めるのに、「殺す」（キル（kill）する）という用語が使われます。失敗したジョブは、計算にかかる時間や、スーパーコンピュータの利用料、電気の無駄遣いなうえ、何より順番を待つ他のジョブを実行した人様にご迷惑をかけますから、さっさと殺します。

今のスーパーコンピュータはとてつもなく計算が速いので、ジョブを実行しているときには、ジョブを次々に仕掛けて、結果がうまくいったかを見て、次の計算を仕掛けて、たまに殺して……、というような作業をして一日が終わってしまうこともあります。そのせいでしょうか、最近はスーパーコンピュータを使っているときには『必殺仕事人』のＢＧＭばかり聞いています。

端末に向かってジョブを実行しつづけているとき、筆者は何食わぬ顔で、失敗したジョブを、仕事人のようにこっそり殺しているのです。

10　バッチジョブシステムという仕組みで、ジョブの実行がスケジューリングされています。

## 編者

**筆保 弘徳**（ふでやす ひろのり）

1975 年生まれ。横浜国立大学 教育人間科学部 准教授、東京学芸大学大学院 連合学校教育学研究科 主指導教員。博士(理学)。気象予報士。専門は気象学。編著書に『天気と気象についてわかっていることいないこと』(ベレ出版)、『台風の正体』(朝倉書店)ほか。

第 3 章　海と台風の研究

**和田 章義**（わだ あきよし）

1968 年生まれ。気象庁気象研究所 台風研究部 主任研究官。博士(理学)。専門は台風、大気海洋相互作用。学際的な視点で台風の研究に取り組んでいる。

## 著者

第 1 章　黒潮と空の研究

**杉本 周作**（すぎもと しゅうさく）

1980 年生まれ。東北大学 学際科学フロンティア研究所 助教。博士(理学)。2016 年度日本海洋学会岡田賞受賞。専門は海洋物理学。中緯度の気候変動に果たす海洋の役割について研究を行なっている。

第 2 章　海と梅雨の研究

**万田 敦昌**（まんだ あつよし）

1972 年生まれ。三重大学 生物資源学部 准教授。博士(理学)。専門は海洋物理学。海洋が集中豪雨などの極端気象におよぼす影響について研究を行なっている。

第 4 章　東京湾と空の研究

**小田 僚子**（おだ りょうこ）

1981 年生まれ。千葉工業大学 創造工学部 准教授。博士(工学)。専門は都市気象学。大気陸面相互作用に関する研究のうち、近年は地上リモートセンシングによる都市大気境界層内の乱流現象の研究に取り組んでいる。

第 5 章　北極の海と空の研究

**猪上 淳**（いのうえ じゅん）

1974 年生まれ。国立極地研究所 国際北極環境研究センター 准教授。博士(地球環境科学)。専門は極域気象学。日本気象学会 2006 年度山本・正野論文賞受賞。ワークライフバランスの実現に向けて 2016 年に 3 か月間の育児休業を取得。FP 技能士 2 級、宅地建物取引士。

第 6 章　熱帯の海と空の研究

**飯塚 聡**（いいづか さとし）

1968 年生まれ。防災科学技術研究所　水・土砂研究部門　主任研究員。博士(理学)。専門は大気海洋相互作用、台風など。

第 7 章　宇宙と船から見た海と空の研究

**川合 義美**（かわい よしみ）

1971 年生まれ。海洋研究開発機構 地球環境観測研究開発センター 海洋循環研究グループ　主任研究員。博士(理学)。専門は海洋物理、衛星リモートセンシング。中高緯度の大気海洋相互作用に関する研究に従事。

第 8 章　コンピュータの中の海と空の研究

**吉岡 真由美**（よしおか まゆみ）

1965 年生まれ。名古屋大学 宇宙地球環境研究所 特任助教。博士 ( 理学 )。専門は気象学、計算科学。『地球の大研究』(PHP 研究所 ) 共同監修。気象予報士。書家。

# 天気《てんき》と海《うみ》の関係《かんけい》についてわかっていることいないこと

2016年5月25日　初版発行



編著者　筆保《ふでやす》 弘徳《ひろのり》・和田《わだ》 章義《あきよし》

著者　杉本《すぎもと》 周作《しゅうさく》・万田《まんだ》 敦昌《あつよし》・小田《おだ》 僚子《りょうこ》
猪上《いのうえ》 淳《じゅん》・飯塚《いいづか》 聡《さとし》・川合《かわい》 義美《よしみ》・吉岡《よしおか》 真由美《まゆみ》



DTP　WAVE 清水 康広

図版　溜池 省三

校正　曽根 信寿

カバーデザイン　福田 和雄(FUKUDA DESIGN)





発行者　内田 真介

発行・発売　ベレ出版

〒162-0832　東京都新宿区岩戸町12 レベッカビル
TEL.03-5225-4790 FAX.03-5225-4795
ホームページ　http://www.beret.co.jp/
振替 00180-7-104058

印刷　株式会社文昇堂

製本　根本製本株式会社





ISBN 978-4-86064-473-4 C0044　編集担当　永瀬 敏章

## 地球について、まだわかっていないこと

山賀進 著

四六並製／本体価格 1500 円（税別）■ 272 頁

ISBN978-4-86064-301-0 C2044

人類は、この地球上で快適に暮らすために、土地を拓き、海を埋め立て、建造物を築いてきました。その上で科学の力は欠かせないもので、気候や地震についてもかなりのことがわかってきました。しかしそれでも自然の圧倒的な力によって人々の営みが奪われることがあります。本書では、果たして私たちは地球について、今現在どこまで知っているのか、そして、どこまでまだわかっていないのかを整理していきます。

---

## 地底の科学

### — 地面の下はどうなっているのか —

後藤忠徳 著

A5 並製／本体価格 1700 円（税別）■ 200 頁

ISBN978-4-86064-370-6 C0044

金属やメタンハイドレート、石油、地熱などの資源。地震や火山の噴火を引き起こす原因であるプレート。人口問題や自然災害などと関係の深い地下水。これらのものが眠っている地中や海底は、遠い存在のようで、じつは私たちと無関係ではありません。地下深くの世界には何があるのでしょうか。そんな世界をどのように調べているのでしょうか。本書は物理探査という方法をお供に、みなさんを地中・海底旅行へとご案内します。